全国高职高专规划教材——工学结合教材

江苏省高等学校重点教材

植物病害防治技术

蔡银杰　主编

中国环境出版社·北京

图书在版编目（CIP）数据

植物病害防治技术/蔡银杰主编．—北京：中国环境出版社，2017.3

全国高职高专规划教材．工学结合教材

ISBN 978-7-5111-2575-0

Ⅰ．①植…　Ⅱ．①蔡…　Ⅲ．①病害—防治—高等职业教育—教材　Ⅳ．①S432

中国版本图书馆 CIP 数据核字（2015）第 235230 号

出 版 人　王新程
责任编辑　孟亚莉
责任校对　尹　芳
封面设计　宋　瑞

出版发行　中国环境出版社
（100062　北京市东城区广渠门内大街 16 号）
网　　址：http://www.cesp.com.cn
电子邮箱：bjgl@cesp.com.cn
联系电话：010-67112765（编辑管理部）
010-67112735（第一分社）
发行热线：010-67125803，010-67113405（传真）
印　　刷　北京市联华印刷厂
经　　销　各地新华书店
版　　次　2017 年 3 月第 1 版
印　　次　2017 年 3 月第 1 次印刷
开　　本　787×960　1/16
印　　张　16.75
字　　数　300 千字
定　　价　29.00 元

编审人员

主　　编　蔡银杰（南通科技职业学院）

副 主 编　周小林（南通科技职业学院）

编写人员　张　爽（南通科技职业学院）

　　　　　雷岩亮（江苏和盛农资连锁有限公司）

　　　　　任新峰（江山农化股份有限公司）

主　　审　周明国（教授，博士生导师，南京农业大学）

　　　　　吴建荣（研究员，硕士生导师，江苏省农科院植保所）

序言

工学结合人才培养模式经由国内外高职高专院校的具体教学实践与探索，越来越受到教育界和用人单位的肯定和欢迎。国内外职业教育实践证明，工学结合、校企合作是遵循职业教育发展规律，体现职业教育特色的技能型人才培养模式。工学结合、校企合作的生命力就在于工与学的紧密结合和相互促进。在国家对高等应用型人才需求不断提升的大环境下，坚持以就业为导向，在高职高专院校内有效开展结合本校实际的“工学结合”人才培养模式，彻底改变了传统的以学校和课程为中心的教育模式。

《全国高职高专规划教材——工学结合教材》丛书是一套高职高专工学结合的课程改革规划教材，是在各高等职业院校积极践行和创新先进职业教育思想和理念，深入推进工学结合、校企合作人才培养模式的大背景下，根据新的教学培养目标和课程标准组织编写而成的。

本套丛书是近年来各院校及专业开展工学结合人才培养和教学改革过程中，在课程建设方面取得的实践成果。教材在编写上，以项目化教学为主要方式，课程教学目标与专业人才培养目标紧密贴合，课程内容与岗位职责相融合，旨在培养技术技能型高素质劳动者。

前 言

本教材以植物病害诊断、发生、防治过程为导向，以植物病害诊断、发生、防治过程中关键工作任务为载体设计学习项目和任务，以“任务为载体、学生为主体、能力训练”为目标，为使学生在学中做、做中学，体现 “教、学、做”一体化，实现知识与能力并进，适应项目化、分段式教学而设计本教材的结构与内容。

教材内容：第一部分包括项目 1 至项目 4，主要介绍植物病害诊断、病原、发生、防治的基础知识和基本技能，由蔡银杰老师编写；第二部分包括项目 5 至项目 9，主要介绍植物病害的诊断、发生和综合防治，其中项目 5 植物真菌性病害由周小林老师编写，项目 6 主要植物原核生物病害、项目 8 主要植物寄生线虫病害、项目 9 高等寄生植物由张爽老师编写，项目 7 主要植物病毒病害及附录 2 数字化技术在植物保护中的应用由雷岩亮高工编写，附录 1 中国常用的 130 种杀菌剂由任新峰高工编写。本教材以植物病害诊断、发生、防治过程为主线，以实现植物病害知识传授与植物病害诊断、防治技能训练为目标，充分体现理论学习与实际操作相结合、学习过程与工作程序相结合、理论考试与操作考核相结合。

本教材编写由南通科技职业学院 3 位有多年教学经验的老师与有着丰富植物病害实践经验的企业工程师构成的 “双师型”编写团队完成。编写组对教材结构与内容进行了多次研讨，在对传统植物病害内容大幅重构基础上形成了教材编写大纲，依据各位编者的专长分配编写任务。本教材的大部分插图引自蔡银杰主编的《植物保护学》（江苏科技出版社，2006 年），其余插图引自各类植保教材和书籍。

本教材适用于高职高专院校植物生产类专业包括农学、蔬菜、果树、园艺、园林、植保专业的植物病害相关课程的教学。使用本教材时可根据专业的不同及教学时数的多少进行内容选择和讲解详略的调整。教学采用“学做合一”的项目化教学、考核采取理论考试与操作考核结合的形式为最佳。

最后对在本教材编写出版过程中给予各种指导、帮助的专家、同行表示诚挚谢意，对两位审稿专家认真仔细审阅书稿不吝赐教表示崇高敬意和衷心感谢。由于编者水平所限、时间仓促，错误在所难免，恳请各位读者批评指正。

《植物病害防治技术》编写组

2014 年 12 月

目 录

项目1　植物病害的诊断

任务1　识别植物病害类别

【学习目标】

1．熟练掌握植物病害、病原、病原物的概念。

2．熟练掌握植物侵染性病害和非侵染性病害（生理性病害）的特点。

3．了解植物病害和自然灾害、人为伤害和害虫危害的区别。

【任务分析】

本任务是植物病害基本知识和基本技能中最基本、最基础的，是植物病害诊断、发生与防治的必备基础。主要通过学习有关植物病害概念、类别的知识，明确什么是植物病害及其主要类别，了解植物病害的发生原因与过程，能够初步判别是否植物病害。

★基础知识

一、植物病害的概念

植物生存在一个错综复杂的环境中，影响植物生长及其经济利用价值的因素主要有生物因子、非生物因子、人类活动和植物本身。一般情况下，生态环境中某些因子的变化不会给植物生长造成危害，原因是长期的自然选择和人工选择造成了植物对环境适应的能力，但是当生态环境的变化尤其是生物性、非生物性因子的剧烈变化和持续作用超出了植物的适应限度，植物的正常代谢便遭到干扰和破坏，生理机能和组织结构便会发生一系列变化，形态上表现异常，最终导致产量、品质和经济利用价值的下降，即植物发生了病害。因此，植物病害（plant disease）即植物、植物产品在一定的生态环境中，受到了生物或非生物性因素的影响，在生理、组织、形态上发生一系列有序的有害变化，偏离了正常生长发育状态，表现出各种异常特征，降低了人类对植物及产品的经济利用价值。

总的来讲，植物病害发生的根本原因是生态失调，具体而言则是多种因素综合作用的结果。在引发植物病害的各种因素中起直接作用的主导因素称为病原（pathogen），其中有非生物因素和生物因素。非生物因素包括气候、土壤、栽培条件等，生物因素包括真菌、细菌、植物菌原体、病毒、类病毒、线虫和寄生性种子植物等，引起植物发病的生物称为病原生物，简称病原物。

植物发病存在一个病理程序，如小麦锈病，首先生理上出现呼吸作用和蒸腾作用显著增强，光合作用下降，接着引发发病部位细胞、组织的坏死，最后在形态上出现变色和病斑，这种在生理上、细胞组织和形态上发生的有序、有害的变化过程，称为病理程序。每一种植物病害都有一定的病理程序，有无病理程序是区分病害和伤害（自然、人为、虫伤等）的重要依据。

有些植物在外界环境因素和栽培条件影响下，生长发育出现一系列异常变化，但从人类对其经济利用价值来看，非但不会造成损失，反而有所提高。如食用茭白受到黑粉菌侵染后形成更为肥厚嫩脆的茎，黄化栽培使得韭黄更为鲜嫩等。

因此，无论是理解植物病害概念，还是判断植物病害的发生与否，都必须从发生原因、发生过程、人类对其经济利用价值三方面全面分析，否则既不能正确理解植物病害概念，也不能正确判断植物是否发生了病害。

二、植物病害的类别

植物病害的种类很多，根据病原的性质可将其分为两类：

1．非侵染性病害

非侵染性病害是指非生物环境因素引起的病害，也称非传染性病害、生理性病害。其特点是病害不具传染性，在田间分布呈现片状或条带状，通过改善土壤、栽培条件和排除致病因素的作用可以得到缓解或恢复正常。常见种类有：营养元素不足所致的缺素症；水分不足或过量引起的旱害和涝害；低温所致的寒害、冻害和高温所致的烫伤及日灼症；化学药剂使用不当和有毒污染造成的药害和毒害等。

2．侵染性病害

侵染性病害是指生物性致病因子（病原物）侵袭而引起的病害。其特点是病害具有传染性，不同病害其传染的范围有大有小，大的在不同的生态区域间进行区域性传染如小麦锈病，小的则在田间或株间进行扩展如水稻纹枯病。因此该病害在田间的分布有的较均匀，有的成团出现，但一般初发时都不均匀，往往存在一个分布有较多病害的“发病中心”。

侵染性病害的发生是在一定环境条件下病原物与植物间相互作用的结果，侵染性病害中病原物的主导作用离不开环境条件和寄主植物的配合。在某些侵染性病害发生过程中，环境条件或植物本身对于病害能否发生、发生轻重起着重要甚至是决定性的作用，如小麦赤霉病、稻瘟病等。因此侵染性病害是通过病原物侵染而发生的，并非只要有病原物的存在病害就能发生，还必须存在利于病原物生长繁殖的环境条件和处于利病状态（品种不抗病、处于感病生育期）的寄主植物。

侵染性病害和非侵染性病害虽属两类不同性质的病害，但存在密切的关系。植物在不良环境条件影响下发生了非侵染性病害后，植物生长不良，对病原物的抵抗力下降，为病原物侵入或病害流行创造了有利条件。反之植物感染了侵染性病害后，对不良环境条件抵抗力也会降低，而易于发生非侵染性病害。

根据病害发生的原因，在人类生产活动中，应运用现代科学，利用和改造自然条件，积极创造有利于植物生长发育而不利于病原生存和致病的生产条件，以控制病害的发生。

★工作步骤

一、室内观察植物病害标本

主要对大田作物、蔬菜、果树、园林等植物病害标本进行观察。

（1）大田作物病害　水稻纹枯病、稻瘟病、稻曲病、水稻恶苗病、水稻白叶枯病、水稻条纹叶枯病等；麦类白粉病、小麦赤霉病、小麦纹枯病、大麦条纹病等；棉苗病害（立枯病、炭疽病、疫病、红腐病等）、棉花枯萎病、棉花黄萎病、棉花角斑病、棉铃病害（炭疽病、疫病、红腐病、红粉病、黑果病等）；油菜菌核病、油菜病毒病、油菜霜霉病等；玉米大斑病、玉米小斑病、玉米纹枯病、玉米锈病、玉米粗缩病、玉米条纹叶枯病等、马铃薯晚疫病、甘薯黑疤病、甘薯软腐病、蚕豆赤斑病等。

（2）蔬菜病害　白菜软腐病、番茄病毒病、番茄灰霉病、茄子青枯病、辣椒炭疽病、黄瓜白粉病、黄瓜霜霉病、瓜类枯萎病等。

（3）果树病害　苹果（梨）树腐烂病、桃缩叶病、桃褐腐病、桃细菌性穿孔病、梨锈病、果树根癌病、葡萄霜霉病、葡萄黑痘病、柑橘黄龙病、柑橘溃疡病等。

（4）园林植物病害　紫薇白粉病、兰花炭疽病、海棠锈病、月季黑斑病、大叶黄杨褐斑病、草坪褐斑病；杨树腐烂病、杨树溃疡病、月季枝枯病、泡桐丛枝病、松材线虫病；马蹄筋草坪白绢病、雪松根腐病 、鸢尾细菌性软腐病、草坪腐霉枯萎病、草坪镰刀菌枯萎病、水仙茎线虫、仙客来根结线虫等。

二、室外观察植物病害发生的现场

1．校园内观察园林植物病害。

2．农田、大棚内观察其他植物病害，包括大田作物、蔬菜等。

任务2　识别植物病害症状

【学习目标】

1．熟练掌握植物病害的症状、病状、病征的概念。

2．熟练掌握植物病害的症状、病状、病征的种类。

3．能了解植物病害的症状、病状、病征与植物病害类别及其发生原因的联系。

4．初步掌握植物病害标本采集、制作、鉴别技能。

5．初步掌握识别植物病害的病状、病征的技巧。

6．初步掌握植物病害诊断技术。

【任务分析】

本任务是植物病害诊断项目的必备基础之一。主要通过植物病害的症状、病状、病征知识的学习，明确植物病害的症状、病状、病征概念、种类，了解植物病害的症状和植物病害种类及其发生原因的关系。通过实验室操作训练学生识别植物病害的病状、病征的技巧，进而通过野外标本采集和实验室制作、鉴别标本，训练学生诊断植物病害的技术。

★基础知识

在植物病害发生过程中，病原与寄主植物相互作用所形成的植物生理、组织、形态上的异常特征称为症状。症状可以划分为两类不同性质的特征，即病状和病征。病状是指植物罹病后植物本身所呈现出的异常状态。病征是指病原物在植物发病部位所形成的特征。根据病状和病征的形成原因及其外部表现，可以归纳为以下几种类型。

一、病状类型

1．变色（discoloration）

植物受不良环境影响或病原物的侵染，植株局部或全株失去正常的颜色称为变色。产生变色的原因是细胞内叶绿素结构受到破坏或形成受阻或色素合成失衡。依据轻重程度不同，常见的变色病状还可分为褪绿、斑驳、花叶、黄化、红化等。很多病毒病及缺素症等均可呈现变色病状。

2．坏死（necrosis）

植物罹病后细胞组织或器官受到破坏而死亡称为坏死。根、茎、叶、花、果实等器官可在坏死过程中形成各具特征的坏死斑，常见的有斑点、枯焦、穿孔、溃疡、炭疽、疮痂等。这些病斑主要是在形状、大小、颜色、表面特征等方面存在差异。多数由真菌、细菌为害所致。

3．腐烂（decay）

由病组织的细胞坏死并离解而形成，植物的根、茎、叶、花、果实、块根、块茎等都可以发生腐烂，腐烂发生时常伴有特殊气味散出。含水量较多的肉质化的器官发生腐烂后会流出大量组织液，组织松软，称之为软腐，相反含水量较少的坚硬的器官发生腐烂，水分很快散尽，组织干缩，称之为干腐。幼苗根、茎基部发生腐烂，有的直立死亡称立枯，有的迅速倒伏死亡称猝倒。腐烂型病害大多由真菌、细菌引起。

4．萎蔫（wilt）

植株全部或部分枝叶出现失水状态而凋萎下垂称萎蔫，土壤缺水、根及茎部腐烂引起的输水下降以及枝叶失水过多均可造成萎蔫。植株急剧萎蔫死亡仍保持绿色的称青枯。环境因子、真菌、细菌引致病害均可表现萎蔫症状。

5．畸形（deformation）

植物受病原物刺激后，引起全株或局部器官形态、体积、数目的异常称之为畸形。畸形病状的形成本质上来源于细胞生长和分裂的异常，通常可分为3类：一是细胞生长、分裂加速型，如徒长、丛枝、丛簇、癌肿等；二是细胞生长、分裂减速型，如矮化；三是速度不匀型，如卷叶、疱斑、矮缩等。畸形病状大多由病毒引起，也可以由真菌、细菌和线虫引起。

二、病征类型

1．霉状物

病部真菌性病原产生各具不同颜色、质地的霉层，如绵霉、霜霉、黑霉、绿霉、赤霉等，如小麦赤霉病。

2．粉状物

病部真菌性病原如白粉菌、黑粉菌等产生各种颜色的粉状物，如白粉、黑粉、红粉等，如小麦白粉病。

3．锈粉状物

病部表面由白锈菌、锈菌所形成的疱状物，其破裂后可散发出白色或锈色的粉末状物。如油菜白锈病、小麦叶锈病等。

4．点粒状物

真菌性病原在病部形成的黑色点粒状物，有的排列规则呈轮纹状，有的会溢出红色黏稠状或其他特征的液体。如苹果褐斑病、辣椒炭疽病。

5．菌核

少数真菌性病原如核盘菌、丝核菌等可在病部产生各种大小不等、形状各异的颗粒状物，可以与植物分离。通常为圆形或不规则状，黑色或褐色，大的一般肉眼可见。如油菜菌核病、水稻纹枯病等。

6．菌脓

细菌性病害可在病部溢出含有细菌菌体的脓状黏液，一般为乳白色或淡黄色，呈露珠状或散布在病部表面成为菌液层。如水稻白叶枯病。

★工作步骤

一、植物病害标本的采集制作与保存

植物病害标本是高等农业院校植物病理学科本科教学不可缺少的实物，它在教学中具有直观、不受季节和区域限制的特点。因此，植物病害标本的采集、制作和保存是植物病理学科实验教学中必不可少的基础知识和技能。

（一）植物病害标本的采集

在北方由于季节分明，作物品种丰富，植物病害发生频繁，大部分的植物病害标本都能从田间采集到。但是，病害的发生有一定的规律，要充分掌握病害发生的季节规律及寄主的生长规律才能收获症状特征比较典型的标本。

1．病害标本采集的工具

植物病害大多发生在根、茎、叶和果实上，因此所用工具要针对不同的部位，常用的工具有刀、剪、锄、锯等，还有标本夹、标本箱、标本纸、小玻瓶、纸袋、

标签和记录本等。

2．标本的采集

大田采集主要分为按季节采集和按寄主采集。按季节采集主要是针对每年只在特定时期发生的病害。如小麦白粉病多在每年5—6月能够采集到；植物的灰霉病则在低温阴雨的条件下容易发病，每年3—5月最容易采到。按寄主采集主要针对寄主范围广泛的病害，如霜霉病可以在很多植物病害的叶片上发现，常见的有莴苣、葡萄、白菜等；疫病如番茄、马铃薯、辣椒疫病等。

3．采集标本的记录

为了区分采集的不同的标本，采集时要进行记载。主要包括寄主名称、时间和地点、采集人姓名、主要发生情况和必要的生态环境因子。

（二）植物病害标本的制作

采集的标本通过鉴定以后，除去作为分离用的标本外，一般都用干燥法或浸渍法进行保存，要求能够尽量保存标本的本来性状。一些微小的可以做成玻片标本，比较难以保存的和特殊的标本可通过多媒体扫描系统或显微系统存入计算机中，制成相应的文体图形、动画、视频图像等。

1．标本干燥制作法

（1）压制法　采到的植物病害标本，若干燥后容易卷缩的（如稻叶），最好随采随压。其他的可以放到采集箱内带回去后压在吸水纸中，用标本夹夹紧，日晒任其干燥。在此期间，要经常更换标本纸。夏季温度和湿度较高，容易使标本发霉变色，标本纸要勤更换。通常前3～4 d换1～2次/d，以后2～3 d换1次，至标本完全干燥。

（2）烫干法或硅胶烘干法　不准备作为分离用的标本可以采用此两种方法。为了加快标本的干燥速度，更好地保持标本原有的色泽，可以将刚采集的标本放在吸水纸或布中用电熨斗来回迅速烫干或将其加在草纸和干燥过的硅胶粉的标本夹中捆紧，放入50℃烘箱中2～3 d，使其很快干燥。

（3）微波炉干燥保色法　为了弥补烫干法的不足之处，刘春元等（2003）报道了根据植物病害标本的质地，摸索了一套微波干燥保色法。此法干燥迅速，保色效果较佳，可长期保存而不褪色。如豆科植物病叶处理1 min，效果最佳，症状保存完好。

（4）冷冻干燥法　是目前比较好的方法。标本在冷冻的情况下干燥，几乎能完全保持原有的色泽和形状。

（5）自然干燥法　水分很少的标本如枝干病害的枝条等，不需要采取任何干燥的手段，在空气中自然干燥即可。

2．浸渍标本制作法

对于果实病害和汁液较多的病害以及肉质的子囊菌和担子菌的子实体，均可以采用浸渍法保存。但此方法占的面积大，保存时间有限，只能用于保存少量的标本，这些标本大多用于教学和示范。浸渍标本的制作，需要配备各种类型的浸渍液，主要包括各种保持原本颜色的保存液和防腐的保存液。

（1）保色浸渍液的配制　根据植物果实病害的寄主植物的颜色，可将保色的浸渍液分为保存绿色浸渍液、保存黄色和橘红色的浸渍液、保存红色的浸渍液等。①保存绿色的浸渍液：保存绿色的浸渍液很多，要根据不同的植物病害标本选择适当的方法，才能达到好的效果。如醋酸铜浸渍液：将醋酸铜结晶逐渐加在 50%的醋酸溶液中，到不再溶解为止，原液要根据标本颜色的不同将其用水稀释 3～4 倍，然后使用。将标本加入到煮沸的稀释液中，继续加热，标本的绿色开始褪去，经 3～4 min，使绿色恢复后，将其取出，用清水冲净，保存于 5%的福尔马林溶液中，或压制成干燥的标本。这种方法保色效果良好，但与原色稍有出入。不能煮的如淡绿色苹果、梨、绿色葡萄等的病害标本可直接浸泡在 1%亚硫酸 100ml、95%酒精 100 ml、水 800 ml 配成的溶液中浸泡 10～20 d，然后取出，冲洗干净，再保存在 5%的福尔马林溶液中。另外，还有硫酸铜亚硫酸浸渍液、瓦查（Vacha）浸渍液等，也是保存绿色标本常用的方法。②保存红色的浸渍液：对于红色的果实病害标本如草莓、辣椒、马铃薯以及其他的植物红色组织，选择病害症状典型的标本，可以将标本浸入瓦查的红色浸渍液（硝酸亚钴 15 g，福尔马林 25 ml，氯化锡 10 g，水 1 000 ml）内，2 周后取出冲洗干净，浸泡在亚硫酸 30～50 ml，福尔马林 10 ml，酒精（95%）10 ml，水 1 000 ml 配成的溶液中加以保存。③保存黄色和橘红色标本的浸渍液：含叶黄素和胡萝卜素的果实如杏、梨、柿子、柑橘等，用亚硫酸溶液保存比较适宜。方法是将亚硫酸（含 SO_2 5%～6%）配成 4%～10%的水溶液（含 SO_2 0.2%～0.5%）。总之，各种保色的浸渍液，除有些保存绿色的浸渍液外，保存其他颜色的浸渍液，效果都不理想。为了更好地显示植物病害的危害状，最好采用多媒体系统将其扫描或摄影，制作成相应的图片和视频进行保存。

（2）防腐浸渍液　对于浸渍标本的保存来说，防腐是最重要的一个环节。因此，需要防腐浸渍液对其进行保存。主要成分如下：福尔马林 50 ml，酒精（95%）300 ml，水 2 000 ml，也可单用福尔马林和酒精。

（三）植物病害标本的保存

1．蜡叶标本的保存

（1）散装标本　将干燥好的蜡叶标本放进消毒室或消毒箱内，传统的方法是用酒精、升汞液消毒，或将敌敌畏或四氯化碳与二硫化碳混合液置于玻皿内，利用毒气熏杀标本上的虫或虫卵，约 3 d 后即可取出。有条件也在−40℃低温处理消毒。将消毒好的蜡叶标本鉴定、整理，然后装进标本袋中，贴好标签，以备实验课用作实物标本，供学生上课使用。

（2）制作盒装标本　将植物病害症状典型的蜡叶标本和干燥的果实标本，可利用玻面纸盒的方法进行保藏。按照标本的大小，选择合适的纸盒（一般为长 28 cm、宽 20 cm、高 1.5～3.0 cm），在纸盒中铺一层棉花，棉花上放标本和标签，注明寄主植物、寄生菌的名称、采集时间等，然后加上玻盖。棉花中可加入少量的樟脑粉或驱虫的药剂。这种方法制作的标本可长期保存，循环使用。

（3）塑封标本　适合保存叶片标本和较小的茎秆（如小麦、水稻）标本。做法是：根据植物病害标本的大小选择适当的护卡膜，将 1 张比护卡膜稍小的白纸放入护卡膜中，在白纸右下角写上该标本的标签，然后把标本放在白纸上摆好，再把膜放平，放入预热到 160℃的过塑机封塑即可。如果标本较小、较窄，1 张纸上可放几个标本，可根据需要分类装订成册。这种方法做出的标本弥补了以上盒装方法存在许多缺点，如标本盒体积大，携带不便，造价较高，只能用肉眼和手持放大镜观察标本的局部，对细小组织和结构观察困难，标本易变色、发霉、受虫蛀、不耐贮存等。

2．浸渍标本的保存

将已鉴别的标本适当处理后放在盛有保存液的标本瓶中，用蜡或火棉胶封口后，将标签贴在标本瓶上进行保存。由于浸渍液所使用的药品大都为挥发性的，或容易氧化，因此浸渍标本最好放在暗处，以减少药液的氧化，或瓶口因温度变化而造成破裂。

（四）注意事项

植物病害标本的采集受植物生长季节、气候条件、采集地点、采集时间及作物品种布局等多种因素的影响，要把握时机才能采到需要的症状典型的标本。另外，对于病害标本的制作，不同部位制作和保存的方法不同。蜡叶标本在保存过程中，要保持标本室的干燥才能防止发霉，但干燥标本易遭虫蛀，因此最好每年用甲基溴等药剂熏蒸，以保证标本的完好。浸渍标本保存液也要经常更换，以保证标本不腐烂。这样，逐渐积累和补充各种病害标本，才能使实验课程顺利进行，达到预期的良好效果。

二、植物病害标本的观察、识别、鉴定

（一）技能要求

了解各类病原物对植物的为害，描述植物病害症状的主要表现，辨别植物病害主要症状类型及其特点，为诊断植物病害奠定基础。

（二）材料用具

1．材料

大田作物及植物的侵染性病害如花叶病、霜霉病、疫病、白粉病、锈病、炭疽病、菌核病、灰霉病、角斑病、腐烂病等代表病状、病征类型的标本、挂图、图片等；非侵染性病害材料如药害、缺素症等病害标本、图片、照片等。

2．用具

放大镜、多媒体教学设备等。

（三）内容步骤

1．观察病害症状并描述、记载；区分五种病状类型以及同种类型中不同病状表现。

（1）变色　变色的区域大小及其颜色不同而划分为几种不同的具体类型如：褪绿、斑驳、花叶、黄化、红化等。

（2）坏死　坏死斑主要是在形状、大小、颜色、表面特征等方面存在差异，可划分为斑点、枯焦、穿孔、溃疡、炭疽、疮痂等。

（3）腐烂　植物的根、茎、叶、花、果实、块根、块茎等都可以发生腐烂，腐烂发生时常伴有特殊气味散出，腐烂分软腐和干腐；幼苗根、茎基部发生腐烂，有的直立死亡称立枯，有的迅速倒伏死亡称猝倒。

（4）萎蔫　观察萎蔫的部位是局部的还是全株；是否保持绿色，即是否为青枯类型；发生萎蔫症状的植株其维管束变色与否；呈现何种颜色。

（5）畸形　观察畸形是由于生长速度过快或过慢或速度不均匀而形成，从而区分具体类型：如徒长、丛枝、丛簇、瘤肿；矮化；卷叶、疱斑、矮缩等。

2．将观察结果记载于下表

序号	病害名	症状主要特征	病状类型	病征类型	病原类别*
1					
2					
3					
4					
5					
6					
7					
8					
9					
10					

* 无病征填“无”。

★拓展训练

植物病害标本的采集制作与保存

（一）技能要求

学习采集、制作和初步鉴定植物病害标本的方法，了解当地植物常见病害种类、症状特征和发生情况，为识别植物病害，安全保存植物病害标本奠定基础。

（二）材料用具

标本夹、标本纸、采集箱、锯子、剪刀、小刀、镊子、放大镜、塑料袋、铅笔、记录本、标签、体视显微镜、显微镜、载玻片、盖玻片、挑针、标本瓶、大烧杯、酒精灯、滴瓶及常用植物病害标本保存液等。

（三）内容方法

1．采集用具

（1）标本夹　主要用于夹压各种含水分不多的病害叶片标本，多为木制或铁制的栅状板。

（2）标本纸　应选用吸水力强的纸张，可较快吸除枝叶标本内的水分，要保持纸张干燥和清洁。

（3）采集箱　采集较大或易损坏的组织如果实、根、茎、块根、块茎以及在田间来不及压制的叶片标本。

（4）枝剪、小刀、放大镜、麻纸袋、塑料袋、记载本、标签等物品。

2．采集方法

（1）采集具有典型症状的病害标本，尽可能采集到不同时期、不同发病部位的标本。

（2）采集有病征的病害标本，以便进行病原物鉴定工作。真菌病害的病原一般有无性、有性两个阶段，应尽量在不同的时期分别采集。有些真菌的有性子实体常在地面的病残体上产生，也要注意采集。

（3）避免病原物混杂，采集时对病原物容易混杂、污染的标本，如锈病、黑粉病、白粉病等要分别用纸夹（包）好，以免观察病原物时发生差错。

（4）随采集随压制，或用湿布包好，防止变形、干燥卷缩，以免给标本制作造成困难。

（5）随采集随记载，记录的内容一般包括标本编号、寄主名称、病害名称、病害危害情况、采集地点、采集环境、采集日期、采集人等项目。标本应挂有标签，标签上的编号与同一份标本在记录本上的编号必须相符，以便查对。

（6）每种标本采集的数量不能太少，一般叶斑病类标本应在 10 张以上。

3．蜡叶标本的制作

对于含水量少的标本，应随采集随压制，以保持标本的原形；含水量多的标本，应自然散失一些水分后，再进行压制；有些标本制作时可适当加工，如标本的茎过粗或叶子过多，应先剪掉一部分再压制，防止标本因受压不匀，或叶片重叠而变形。有些全株性的标本，可将标本折成适当形状后再压制。压制标本也应附有标签。为避免压制的标本变形，并使植物组织中的水分易被标本纸吸收，标本夹好后，要用绳子将标本夹捆紧，放到干燥通风处。要注意勤换标本纸，使标本尽快干燥，以保持原有色泽，并可避免发霉变质。一般前 4 d 每天早晚各换 1 次，以后每天更换 1 次，直至干燥为止。干燥后的标本移动时应十分小心，以防破碎。对于茎秆、枝条等粗大标本，可放在通风处自然干燥，但注意不要使其受挤压而变形。标本经压制干燥后，需进行选择整理，并填写好标签一并放入蜡叶标本袋或蜡叶标本盒中保存，在标本袋或标本盒上也要贴上标签，然后按寄主或病原分类存放。存放时要避光照、潮湿、灰尘，防止虫蛀。

4．浸渍标本的制作

柔软多汁的果实、块茎、块根及肉质的菌类子实体，不适于干制，必须用浸渍液保存，以便保持标本的色泽和症状特征。浸渍液的配方很多，常根据浸制标本的色泽和浸制的目的进行选择。

（1）防腐浸渍液　①5%福尔马林 50 ml，95%酒精 300 ml，水 2 000 ml；②70%酒精；③5%福尔马林。此液用于防腐，而不要求保持原色。用于保存肉质果实、鳞茎、块根，也可用于保存肉质的高等菌类子实体。浸渍时应将标本洗净，使浸渍液淹没标本，若标本上浮，可用线将标本固定在玻片或玻棒上。若浸泡标本量大，浸泡数日后再换一次浸渍液。

（2）保持绿色浸渍液　①醋酸铜液：将结晶的醋酸铜逐量加到50%的醋酸中，直到不溶解为止，配成饱和溶液，然后将饱和液稀释3～4倍后使用。先将稀释液加热至沸，投入标本。当标本原来的绿色被漂去，经3～4 min，待绿色恢复后，即将标本取出，用清水洗净，然后保存于5%福尔马林液中，或压成干标本。此种方法保色能力较好，但标本必须煮过。棉铃、葡萄和番茄的果实等不能煮的标本就不能采用。②硫酸铜—亚硫酸浸渍液：将标本浸在5%的硫酸铜溶液中6～24 h，取出用清水漂洗数小时，然后保存在亚硫酸溶液中。亚硫酸溶液的配制，可用含5%～6%二氧化硫的亚硫酸溶液 15 ml，加水 1 000 ml，或以浓硫酸 20 ml，加在1 000 ml水中，然后加入亚硫酸钠16 g即配成。这种方法适用于不能煮沸的棉铃、水果等。

（3）保存黄色和橘红色标本浸渍液　含叶黄素和胡萝卜素的果实如杏、梨、柿、黄苹果、柑橘或红辣椒等，用亚硫酸溶液保存为适宜。注意浓度不宜过高，因亚硫酸有漂白作用。浓度过低防腐力不够，影响保存，可加少量酒精。果实浸渍后如发现崩裂，可加少量甘油。

（4）保存红色浸渍液　红色标本中主要含有花青素，用瓦查（Vachs）的红色浸渍液较好。其配方为硝酸亚钴15 g，氯化锡10 g，福尔马林25 ml，水2 000 ml。将洗净的标本完全浸没在上述溶液中，浸渍两星期后，取出保存在福尔马林10 ml，亚硫酸饱和溶液30～50 ml，95%酒精10 ml，水1 000 ml的浸渍液中。标本瓶应加盖密封，并贴上标签。植物病害的病原物还可制成玻片标本永久保存，作为鉴定病害种类之用。

★拓展知识

症状是植物病害较为稳定的特征，是诊断植物病害的基础。但植物发病过程中的症状表现比较复杂。首先，同一种病原因侵染不同的寄主植物或在同一寄主的不同发育时期发生病害都会表现不同症状，即“同原异症”；其次，不同的病原由于其致病机理和为害部分的相似性，可能形成相似症状，即“同症异原”；另外，还有的植物在罹病显症后，因寄主、环境等方面因素的作用，症状暂时隐没而发生“隐症现象”，即“有原无症”。因此，要准确诊断植物病害，除了观察分析病害症状，还应进行病原鉴定。

★自我评价

评价项目	技术要求	分值	评分细则	个人（组）自评分
植物病害症状识别	掌握植物病害及其症状、病状、病征的概念，能区分各类病害及病状、病征的种类，会准确描述植物病害症状	50分	植物病害及其症状、病状、病征的概念15分 植物病害病状、病征的类别15分 识别、描述植物病害病状、病征20分	
标本采集、制作和初步鉴定	初步掌握植物病害标本采集、制作和初步鉴定方法与步骤	40分	采集、制作植物病害标本20分；识别区分病害症状类型20分	
参与、完成任务态度	全程参与、分工协作好、个人态度认真	10分	全程参与并完成个人分工可得7分；协同、认真、较好完成全组任务个人可得10分	
合计				

项目 2　植物病害病原的识别

任务 1　识别植物生理性病害的病原

【学习目标】

1．熟练掌握植物生理性病害的发生原因和诊断方法。

2．熟练掌握植物生理性病害的主要种类。

【任务分析】

尽管植物生理性病害并非植物病害的主要类别，但是，由于栽培过程以及栽培环境的特有缘故导致植物生理性病害时有发生。为此，在植物病害诊断和防治中，此类病害不可或缺。本任务通过分析、观察植物生理性病害发生原因，从而达到训练学生诊断植物生理性病害的目标。

★基础知识

植物生理性病害是由于植物自身的生理缺陷或遗传性疾病，或由于在生长环境中有不适宜的物理、化学等因素直接或间接引起的一类病害。它和侵染性病害的区别在于无病原生物的侵染。在植物不同的个体间不能互相传染，所以又称为非传染性病害或生理病害。环境中的不适宜因素主要分为化学因素和物理因素两大类。植物自身遗传因子或先天性缺陷引起的遗传性病害，虽然不属于环境因子，但由于无侵染性，也属于非侵染性病害。不适宜的物理因素主要包括温度、湿度和光照等气象因素的异常；不适宜的化学因素主要包括土壤中的养分失调、空气污染和农药等化学物质的毒害等。这些因素有的单独起作用，但常常是配合起来引起病害。化学因素大多是与人类的生产、生活活动密切相关的。随着科学的发展，人类对物理和化学因素的控制能力也将越来越强，许多非侵染性病害将被控制。

一、植物生理性病害病原类别

1．化学因素

植物的生理性病害大多是由于缺素所致。科学研究表明，植物的正常生长发育需从土壤中吸收30多种矿质营养元素，遵照“养分归还学说”的理论和农作物连续收获带走所需营养元素的生产实际，生产中应经常向土壤补充这些营养成分。但在生产责任制后的30多年里，广大农民普遍给土地不施有机肥料，仅单一大量施用氮、磷化肥，经济作物还施一些钾肥和农家肥，使土壤中的中微量和稀土元素得不到应有的补充，导致土壤中氮、磷、钾比例失调，大量元素和中微量元素之间的比例严重失调。致使在近年的生产中常出现诸如各种果树的小叶、黄叶及根腐病，苹果的水星病，瓜、菜等作物的重茬障害，各类蔬菜的脐腐病、心腐病、干烧心病、黑心、茎裂及黄化等病害，这些病害均是由于缺少多种中微量营养元素引起的，它直接制约着农作物产量，品质和经济效益的提高，严重时甚至出现毁园，倒蔓以至绝收，给农业生产造成严重的损失。

2．物理因素

包括温度、水分、空气、光照等。

3．栽培因素

包括施肥、用药。

4．遗传因素

先天基因异常造成的。

二、植物生理性病害、病原鉴别

1．调查分析

非侵染性病害中有不少是由于特殊的、异常的环境条件尤其是气候条件、环境污染及农事操作如施肥、喷药不当造成的，这些致病原因只有通比较性分析和实地调查，在掌握第一手资料基础上，方可进行初步诊断。

2．化学诊断

可用于缺素症状和化学毒害、药害的诊断，通过化学手段定性、定量分析植物组织内及其生长环境中如土壤、灌溉水、空气中矿质元素或有毒物质的种类及含量以确诊缺素症的性质和化学毒物的类型。

3．诱发诊断

相当于“人工接种”试验，即在初诊的基础上，用可疑病因处理健康植物，观察其受害表现，倘若与田间症状相同，则证明了该可疑病原。可用于除缺素症外的所有非侵染性病原的诊断。

4. 防治诊断

是病原鉴定上的“反证法”。尤其适用于缺失性病原的诊断，如缺素症，旱灾（缺水）等。即用含所缺元素盐类喷洒、注射、灌根、灌水，观察其防治效果。倘若能使植株恢复健康，就反证了缺素、缺水是病原。

另外，通过切断污染源，加强田间管理和采取对某种可疑病原的防治措施进行病害防治，其效果的好坏对于分析致病原因也是有益的。

总之，非侵染性病害的病原鉴定比较复杂，需要交叉运用多种方法，经过综合分析方能准确判定。

三、植物生理性病害主要类别

主要包括：

1. 营养元素失调，譬如缺素症。
2. 水分失调，涝害、旱害。
3. 温度失调，冻害、寒害。
4. 光照过强导致日灼症。
5. 施肥不当，可造成肥害。
6. 环境污染，空气污染、水土污染等导致的植物毒害。
7. 农药使用不当，可造成药害。

任务2 识别病原真菌

【学习目标】

1. 熟练掌握植物真菌性病害的发生原因。
2. 熟练掌握植物病原真菌的主要种类。

【任务分析】

植物真菌性病害是主要植物病害。通过观察、介绍真菌的生物学特征以及病原真菌的常见种类，使得学生掌握植物病原真菌的主要种类。

★基础知识

侵染性病害的病原包括真菌、原核类病原菌（细菌、植物菌原体）、病毒和类病毒、寄生性线虫及寄生性种子植物。

真菌（fungus）

真菌是自然界一类重要的真核生物，与人类的生活和生产有着密切关系。有的可作食用、药用，有的用于工业发酵和农业生产，也有的可引起人、畜、植物的病害。在各类栽培植物的病害中，约有80%的病害是由真菌引起的，如水稻纹枯病、麦类白粉病、棉花枯萎病、棉花黄萎病、油菜菌核病、玉米大斑病、玉米小斑病、苹果树腐烂病、黄瓜霜霉病、大叶黄杨白粉病等。

（一）真菌的一般生物学特征

各种真菌在形态上有极大的差异，它们在生长发育过程中，一般都具有较明显的营养生长阶段和繁殖生长阶段，并分别产生营养体和繁殖体。

1．真菌的营养体（vegetative body）

真菌的营养体是真菌自基物上吸取营养而获得能量，用以进行生长发育的器官。不同种类的真菌，其营养体的形态由简单到复杂有很大的变化。

变形体（plasmodium body）　一些低等真菌的营养体，是含多个细胞核的原生质团，无细胞壁，仅具细胞膜，菌体无固定形状，故称变形体。

单细胞（single cell）　营养体简单，较变形体进化而成为有细胞壁的单细胞，有的在单细胞上生有假根，或者在营养体细胞间通过形成原始的丝状结构相连接。

菌丝体（mycelium）（图2-1）　真菌的典型营养体，由大量细长、分枝丝状体交错而成，组成菌丝体的单条丝状物称为菌丝。菌丝的直径一般1～15 μm，多数呈管状，无色透明或暗色。低等真菌的菌丝无隔膜，里面含有多个细胞核，为多核细胞。高等真菌的菌丝有隔膜，由多个细胞构成，每个细胞1至多个核。菌丝细胞内除含有细胞核外，还有原生质、液泡、线粒体、内质网等细胞器。真菌的细胞结构与动、植物具有明显区别，其中比较特殊的是多数真菌细胞壁的主要组成部分是几丁质，少数为纤维素。

真菌的菌丝一般由孢子萌发产生的芽管发育而成（图2-2）。通过菌丝的顶端生长，在寄主细胞间或穿过寄主细胞而扩展蔓延，通过分泌各种酶分解寄主细胞内的有机物质使之成为可溶性物质，以菌丝的渗透作用吸取寄主的营养，以供其生长发育和繁殖需要。

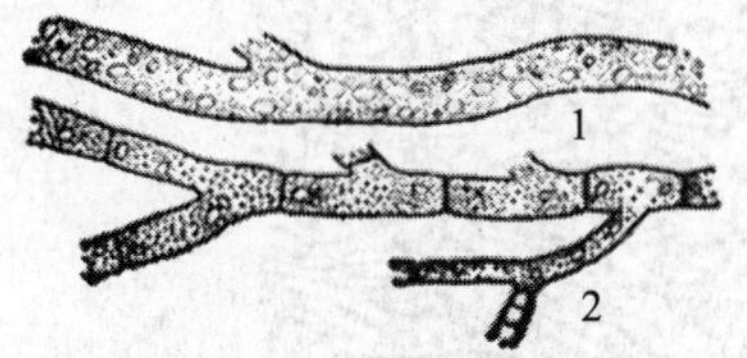

1. 无隔膜菌丝 2. 有隔膜菌丝

图 2-1 真菌的菌丝

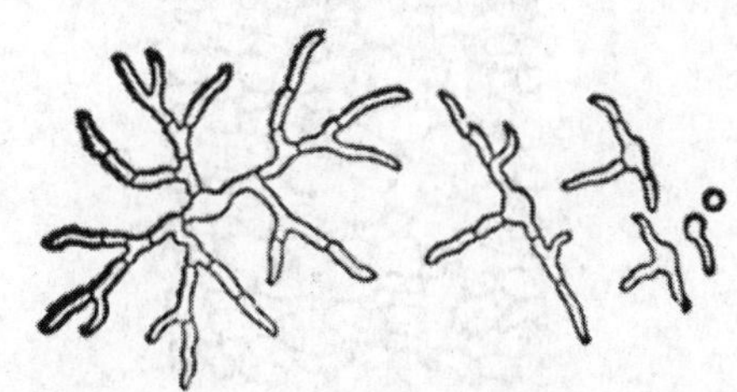

图 2-2 真菌孢子萌发

真菌为适应不同的生活条件，菌丝体会发生变态，有些真菌类群的菌丝体还形成了菌丝组织。菌丝组织有两种，一种是比较疏松的，由许多平行交错的菌丝体构成，内部可见菌丝体的长形细胞，称为疏丝组织；另一种比较紧密，集结的菌丝细胞呈圆形、椭圆形或多角形，与高等植物的薄壁组织相似，称为拟薄壁组织。常见的菌丝体变态及菌丝组成的结构主要有以下 5 种。

吸器（haustorium） 寄生性较强的真菌的菌丝体特化而成的伸入寄主细胞内用于吸收营养的结构。吸器的形状有瘤状、蟹状、指状和分枝状等（图 2-3）。

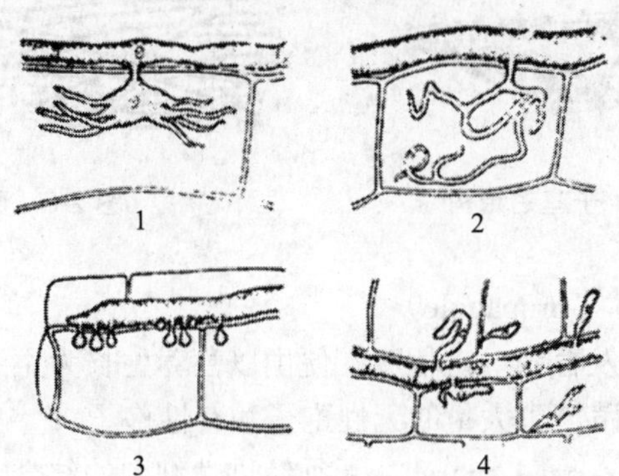

1. 白粉菌 2. 霜霉菌 3. 白锈菌 4. 锈菌

图 2-3 真菌吸器类型

假根（rhizoid） 一些真菌的菌丝体在其分枝点上可长出短而细的根状菌丝称为假根。如黑根霉。假根起支撑和吸收营养的作用。

菌核（sclerotium） 内部由疏丝组织外部由拟薄壁组织构成的颗粒状休眠体。菌核内贮较多养分，抗逆性强，条件适宜时可萌发成菌丝体（图 2-4）。

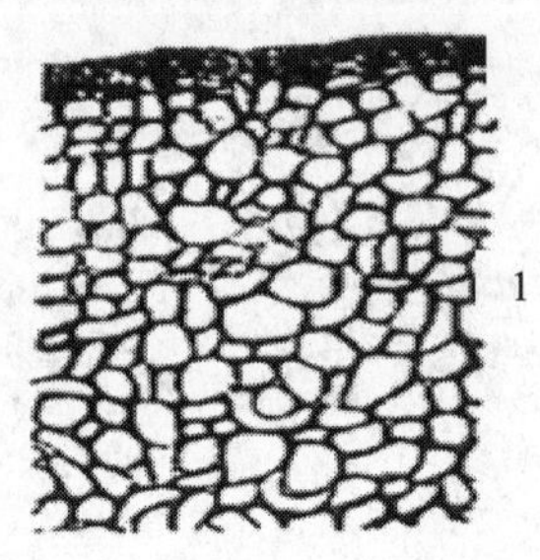

1. 拟薄壁组织 2. 疏丝组织

图 2-4 菌核的结构

子座（stroma） 在寄生的表面或表皮下由薄壁组织或由菌丝和寄主组织构成的垫状结构。子座与营养菌丝相连，并在上面产生繁殖体或构成繁殖体的一部分，起支撑、营养、保护、休眠作用（图 2-5）。

菌索（rhizomorph） 一些高等真菌的菌丝平行排列而集结构成索状结构。有蔓延和侵染的作用，并能抵抗不良环境（图 2-6）。

图 2-5 子座的结构

图 2-6 菌索的结构

2．真菌的繁殖体（propagule）

大多数真菌生长发育到一定程度，便由以营养生长为主过渡到生殖生长，通过无性繁殖和有性生殖产生大量的无性孢子和有性孢子。

（1）无性孢子（asexual spore）。无须经过性细胞的结合，而由营养体或营养体分化而来的繁殖器官产生的孢子。主要类型有（图 2-7）：

游动孢子（zoospore） 形成于游动孢子囊（zoosporangium）内。孢子囊是由菌体或特化菌丝——孢子囊梗形成的囊状结构。游动孢子无细胞壁，具鞭毛，可游动。

孢囊孢子（sporangiospore） 形成于孢子囊内。孢子囊是由菌丝特化而成的孢子囊梗顶端膨大而成。孢囊孢子有细胞壁，无鞭毛，不能游动，借气流传播。

分生孢子（conidium） 为最常见的一种无性孢子，是高等真菌最高级的无性繁殖的产物。很多真菌性病害具有很强的为害性，其生物学基础之一就在于其可以形成大量的分生孢子进行侵染、传播。

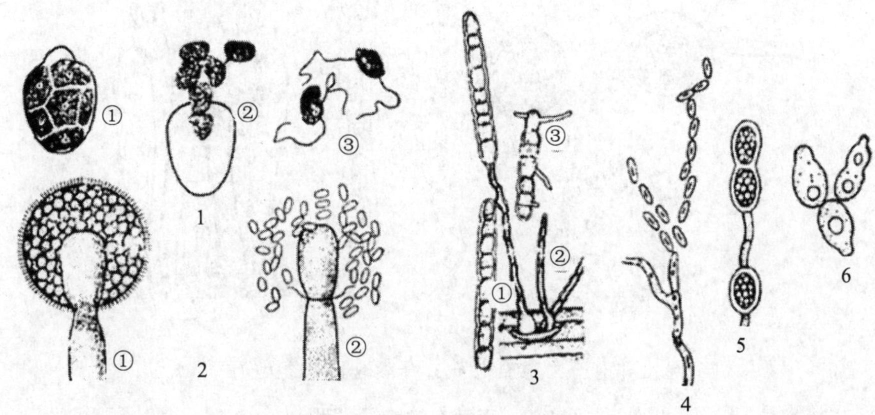

1. 游动孢子 ①游动孢子囊 ②孢子囊萌发 ③游动孢子 2. 孢囊孢子 ①孢子囊及孢子囊梗 ②孢子囊释放孢囊孢子 3. 分生孢子 ①分生孢子 ②分生孢子梗 ③分生孢子萌发 4. 粉孢子 5. 厚垣孢子 6. 芽孢子

图 2-7 真菌无性孢子类型

分生孢子产生于特化菌丝——分生孢子梗上，分生孢子梗有分枝或无分枝。分生孢子顶生、侧生、串生在分生孢子梗上，形状、颜色、大小各异，成熟的分生孢子从梗上脱落下来，由风雨传播。

芽孢子（blastspore） 由菌体细胞或孢子芽生小突起，经过生长和发育，最终脱离母细胞所形成的独立新个体。

粉孢子（oidiospore） 由气生菌丝自行断裂而形成的繁殖体，又称节孢子，条件适宜时，可萌发形成新的菌体。一般无抵抗不良环境的能力。

厚垣孢子（chlamydospore） 由菌丝体细胞或分生孢子经过细胞壁加厚、原生质浓缩形成的繁殖体。抗逆性强，可以度过不良环境。条件适宜时，可以萌发形成新的菌体。厚垣孢子既是休眠体又是繁殖体。

（2）有性孢子（sexual spore）。必须经过性细胞的结合而形成的孢子。真菌有性结合比较复杂，大多数真菌是通过菌丝体分化而来的性器官——配子囊完成有性结合过程。

另外，有些真菌可以产生具有性结合能力的配子，还有些真菌的菌丝体可以直接联合完成有性结合过程。真菌典型的有性结合必须经过质配、核配、减数分裂三个步骤。真菌的有性孢子主要有（图 2-8）：

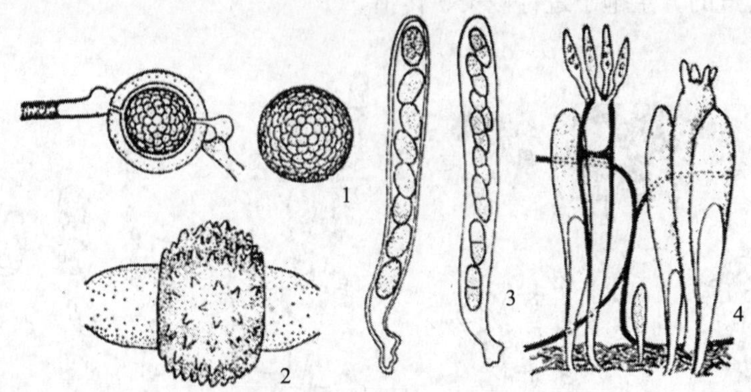

1. 卵孢子 2. 接合孢子 3. 子囊孢子 4. 担孢子

图 2-8 真菌有性孢子类型

卵孢子（oospore） 由两个异形配子囊（gametangium）（大的、球形配子囊为藏卵器，小的、棍棒或环状配子囊为雄器），经过结合而形成的孢子。雄器和藏卵器接触后，雄器内的原生质和细胞核转移到藏卵器内完成质配、核配过程而发育形成球形、厚壁、双倍体卵孢子。卵孢子萌发形成菌体时进行减数分裂。卵孢子抗逆性强，具休眠越冬作用。

接合孢子（zygospore） 由两个同形配子囊（形状、大小相同、性别相异）结合而形成的孢子。两个配子囊接触后，接触部位的细胞壁溶化，其中的细胞质和细胞核融合在一起，完成质配、核配过程而发育形成球形、厚壁、双倍体的接合孢子，接合孢子萌发形成新菌体时进行减数分裂，接合孢子抗逆性亦强，具休眠作用。

子囊孢子（ascospore） 由两个异形配子囊结合而形成，配子囊接触后进行质配，形成大量双核的造囊丝，由造囊丝发育形成囊状结构——子囊，同时子囊内的两个不同性别的细胞核进行核配、减数分裂，最终形成 $2n$ 个（一般为 8 个）单倍体子囊孢子，子囊多呈棍棒状，子囊孢子则形态各异，子囊孢子不具有抗逆性。

担孢子（basidiospore） 多数担子菌的性器官退化，而是由两性菌丝体直接结合而形成既具营养功能又具生殖作用的双核菌丝体。双核菌丝顶细胞膨大形成棒状担子，其内部的两性核进行核配、减数分裂形成 4 个担孢子。

真菌繁殖体既是鉴别各类真菌的重要依据，又是植物病害发生为害的基础。在植物病害发生过程中，无性孢子产生的数量多，对不良环境较敏感而寿命短，在病害扩展蔓延中发挥重要作用；有性孢子产生数量少，对不良环境较抵抗而寿命长（尤其是卵孢子、接合孢子），因此是病原菌越冬的主要形态，在病害初次侵染中起重要作用。

（二）真菌的生活史（life cycle）

真菌生活史是指真菌从一种孢子形态开始，经过孢子萌发、菌体生长和发育而再次形成该种孢子的生长发育循环过程。真菌的典型生活史包括无性阶段和有性阶段（图 2-9）。

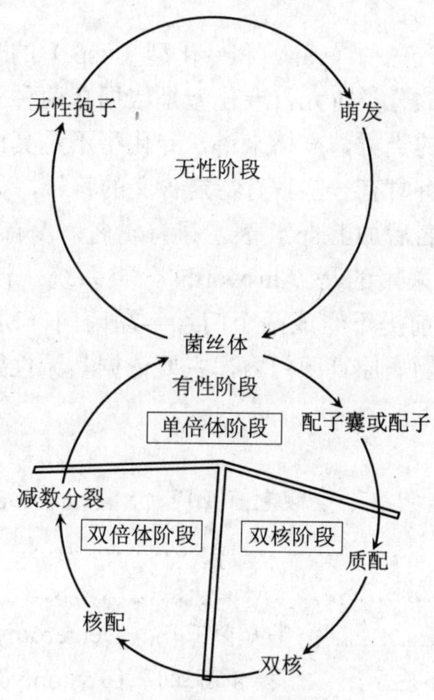

图 2-9 真菌的典型生活史

菌丝体生长发育到一定阶段便产生无性孢子，无性孢子在适宜条件下萌发形成新的菌丝体，这是无性阶段。菌丝体生长后期，可分化形成配子囊，并由其结合经过质配、核配、减数分裂产生有性孢子，有性孢子萌发又可形成新的菌丝体，这是有性阶段。有些真菌的有性阶段目前尚未发现，或虽已发现但不常发生。也有些真菌的生活史中以有性繁殖为主，无性孢子少发生或不发生。甚至有些真菌在其生活史循环中既不产生有性孢子，也不产生无性孢子，而是由菌丝体独立完成全部生活史。了解真菌生活史对病害防治有着重要意义，可以根据不同真菌的生活史循环，抓住关键环节，采取相应措施，达到控制病害的目的。

（三）真菌的命名

和其他生物的命名一样，真菌的命名也是采用双名法。

病原真菌命名中，最突出的一点是许多真菌（尤其是子囊菌）有两个学名，一个是有性阶段的学名，一个是无性阶段的学名。例如，小麦赤霉病菌的有性阶段是 *Gibberella zeae*，无性阶段是 *Fusarium graminearum*，在叙述一种子囊菌（或少数担子囊）时，若其无性阶段更常见，在病害发生中起主要作用，则也可采用无性阶段的学名。

真菌种以下有时还有变种（var.）和专化型（f.sp.）的分化，变种是种以下依据形态差异而划分的新的分类阶元，专化型是依据真菌种下的寄主范围不同而划分的植物病理学所特有的类群，严格来讲，专化型不是真菌的一级分类阶元。此外在病原真菌的名称中有时有一些具有特定含义的符号，如属名后加上 spp.，表示同一属的多个种，属名后加上 sp.，表示只有属名，没有种名。

目前真菌分类普遍采用的是 Ainsworth 分类系统。该系统是在建立菌物界（Kingdommyceteae）的前提下组成两个门——黏菌门（Myxomycota）和真菌门（Mycetomycota）。在植物病原真菌门内，主要依据其无性繁殖和有性生殖特征分为五个亚门，检索表如下：

1. 有游动孢子………………鞭毛菌亚门（Mastigomycotina）
   无游动孢子……………………………………………2
2. 具有性孢子……………………………………………3
   缺有性孢子………………半知菌亚门（Deuteromycotina）
3. 有性孢子为接合孢子………接合菌亚门（Zygomycotina）
   有性孢子为子囊孢子………子囊菌亚门（Ascomycotina）
   有性孢子为担孢子………担子菌亚门（Basidiomycotina）

亚门以下可进一步根据真菌的形态、生殖及生物学等方面的共性和个性，将其按照纲、目、科、属、种的体系进一步分类，以达到认识常见、重要病原真菌的目的。

（四）植物病原真菌的主要类群

1．鞭毛菌亚门

该亚门真菌菌体为比较原始的变形体（原生质团）或发达的无隔菌丝体。其共同特征是无性繁殖产生游动孢子，有性繁殖产生游动配子或配子囊，通过结合形成接合子或卵孢子。游动孢子的鞭毛有尾鞭和茸鞭之分。尾鞭较长，主干坚实，前端富弹性，两侧无茸毛，而茸鞭有一主轴，两侧有纤细茸毛，似羽毛状。鞭毛菌游动孢子的形态特征是分纲的依据，分纲检索表如下：

A 营养体为变形体，游动孢子双尾鞭………………根肿菌纲
　营养体为单细胞或无隔菌丝体……………………………B
B 游动孢子单尾鞭……………………………………壶菌纲
　游动孢子单茸鞭…………………………………丝壶菌纲
　游动孢子具有一根尾鞭，一根茸鞭…………………卵菌纲

卵菌纲是鞭毛菌中最大的一个纲，它包括很多为害严重的植物病原真菌。它因有性生殖形成卵孢子而得名。其中的水霉目和霜霉目包含有一些重要的病原真菌属。

（1）水霉目。该目真菌多数生长于水中，少数在潮湿的土壤中生存。大部分为腐生菌，一些寄生类型可以寄生于高等植物引起病害。水霉目真菌菌体都为发达的无隔菌丝体，无性繁殖在菌丝顶端形成棒状、圆筒形、丝状或梨形游动孢子囊，释放游动孢子后孢子囊不脱落，新的孢子囊又可从空孢子囊基部长出，如此进行多次，称为层出现象。游动孢子从释放到萌发须经历两个活动期，称为两游式（现象）。有性生殖所形成的藏卵器内常含有多个卵球，故经与雄器结合一次可产生多个卵孢子。重要植物病原属有绵霉属（Achlya）（图 2-10）。

（2）霜霉目。该目真菌有水生、两栖（湿土中生活）、陆生等类群。营养体为发达的无隔菌丝体，并能产生形态各异的吸器。无性生殖形成各具形态的孢囊梗，孢子囊成熟后可脱落，直接萌芽或产生游动孢子，游动孢子从释放到萌发只经历一个活动期，称为单游式（现象）。有性生殖形成的藏卵器中仅有一个卵球，经与雄器结合一次仅产生一个卵孢子。重要植物病原属有腐霉属、疫霉属、霜霉属等（图 2-10，图 2-11，图 2-12）。

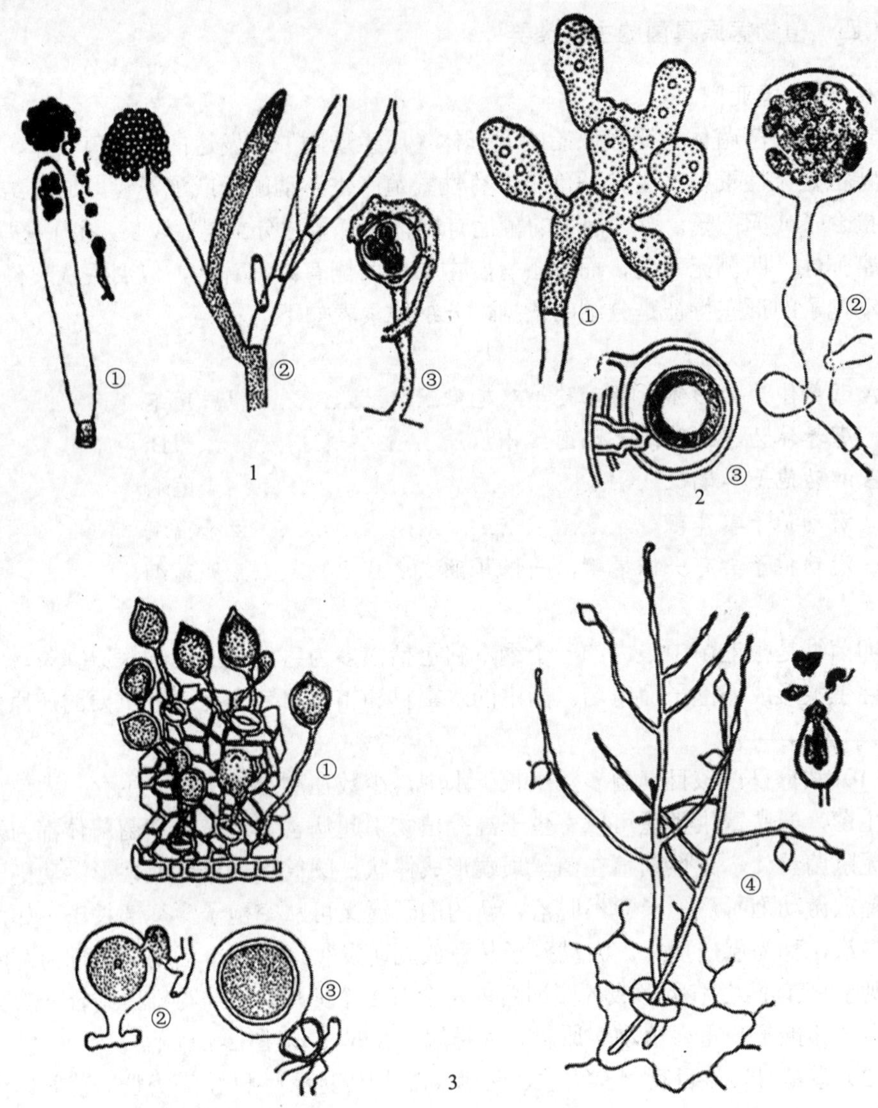

1. 绵霉属 ①游动孢子囊释放游动孢子 ②游动孢子囊呈伞状排列 ③雄器和藏卵器

2. 腐霉属 ①姜瓣状游动孢子囊 ②游动孢子囊产生泄囊和排孢管释放游动孢子 ③雄器和藏卵器

3. 疫霉属 ①孢子囊梗和孢子囊 ②雄器侧位 ③雄器下位 ④马铃薯晚疫病菌的孢子囊梗、孢子囊及游动孢子

图 2-10 鞭毛菌亚门——绵霉属、腐霉属、疫霉属

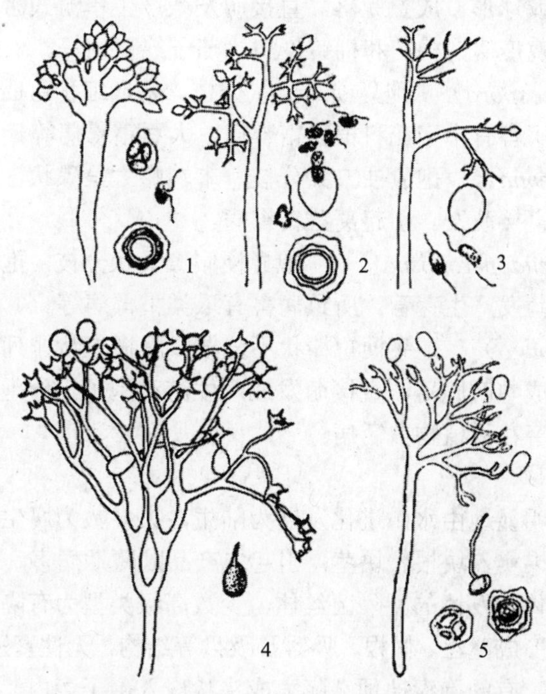

1. 指梗霜霉属 2. 单轴霜霉属 3. 拟霜霉属 4. 盘梗霜霉属 5. 霜霉属

图 2-11 鞭毛菌亚门——霜霉菌的形态

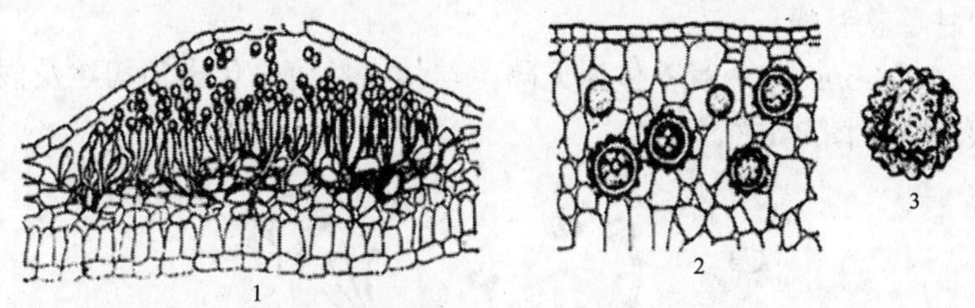

1. 孢子囊梗及孢子囊 2. 卵孢子在病组织内 3. 卵孢子的疣状突起

图 2-12 鞭毛菌亚门——白锈菌属

腐霉属（*Pythium*） 孢子囊棒状、姜瓣状或球形，直接生长于菌丝中间或孢子囊梗顶端，孢子囊释放游动孢子时先形成泄囊再排出游动孢子。所致病害有蔬菜的猝倒病、根腐病和果实绵腐病等。

疫霉属（*Phytophthora*） 孢囊梗初步分化，不分枝或合轴分枝。孢子囊顶生于孢囊梗上，梨形或球形，成熟脱落，直接萌发或产生单游式游动孢子，所致病害有马铃薯、番茄晚疫病、棉苗和棉铃疫病、茄子绵疫病等。

霜霉属（*Peronospora*） 孢囊梗二叉状分枝，末端细稍弯曲。孢子囊直接萌发产生芽管。所致病害有十字花科植物霜霉病、大豆霜霉病等。

盘梗霜霉（*Bremia*） 孢囊梗二叉分枝，末端膨大呈碟状，周缘生有小梗，孢子囊有乳状突，直接萌发。引起莴苣霜霉病。

拟霜霉属（*Pseudoperonospora*） 孢囊梗假二叉状分枝，孢子囊椭圆形有乳状突，孢子囊直接萌发产生芽管。所致病害有瓜类霜霉病等。

白锈菌属（*Albugo*） 孢囊梗短棒状不分枝，呈栅栏状排列于寄主表皮下，顶端串生孢子囊，成熟时脱落，直接萌发或产生游动孢子，卵孢子厚壁，外具纹饰，所致病害为十字花科植物白锈病。

2．接合菌亚门

该亚门真菌已明显地由水生进化发展为陆生，大多数为腐生菌，少数寄生类型侵染高等植物的果实、块根、块茎，引起农产品贮藏期病害。

接合菌的营养体为发达的无隔菌丝体，少数高级类型为有隔菌丝体。有些种类的菌丝体可变态形成蔓丝、假根、吸器及吸盘等结构，无性繁殖形成孢囊孢子，孢囊梗多数不分枝，有的孢囊梗顶端膨大成头状嵌入孢子囊内，称为囊轴，孢子囊破裂借气流传播孢囊孢子。有性生殖为同型或异型配子囊结合，产生接合孢子。依据菌体形态和生活史及习性，通常将接合菌亚门分为两个纲，即接合菌纲和毛菌纲，有植物病原真菌分布的接合菌纲、毛霉目，具有一定经济意义，其中的根霉属可引起甘薯软腐病。

根霉属（*Rhizopus*） 营养体为无隔菌丝体，并可分化出匍匐丝及假根，孢囊梗与假根对生（图 2-13）。

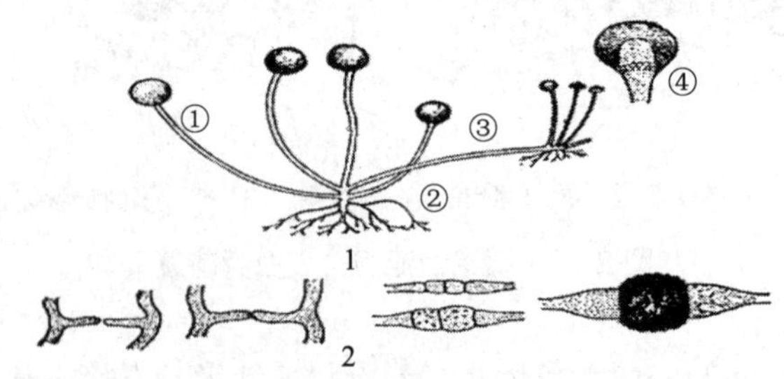

1．无性阶段 ①孢囊梗和孢子囊 ②假根 ③匍匐菌丝 ④孢子囊放大

2. 有性阶段，示接合孢子的形成过程（由左到右）

图 2-13 接合菌亚门——根霉属

3．子囊菌亚门

子囊菌亚门是真菌中形态变化最复杂、种类最多的亚门。绝大多数子囊菌为陆生菌，有腐生性的，也有寄生性的，寄生类型中有不少可以引起植物病害。

子囊菌的营养体除酵母菌为单细胞外，其他均为有隔菌丝体，有的类型还可形成菌核、子座等变态菌体，其无性繁殖发达，主要产生形态各异的分生孢子，有性繁殖较为复杂，低等类型是体细胞结合或同型配子囊结合，较高级的是通过异型配子囊结合产生造囊丝，还有的是以性细胞（精子）与配子囊结合的方式完成性过程，产生子囊孢子，多数子囊菌在产生子囊之前或在形成子囊的过程中，菌丝体大量分枝生长，包围子囊而组成保护结构，特称为子囊果（asacocarp），常见的有4种类型。

闭囊壳（cleistothecium）：子囊果球形，无开口，子囊散生，并于成熟时子囊壁胶化消失，称闭囊壳。

子囊壳（perithecium）：子囊果瓶形、梨形或球形，有孔口，子囊在子囊基部或四壁上形成，排列整齐，于子囊间生有顶端游离的侧丝，称为子囊壳。

子囊座（ascostroma）：子囊果无独立的壁，而是在子座内形成腔穴，并有从腔顶到腔基相接的拟侧丝，其间形成子囊，子囊壁为双层结构，称为子囊座。

子囊盘（apothecium）：子囊果成熟时张开呈盘状，子囊成排着生于盘面上，子囊之间有侧丝，称为子囊盘。

子囊菌亚门的分纲依据能否形成子囊果及子囊果的类型进行，分纲检索表如下：

A 不形成子囊果……………………………半子囊菌纲
  形成子囊果…………………………………………B
B 子囊果为闭囊壳…………………………不整囊菌纲
  子囊果大多为子囊壳，少数为闭囊壳……核菌纲
  子囊果为子囊座……………………………腔菌纲
  子囊果为子囊盘……………………………盘菌纲

与植物病害关系最为密切是核菌纲、腔菌纲和盘菌纲。

（1）核菌纲。是子囊菌亚门中种类最多的一个类群，大部分为腐生菌，但一些寄生类型则是许多经济植物的重要病原。核菌纲的营养体均为有隔菌丝体，无性繁殖发达，产生各种分生孢子，有性生殖大多形成子囊壳，少数种类形成闭囊壳，子囊单层壁，有独立壳壁。核菌纲分目一般依据子囊果形态、孔口有

无、菌丝体生长的部位、寄生性等性状进行，其中的白粉菌目和球壳菌目最具经济重要性。

①白粉菌目：均为专性寄生菌，引起植物白粉病，白粉菌的有隔菌丝外寄生于寄主植物表面，并可产生球形或掌状吸器伸入表皮细胞内或皮下细胞吸取营养。无性繁殖发达，产生粉孢型分生孢子，即分生孢子串生于短棒状、不分枝的分生孢子梗上，有性生殖一般发生于后期，于菌丝间形成无开口的闭囊壳，闭囊壳壁常沿“赤道线”产生具有固定形态的附属丝，闭囊壳内可形成一至多个子囊。附属丝形态和子囊数目是分属的主要依据（图 2-14）。

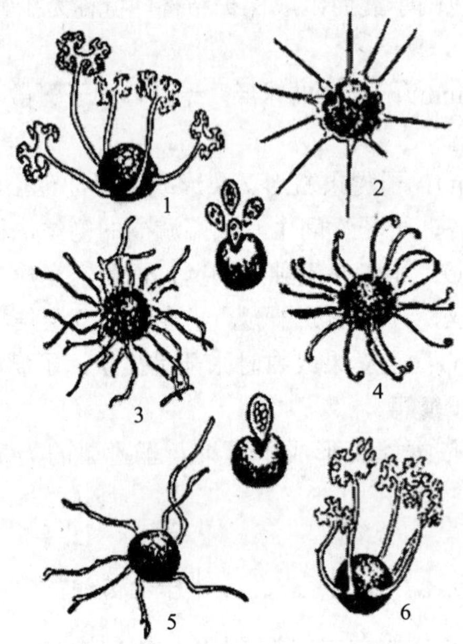

1. 叉丝壳属 2. 球针壳属 3. 布氏白粉菌属 4. 钩丝壳属 5. 单丝壳属 6. 叉丝单囊壳属

图 2-14 子囊菌亚门——白粉菌各属

布氏白粉菌属（*Blumeria*） 附属丝菌丝状，壳内生多个子囊。子囊孢子 2～8 个，单胞、无色、椭圆形。主要引起麦类白粉病。

单丝壳属（*Sphaerotheca*） 附属丝菌丝状，闭囊壳内仅含一个子囊，球形或卵形，具短柄。可引致瓜类白粉、蔷薇属花卉白粉病。

叉丝单囊壳属（*Podosphaera*） 附属丝二叉状分枝，生于子囊壳中部或顶部，单生子囊，球形。可引致苹果、桃白粉病。

②球壳菌目：多数为腐生菌。寄生菌的菌丝体蔓延于寄主细胞间，为内寄生

类型，无性繁殖发达，产生大量各种分子孢子，致使有性孢子——子囊孢子不常发生或仅在腐生条件下才能形成。子囊果为有开口的子囊壳。子囊壳的形态、色泽、质地以及子座的发育、子囊、子囊孢子的形态、大小、色泽等是球壳菌分类的依据，重要的植物病原属有：

长喙壳属（*Ceratocystis*） 子囊壳瓶状，具长度约为子囊壳直径2～3倍的长喙，喙顶端呈须状。子囊近球形，散生于子囊壳内，无侧丝，子囊壁易自溶。子囊孢子单胞、无色、半球形。分生孢子梗长筒形，基部膨大，顶端呈管状孢子鞘，产生内生分生孢子，无色、单胞、圆柱形，主致甘薯黑斑病（图2-15）。

黑腐皮壳属（*Valsa*） 子座圆锥形、埋生于树皮内，顶端突出外露，子囊壳球形具长颈，群生于子座内，颈端部聚集并各有开口，子囊棒状，不胶化，顶端壁厚，无侧丝或早期自溶。子囊孢子单胞、腊肠状、微带黄色。无性繁殖产生壳囊孢属（*Ctospora*）型分生孢子。主致苹果树腐烂病（图2-16）。

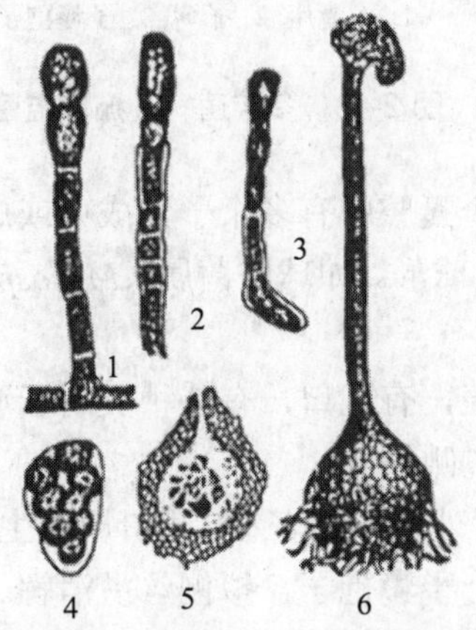

1. 厚垣孢子 2. 内生分子孢子 3. 分子孢子萌发
4. 子囊及子囊孢子 5、6. 子囊壳

图2-15 球壳菌——长喙壳属

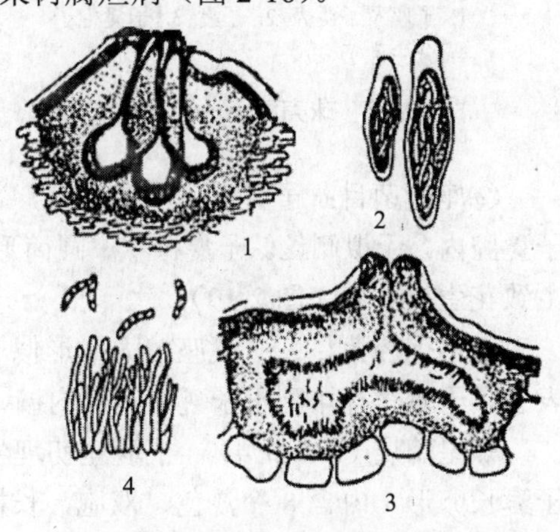

1. 子座及子囊壳 2. 子囊及子囊孢子
3. 分子孢子器 4. 分子孢子梗及分子孢子

图2-16 球壳菌——黑腐皮壳属

赤霉属（*Gibberala*） 子座垫状或瘤状、散生，子囊壳单生或群生子座表面，球形或圆锥形，壳壁蓝紫色，子囊棒状，内含8个纺锤形、多细胞（少数为双胞）、无色子囊孢子，无性繁殖产生镰刀菌属（*Fusarium*）型分生孢子，主致小麦赤霉病（图2-17）。

（2）腔菌纲。多数为腐生菌，寄生类型可引起植物病害。该类真菌有隔菌丝极为发达，除少数种类外均为内寄生型，其无性繁殖旺盛，以至于许多种类仅以分生孢子完成生活史循环。本纲有性生殖的基本特征是：子囊果为子囊座。子囊具双层壁，内壁于子囊孢子成熟时膨大、延伸、突破外壁释放孢子。本纲分目通常依据子囊座的形态、结构以及与基物的关系、子囊的形状及拟侧丝的性质等进行，其中的多腔菌目、座囊菌目、格孢腔菌目有重要植物病原属分布。

①多腔菌目：子囊座中共多个腔穴，而每一腔穴内仅有1个子囊，子囊球形，外壁较厚，内含8个椭圆形、多细胞的子囊孢子。如痂囊腔菌属（*Elsinoe*），主致葡萄黑痘病，柑橘疮痂病（图2-18）。

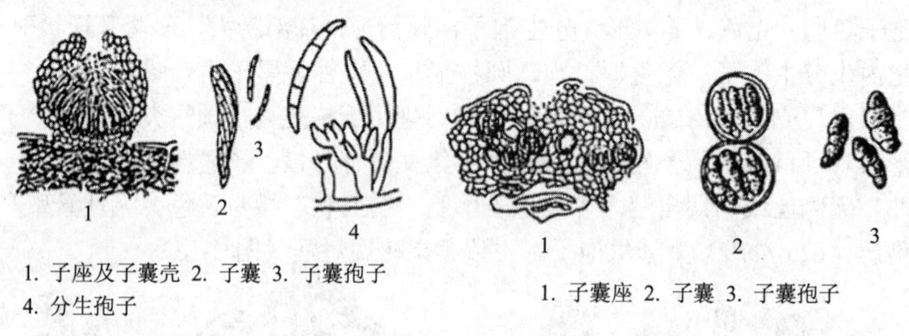

1. 子座及子囊壳 2. 子囊 3. 子囊孢子 4. 分生孢子

图2-17 球壳菌——赤霉属

1. 子囊座 2. 子囊 3. 子囊孢子

图2-18 多腔菌——痂囊腔菌属

②座囊菌目：子囊座单腔或多腔，每一个囊腔中有多个子囊成束或成排生于子囊腔内，无拟侧丝。子囊棒状、圆筒形或短球形。如球腔菌属（*Mycosphaella*），主致花生褐斑病（图2-19）。

③格孢腔菌目：子囊座较大，形似子囊壳，有孔口，有些种类的子囊始终为表生。子囊平行排列于子囊座基部内壁，有拟侧丝。

黑星菌属（*Venturia*）　子囊座初埋生，后外露或近表生，孔口周围生有刚毛。子囊长卵形，内含8个淡色、双胞，长椭圆形子囊孢子，拟侧丝易消解。无性繁殖产生黑星孢属（*Fusicladium*）型分生孢子，主致梨黑星病（图2-20）。

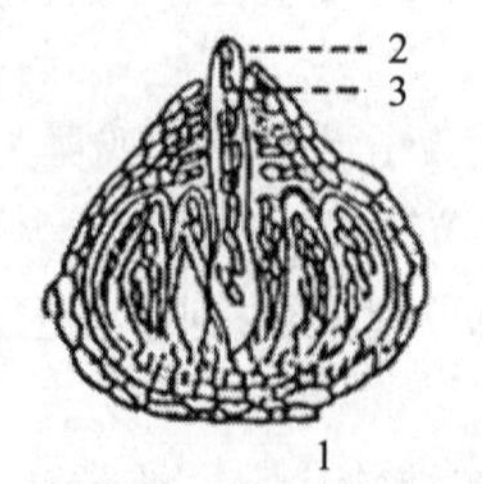

1. 子囊座 2. 子囊 3. 子囊孢子

图2-19 座囊菌——球腔菌属

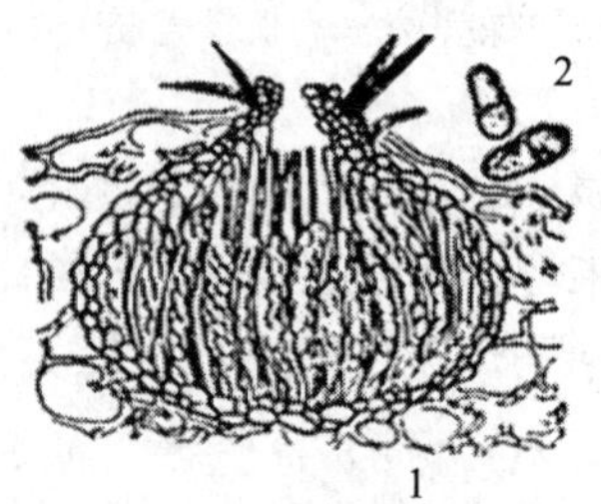

1. 假囊壳 2. 子囊孢子

图2-20 格孢腔菌——黑星菌属

（3）盘菌纲。绝大多数为腐生菌，只有少数寄生性盘菌可引起病害。盘菌纲的基本特征是有性生殖形成子囊盘，呈杯、盘、钟形等，有柄或无柄。子囊棒状或圆柱形，平行排列于盘面上，其间有侧丝，子囊孢子圆形、椭圆形、线形等。盘菌大多不产生无性孢子，盘菌纲分目依据生活史及习性、寄主类型、子囊盘形态、子囊及子囊孢子特征等进行，有重要植物病原菌分布的盘菌为柔膜菌目。

柔膜菌目　有隔菌丝体十分繁茂，且可形成菌丝变态结构如菌核、拟菌核。子囊盘形态各异，子囊多为棍棒或圆筒形，子囊顶端具孔缝放射子囊孢子。

核盘菌属（*Sclerotinia*）　菌核球形，鼠粪状或不规则形，黑褐色，子囊盘杯状或盘状，有柄，产生于菌核上，子囊孢子单胞、无色、椭圆形，不产生无性孢子。主致油菜菌核病（图 2-21）。

链核盘菌属（*Monilinia*）　该菌的菌丝组织及寄主坏死组织或共同构形拟菌核，子囊盘产生于拟菌核上，漏斗状或盘状，淡紫褐色。子囊含 4～8 个单胞、无色、椭圆形子囊孢子。无性繁殖产生丛梗孢属（*Monilia*）型分生孢子。主致桃褐腐病（图 2-22）。

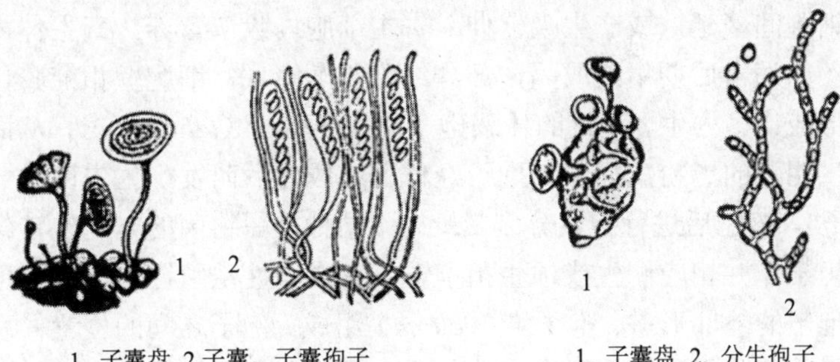

1. 子囊盘 2.子囊、子囊孢子

图 2-21　盘菌——核盘菌属

1. 子囊盘 2. 分生孢子

图 2-22　盘菌——链核盘菌属

4. 担子菌亚门

担子菌是最高等的一类真菌，其生活史及习性均为陆生。低级担子菌几乎全都为寄生菌，可引起植物病害，高级的多为腐生菌，不少是食用菌和药用菌。担子菌的菌丝体发达，为有隔菌丝，分单核和双核菌丝两种类型，营养阶段主要是双核菌丝，不发生或很少发生无性繁殖，但有些锈菌的生活史中，双核菌丝体可以产生类似于分生孢子具有传病、侵染作用的孢子如锈孢子、夏孢子，担子菌有性生殖形成担孢子。低级担子菌如黑粉菌、锈菌的双核菌丝，先形成休眠的冬孢子，在其萌发产生担子过程中，完成核配、减数分裂，最终形成担孢子。有些担子菌可以形成由菌丝组织和有性繁殖体共同组成的子实体，即担子果。能否形成担子果及担子果的类型是担子菌亚门分纲的依据，分纲检索表如下：

A 没有担子果……………………………………………冬孢菌纲
　有担子果………………………………………………………B
B 担子果为裸果型成半被果型…………………………层菌纲
　担子果为被果型………………………………………腹菌纲

与农作物病害关系密切的担子菌为冬孢菌纲。

冬孢菌纲：为低级的担子菌，都是维管束植物的寄生菌或专性寄生菌。由双核菌丝形成休眠冬孢子而不产生担子果。通常根据冬孢子的形成过程及所致病害的特征将其分为 2 个目，即黑粉菌目和锈菌目。

（1）黑粉菌目。是担子菌中形态、结构最简单的类型，其初生单核菌丝体由担孢子萌发而来。在其生活史中，初生菌丝存在的时间短，多数无侵染能力。经“+”、“-”担孢子或具不同性别的初生菌丝结合形成双核菌丝才能侵入寄主组织，并在寄主细胞间蔓延，或产生吸器伸入寄主细胞内吸取营养。寄主体内大量生长的双核菌丝于病害后期集结成团，部分细胞逐渐膨大，细胞壁相继胶化消失，细胞膜增厚形成许多内生、双核的休眠孢子——冬孢子（*teliospore*），从而使植物受害部位产生明显的黑粉病征。冬孢子经休眠或成熟后萌发产生先菌丝（又称后担子、上担子），核配后进行减数分裂。最终不同种类黑粉菌的先菌丝转化为有隔担子或无隔担子，并相应侧生或顶生担孢子，完成有性生殖过程。黑粉菌的分类目前常据冬孢子的外部形态、孢子堆（*telium*）组成、孢子之间的位置关系以及寄主等特征将黑粉菌分属。植物黑粉病的主要病原属有（图 2-23）：

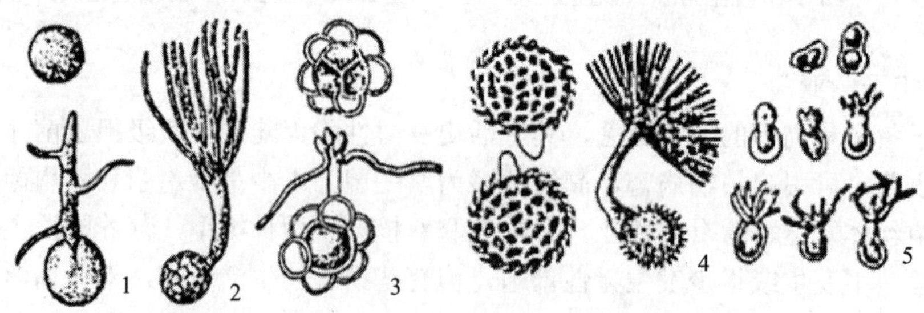

1. 黑粉菌属 2. 腥黑粉菌属 3. 条黑粉菌属 4. 尾孢黑粉菌属 5. 叶黑粉菌属

图 2-23　黑粉病的主要病原属

黑粉菌属（*Ustilago*） 冬孢子堆多着生于花器。冬孢子散生，壁光滑或具刺及花纹。萌发产生有隔担子，侧生担孢子。有些种类亦可直接萌发侵入寄主。可引起小麦散黑穗、大麦坚黑穗、玉米瘤黑粉。

腥黑粉菌属（*Tilletia*） 冬孢子堆多以破坏禾本科植物子房为主，有腥臭味。冬孢子近球形，淡黄色或褐色，表面光滑或具网纹。萌发产生管状无隔担子，顶端束生线形担孢子，有时担孢子可成对作“H”形结合，所致病害为小麦三种腥黑穗病。

（2）锈菌目。都是专性寄生菌（*obligate parasite*），有高度的专化性和变异性。种内常分化有不同的专化型和生理小种。锈菌目的初生菌丝和次生菌丝都很发达，并在生活史中占有同等重要的地位，均可侵染寄主，在寄主细胞间蔓延并通过吸器吸收胞内营养。

锈菌的生活史循环极其复杂，以小麦秆锈菌为例，其生活史可分 3 个阶段。一是锈孢子阶段，即担孢子萌发后侵入转主寄主（alternation of host）小蘖叶片内，由初生菌丝体形成性孢子器，进而产生性孢子和授精丝并结合形成次生菌丝，并由双核次生菌丝体形成锈孢子器和双核锈孢子。二是夏孢子阶段，锈孢子经过传播转移至小麦上，侵染小麦茎叶并形成大量双核菌丝体，随即由双核菌丝体形成夏孢子堆和双核夏孢子，夏孢子可在小麦上辗转为害，不断形成新的夏孢子。三是冬孢子阶段，到小麦生长后期，病株上的双核菌丝体产生冬孢子堆和外生型、双核冬孢子。冬孢子经过休眠于次年春萌发时，完成核配、减数分裂过程而最终产生有隔担子和 4 个侧生担孢子。此时担孢子经传播后只能侵染小蘖，完成生活史。

从小麦秆锈菌的生活史可以看出，锈菌除了具有高度的专化性和变异性的生物学特征外，还具有另外两个突出的生物学特征：一是典型锈菌的生活史可依次产生 5 种孢子，即性孢子（O）、锈孢子（Ⅰ）、夏孢子（Ⅱ）、冬孢子（Ⅲ）和担孢子（Ⅳ）（图 2-24），这种锈菌称为全孢型锈菌；也有的锈菌生活史中缺少一至几种孢子，称为非全孢型锈菌，如梨锈菌缺夏孢子。二是存在转主寄生，即有些锈菌在其不同生育阶段必须要求具备两个亲缘关系很远的固定寄主，才能完成生活史过程，其中凡能产生锈孢子的寄主则称其为转主寄主。

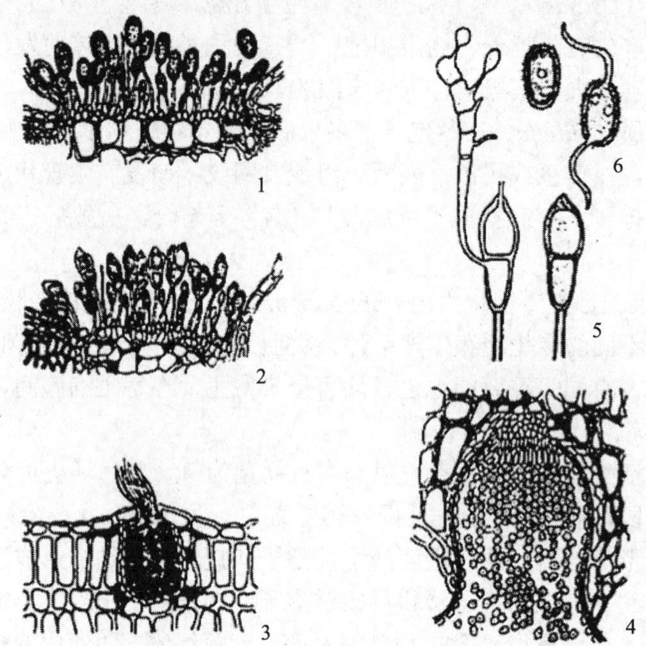

1. 夏孢子堆和夏孢子 2. 冬孢子堆和冬孢子 3. 性孢子器 4. 锈孢子器和锈孢子
5. 冬孢子萌发形成担孢子 6. 夏孢子萌发

图 2-24 担子菌亚门——锈菌各种孢子类型

由于锈菌具孢子多型性特点，故给锈菌分类带来许多困难。目前主要依据冬孢子形态、萌发方式以及有无冬孢子等性状分类。常见植物病原锈菌属有（图 2-25）：

单胞锈菌属（*Uromyces*） 冬孢子单胞，有柄，顶端壁厚呈乳突状。夏孢子堆粉状、褐色，夏孢子单胞、黄褐色、椭圆形、具微刺。所致病害有蚕豆锈病，菜豆锈病。

柄锈菌属（*Puccinia*） 冬孢子双胞、有柄。夏孢子堆初埋生于寄主表皮下，成熟后突破表皮呈锈粉状。夏孢子单胞，球形或椭圆形，有微刺，黄褐色，主致小麦锈病、花生锈病。

胶锈菌属（*Gymnosporangium*） 转主寄生，缺夏孢子型。冬孢子堆生于桧柏小枝的表皮下，后突破表皮形成各种形状的冬孢子角，遇水呈胶质状。冬孢子双胞、浅黄色、柄长、易胶化。性孢子器球形，生于梨、苹果叶片正面表皮下，锈子腔长筒形、群生、生自病叶反面呈丝毛状，锈孢子球形、串生、黄褐色，表面有小疣状突。所致病害为苹果、梨锈病。

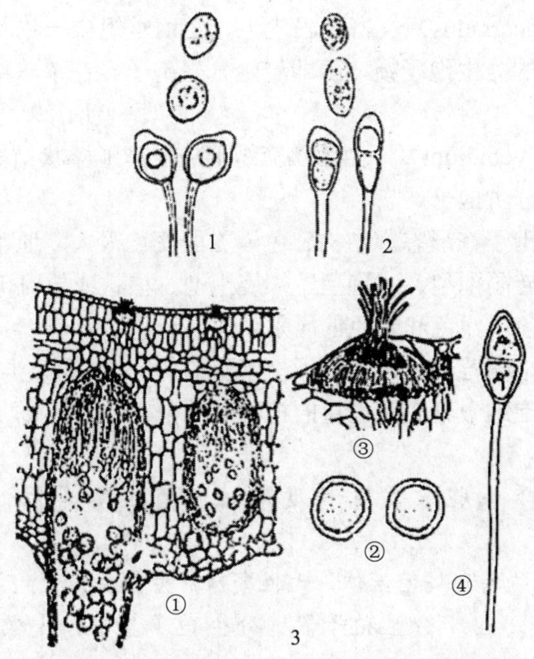

1. 单胞锈菌属 2. 柄锈菌属 3. 胶锈菌属①锈孢子器②锈孢子③性孢子器④冬孢子

图 2-25 担子菌亚门——锈菌各主要属

5．半知菌亚门

真菌中还存在一类没有有性生殖或未发现其有性生殖或一般条件下不进行有性生殖的类群，这类真菌称之为半知菌。半知菌的分类则依据其营养体和无性繁殖方式进行。

半知菌的营养体，除少数为酵母状单细胞外，绝大多数是非常繁茂的有隔菌丝体。通常有隔菌丝体为单核，少数种类为双核。此外，半知菌的菌丝体亦可形成多种变态结构如菌核、菌索等。

半知菌的无性繁殖以产生分生孢子为基本特征，同时也能形成粉孢子、芽孢子、厚垣孢子等，其无性繁殖特别发达的突出标志是，形成各具特点的无性子实体（asexual hymenocarp），常见种类有：

分生孢梗束（synnema；coremium） 众多分生孢子梗集结成束，基部联合，顶端分离可再行分枝，于分枝末端产生分生孢子。

分生孢子座（sporodochium） 分生孢子梗与菌丝体相互交织而成一瘤状结构，并突出于寄主表面。

分生孢子盘（acervulus） 寄主表皮下先由菌丝组成一垫状结构，然后在其表面形成许多较短的分生孢子梗，随即产生分生孢子。在垫状结构周围或其中生有黑色、刺状刚毛。

分生孢子器（pycnidium） 由菌丝交织形成一球形器状结构，并在器壁内侧着生分生孢子梗及分生孢子。

半知菌的分生孢子在形态、结构、色泽方面变化很大，通常区分为单胞型、双胞型、多胞型、砖隔孢型、线孢型、螺旋孢型、星状或放射孢型 7 大类，每大类分生孢子又有无色或浅色和暗色的区别。

半知菌的分纲依据营养体形态及无性繁殖的特征，下面为半知菌分纲检索表。其中的丝孢纲和腔孢纲中分布有大量的植物病原菌。

A 营养体为单细胞或发育程度不同的菌丝体，无性繁殖产生芽孢子……………………………………………………………………芽孢纲

营养体为发达的有隔菌丝体，无性繁殖产生分生孢子……………………B

B 分生孢子不产生于分生孢子器、分生孢子盘中，少数种类不产分生孢子……………………………………………………………………丝孢纲

分生孢子产生于分生孢子器、分生孢子盘中…………………………腔孢纲

（1）丝孢纲。该类真菌多数是腐生的，植物寄生类型可引起植物病害，营养体为发达的有隔菌丝体，少数能形成菌核。无性繁殖于分生孢子梗及无性子实体如分生孢梗束、分生孢子座上产生分生孢子，少数种类不形成分生孢子。根据能否形成分生孢子及分生孢子形成方式将丝孢纲分为 4 个目，分目检索表如下。

A 除少数种类产生厚垣孢子外，不产生其他任何无性孢子…………无孢目

产生分生孢子……………………………………………………………B

B 分生孢子产生于分散或成丛的分生孢子梗…………………………丝孢目

分生孢子产生于分生孢梗束…………………………………………束梗孢目

分生孢子产生于分生孢子座…………………………………………瘤座孢目

①无孢目：菌丝体繁茂，少数种类可形成菌核。主要通过菌丝片断，少数通过厚垣孢子进行无性繁殖。常见的重要属有丝核菌和小核菌属（图 2-26）。

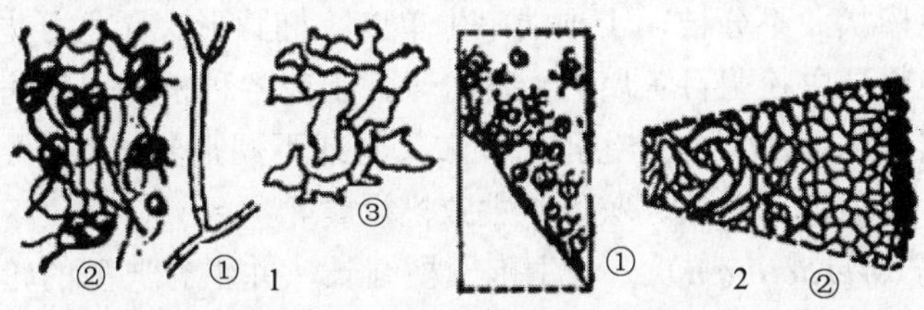

1. 丝核菌属①菌丝分枝处有隔膜和缢缩②菌核③菌核组织细胞 2.小核菌属①菌核②菌核切面

图 2-26 半知菌亚门——无孢菌

丝核菌属（*Rhizoctonia*） 菌核黑褐色，形状不规则，较小而疏松。菌丝体初无色后变褐色，直角分枝，分枝处有隔膜和缢缩。所致病害有多种作物纹枯病和苗期立枯病等。

②丝孢目（丛梗孢目）：丝孢目是丝孢纲中最大的目。无性繁殖产生大量分生孢子，故病部常见霉层状病征。其中有很多重要的植物病原菌属（图 2-27）。

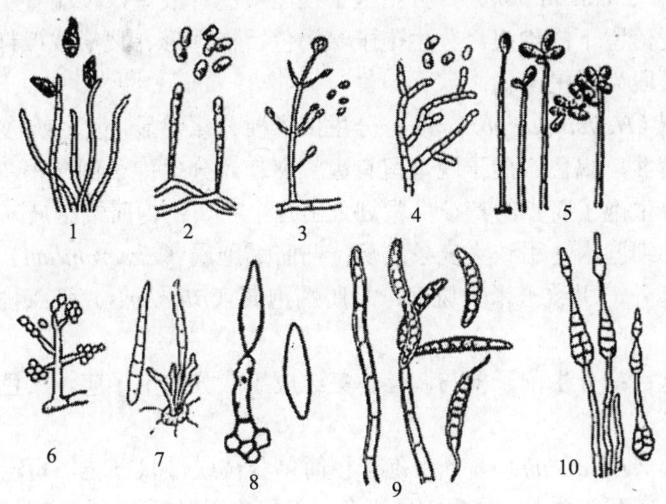

1. 梨形孢属 2. 粉孢属 3. 轮枝孢属 4. 丛梗孢属 5. 聚端孢属 6. 葡萄孢属

7. 尾孢属 8. 黑星孢属 9. 长蠕孢属 10. 交链孢属

图 2-27 半知菌亚门——丝孢菌各主要属

粉孢属（*Oidium*）　菌丝表生、白色，以吸器伸入寄主表皮细胞吸取营养。分生孢子梗短棒状，不分枝，于顶端串生单胞、椭圆形、无色分生孢子。均为专性寄生菌，多数是白粉菌目各属的无性阶段，引起各种植物白粉病。

丛梗孢属（*Monilia*）　分生孢子梗二叉状或不规则分枝。分生孢子椭圆形、单胞、串生、黄褐色、粉色、灰色。主致桃褐腐。

轮枝孢属（*Verticillium*）　分生孢子梗细长，并生有典型的轮状分枝，分枝顶端产生卵形、单胞、无色的分生孢子，主致棉花黄萎病。

葡萄孢属（*Botrytis*）　分生孢子梗细长，分枝末端膨大、尖细或平截，常有小突起。大量单胞、无色、椭圆形分生孢子聚生于分枝末端，呈葡萄穗状。所致植物病害有蚕豆赤斑、番茄灰霉病等。

聚端孢属（*Trichothecium*）　分生孢子梗无色、直立、较长，不分隔或少分隔，顶端聚生双胞、无色、倒梨形分生孢子，下端细胞稍小且有喙状突起，所致病害为棉铃红粉病。

梨形孢属（*Pyricularia*）　分生孢子梗细长，具分隔，极少分枝，单生或丛生。分生孢子梨形、无色，1～2 个分隔，单生于分生孢子梗的顶端，所致病害为稻瘟病。

黑星孢属（*Fasicladium*）　分生孢子梗黑褐色，较短，顶端着生分生孢子，梗上有孢子脱落留下的孢痕。分生孢子深褐色、椭圆形、梨形或瓜籽形，单胞或双胞。有性阶段为黑星菌属。

长蠕孢属（*Helminthosporium*）　分生孢子梗分化明显，散生或丛生，不分枝，上部屈膝状弯曲，褐色，孢子脱落留有齿状突起。分生孢子侧向稍弯，具隔膜。目前，根据分生孢子脐点的特征，又划分出几个新属：内脐蠕孢属（*Drechslera*）脐点凹入基部细胞内，引致大麦条纹病；凸脐蠕孢属（*Exserohilum*）脐点明显，凸出基部细胞外，引致玉米大斑病；平脐蠕孢属（*Bipolaris*）脐点稍凹陷，引致玉米小斑病。

③瘤座孢目：分生孢子梗与菌丝体集结成瘤状分生孢子座，其色泽、质地因种类不同而异。

镰刀菌属（*Fusarium*）　分生孢子梗简单分枝或帚状分枝，短粗；生瓶状小梗，呈轮状排列于分枝上。分生孢子无色，常聚集于黏质团中，通常有 2 种类型：一是大型分生孢子，多胞稍弯呈镰刀状，聚集呈粉红色、紫色等；二是小型分生孢子，单胞、无色、卵形，单生或聚生。所致病害有水稻恶苗、棉花及瓜类枯萎病等（图 2-28）。

④束梗孢目：绝大多数为腐生菌，极少数种类如拟棒束孢属（*Isariopsis*）可

引致植物病害。

（2）腔孢纲。腐生或寄生，有隔菌丝繁茂。无性繁殖过程中分生孢子产生于分生孢子盘中的为黑盘孢目，分生孢子产生于分生孢子器中的为球壳孢目。

①黑盘孢目：菌丝体在寄主表皮下形成分生孢子盘，成熟时外露，所产生的分生孢子混于黏稠状物中形成孢子团，于病部表现红、白、黑色等点粒状物（图1-29）。

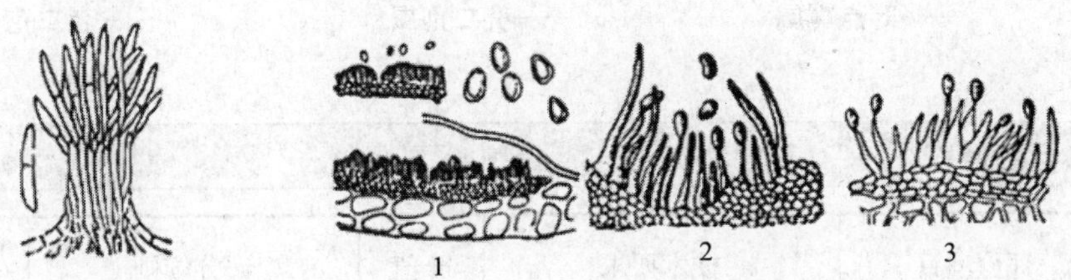

1. 痂圆孢属 2. 刺盘孢属 3. 盘长孢属

图 2-28 半知菌亚门——镰刀菌属　　图 2-29 半知菌亚门——黑盘孢菌各主要属

盘长孢属（*Gloesoporium*） 分生孢子盘垫状，突破表皮外露，分生孢子梗单胞，短棒状，长短不一，顶端尖细。分生孢子单胞、长椭圆形、稍弯，混于红色胶状物中自盘中排出。所致病害有苹果炭疽、辣椒红色炭疽病等。

刺盘孢属（*Colletotrichum*） 分生孢子盘四周或混于分生孢子梗间生有黑褐色刺状刚毛，其他特征与盘长孢相似。引起棉花、大豆、瓜类炭疽病。

②球壳孢目：腐生或寄生。菌丝发达，分生孢子器于病部呈小颗粒物状。

叶点霉属（*Phyllosticta*） 分生孢子器球形、暗色，埋生于寄主组织内，孔口外露。分生孢子单胞、无色、椭圆形，较小。所致病害为棉花褐斑病等（图 2-30）。茎点霉（*Phoma*）、拟茎点霉（*Phomopsis*）与叶点霉基本相似，只不过寄主和形态特征稍不同。拟茎点霉分生孢子有两种形态，一种为卵圆形，另一种为弯钩形。

壳二孢属（*Ascochyta*） 分生孢子卵圆形，双胞，无色。主致棉花茎枯病（图2-31）。

色二孢属（*Diplodia*） 分生孢子初为单胞无色，后变为双胞黑色，表面有细条纹。主致棉铃黑果病（图 2-32）。

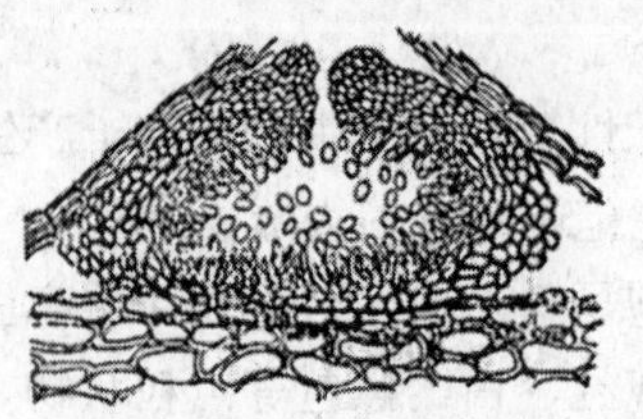
图 2-30　半知菌亚门
——叶点霉属

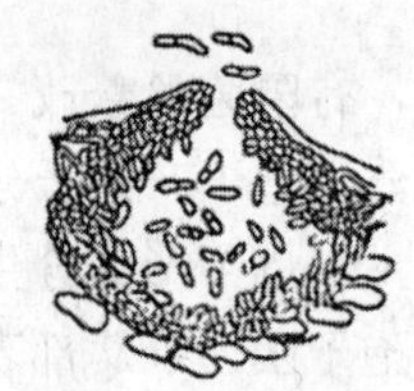
图 2-31　半知菌亚门
——壳二孢属

图 2-32　半知菌亚门
——色二孢属

★自我评价

评价项目	技术要求	分值	评分细则	个人（组）自评分
植物病原物真菌识别	掌握植物主要病原物真菌的种类，会准确描述代表属的主要形态特征	70 分	鞭毛菌 15 分 接合菌 10 分 子囊菌 15 分 担子菌 15 分 半知菌 15 分	
显微镜使用和绘图	初步显微镜使用方法与步骤；能绘制真菌形态图	20 分	显微镜使用 10 分； 绘制真菌形态图 10 分	
参与、完成任务态度	据出勤、永久玻片观察及摄影效果	10 分	出勤 5 分； 图片质量好 5 分	
合计				

任务 3　识别病原细菌

【学习目标】

1. 熟练掌握植物细菌性病害的发生原因。
2. 熟练掌握植物病原细菌的主要种类。

【任务分析】

植物细菌性病害是主要植物病害。通过观察、介绍细菌的生物学特征以及病原细菌的常见种类，使得学生掌握植物病原细菌的主要种类。

★基础知识

原核生物是一类较低等的生物，一般是由细胞膜和细胞壁或只有细胞膜包围细胞质而组成的单细胞微生物。它没有核膜包围构成细胞核。主要有 2 类原核生物可以引起植物病害，即细菌和植物菌原体，其中一些寄生于植物维管束，所谓难培养细菌，过去都认为它是类立克次氏体菌，现已列入细菌的木质部小杆菌属（*Xylella*）内。

一、细菌（bacterium）

是一类有细胞壁但无固定细胞核的单细胞原核生物。细菌的种类很多，但所致植物病害的数量和危害性远不如真菌，尽管如此，有些细菌病害也是农业生产上的重要问题，如水稻白叶枯病、茄科植物青枯病、大白菜软腐病等。

1. 细菌的一般性状

细菌有球、杆、螺旋状，植物病原细菌都为杆状。一般尺度为（1～3）μm×（0.5～0.8）μm，绝大多数植物病原细菌具有细长的鞭毛、菌体细胞壁壁外黏质层，但一般不形成荚膜。革兰氏染色反应多数阴性，少数阳性（图 2-33）。

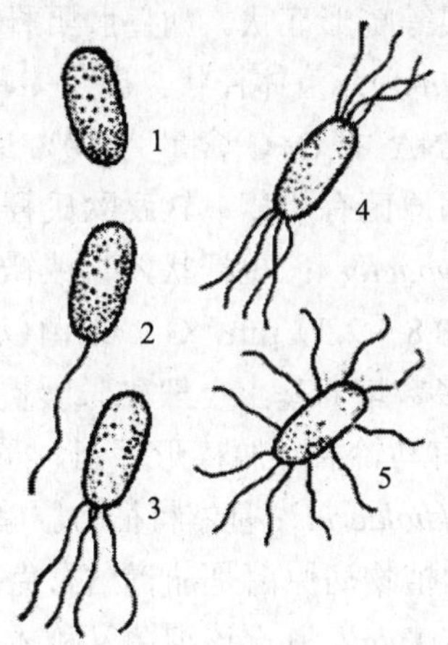

1. 无鞭毛 2. 单鞭毛 3. 单极丛毛 4. 两极丛毛 5. 周生鞭毛

图 2-33 植物病原细菌的形态

植物病原细菌都是死体营养生物，并对营养的要求不严格，可在一般人工培养基上生长。在固体培养基上形成的菌落颜色多为白色、灰白色、黄色。大多数病原细菌都为好氧，少数兼厌氧，对细菌生长来说，培养基的酸碱度以中性偏碱较为适宜，培养的最适温度一般为 26～30℃，在 33～40℃时停止生长，在 50℃ 10 min 时多数死亡。

细菌以裂殖（schizogenesis）方式进行繁殖，裂殖时，菌体先稍微伸长，细胞质膜自菌体中部向内延伸，同时开始形成新的细胞壁，最后母细胞从细胞中间分裂为两个子细胞。细菌繁殖很快，在适宜的条件下每 20 min 就可以分裂 1 次。

2．细菌的主要类群

（1）假单胞杆菌属（*Pseudomonas*）：菌体杆状，有 1 根或几根极鞭，G^-，严格好气性，培养基上形成的菌落灰白色。有的能产生荧光色素。DNA 中 G+C 含量为 58%～70%。病害症状主要是叶斑、叶枯和萎蔫。重要的病原菌有青枯假单胞杆菌等。

（2）黄单胞杆菌属（*Xanthomonas*）：菌体杆状，有单鞭毛，G^-，严格好气性，培养基上形成黄色菌落。DNA 中 G+C 含量为 63.5%～69.2%，主要引起植物的叶斑和叶枯，少数引起萎蔫，如水稻白叶枯黄单胞杆菌，棉花角斑黄单胞杆菌等。

（3）野杆菌属（*Agrobacterium*）：菌体杆状，有 1～4 根周生鞭毛，G^-，严格好气，在培养基上形成黏性的白色菌落。DNA 中 G+C 含量为 59.6%～62.8%。常引起木本植物的瘤肿和发根等畸形症状。如癌肿野杆菌。

（4）欧氏杆菌属（*Erwinia*）：菌体杆状，周生多鞭毛，G^-，多为兼性厌气性，培养基上形成白色菌落。DNA 中 G+C 含量为 50%～58%，多引致植物软腐，少数引起枯死和萎蔫。重要病原菌有胡萝卜软腐欧氏杆菌、稻基腐欧氏杆菌。

（5）棒形杆菌属（*Clavbacter*）：短杆状，直或微弯，也有楔形或球形，大小一般为（0.4～0.75）μm×（0.8～2.5）μm，G^+。细菌以单生为主，也常排列为“V”形、“Y”形和栅栏状。在多数培养基上一般生长缓慢且弱，绝对好气，适宜生长温度为 21～26℃，重要的有马铃薯环腐棒形杆菌、番茄细菌性溃疡棒形杆菌等。

（6）布克氏杆菌属（*Burkholderia*）：基本特征与假单胞杆菌属相似。DNA 中 G+C 含量为 64%～68%。重要的植物病原菌是茄青枯布克氏菌（B.*solanacearum*）。

（7）木质部小杆菌属（*Xylella*）： 该细菌又称木质部寄生难培养细菌，是一类生于植物木质部的革兰氏阴性细菌（Xylem Limited bacterium，XLB）。由于这类病原细菌与引起人类某些疾病的立克次氏体有形态结构等方面的相似之处，所以多年来一直被称为类立克次氏体（RLB）。

随着对此类微生物的性状、血清学、遗传学的深入研究，发现它与立克次氏体在许多基本性状上有显著区别，从而确定为一类新的植物病原细菌，建立木质部小杆菌属（*Xylella*）。如葡萄皮尔氏病菌。

木质部小杆菌属细菌的形态为单细胞，短杆状，而且比其他病原细菌小，尺度为（0.2～0.5）μm×（1.0～4.0）μm，无鞭毛，不能运动，以二分裂方式繁殖，G^-，细胞内含物与典型的原核生物相同。

到目前为止，已经报道的木质部小杆菌属细菌引起的植物病害有17种，如葡萄皮尔氏病、苜蓿矮缩病等。木质部小杆菌属引起的植物病害都表现出维管束受害的全株性症状，主要的症状有叶片边缘枯焦坏死、叶片脱落、枝条枯死、生长缓慢、生活力衰退、结果少而小、植株矮缩或萎蔫，最后可导致植株的死亡，但在许多寄主上都不表现症状。传播这类病菌的个体昆虫都是吸食木质部的昆虫，主要为叶蝉科的昆虫。此属病菌不能在植物病原细菌常用的培养基上生长，但能在含有一定量的可溶性铁如血红蛋白、氧化高铁血红素等特殊的培养基上生长。

（8）韧皮部杆菌属（*Liberobacter*） 该属为一个新属，寄生在植物韧皮部内，至今尚未能人工培养。菌体多为圆形、椭圆或短杆状，少数不规则形，大小为（50～100）nm×（170～600）nm，胞壁波纹状。主要生活在植物筛管中，引致柑橘黄龙病、柑橘青果病。

二、植物菌原体（plant mycoplasm）

1967年，日本人土居养二等用电子显微镜观察桑萎缩病、马铃薯丛枝病，泡桐丛枝病和翠菊黄化病的寄主韧皮部组织超薄切片时，发现有类似侵染动物和人类物菌原体的一类生物，称之为类菌原体（MLO）。此后，各国研究者发现，许多过去认为是病毒性的黄化、丛枝类病害实际上是由此引起的。植物类菌原体现称为植物菌原体。

植物菌原体没有细胞壁，但包被有具3层结构的细胞膜，其厚度为7～10 μm，最外和最内层为类脂，中层为蛋白质，细胞质内有线状DNA分子、核糖体等物质（图2-34）。通过裂殖或芽殖进行繁殖。植物菌原体有两种类型：一类常为圆形、椭圆形或不规则形，称为植原体属（*Phytoplasma*）。一般为0.1～1 μm，G^-，迄今未能在人工培养基上培养。多数植物菌原体属于此类型。另一类是螺旋形的，称为螺原体属（*Spiroplasma*）。长2～4 μm，直径0.12 μm，G^+，可在含甾醇和牛血清的培养基上生长，形成荷包蛋状的小菌落。

植物菌原体都是活体寄生物，寄生于植物的韧皮部，由于没有细胞壁，因而对青霉素不敏感，但对四环素族抗生素敏感，引起的病害症状多为黄化、丛枝、矮缩、变色等。传播介体主要是叶蝉，其次是飞虱、木虱等昆虫。植物菌原体以及木质部寄生细菌病害，在病状上往往与某些病毒病害较易混淆。目前，其诊断主要依据菌体的电镜观察、血清反应及四环素与青霉素对病害有无一定的治疗作用进行。

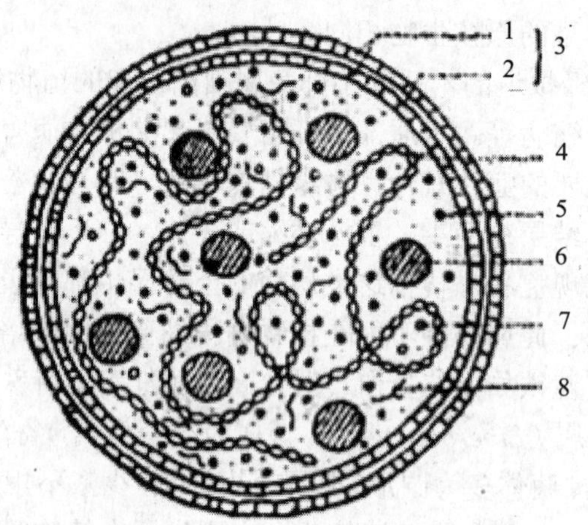

1. 蛋白质层 2. 类脂层 3. 细胞膜 4. DNA 5. 代谢物 6. 核质 7. 可溶性蛋白 8. 可溶性DNA

图 2-34 植物菌原体模式构造

任务 4 识别植物病毒

【学习目标】

1. 熟练掌握植物病毒性病害的发生原因。
2. 熟练掌握植物病毒的主要种类。

【任务分析】

植物病毒性病害是主要植物病害。通过观察、介绍植物病毒的生物学特征以及植物病毒的常见种类，使得学生掌握植物病毒的主要种类。

★基础知识

病毒（virus）、类病毒（viroid）可广泛寄生于大田作物、蔬菜、果树、花卉等植物上引起病毒类病害，单就病害种类而言，病毒病称得上为仅次于真菌病害的第二大类病害，但由于病毒、类病毒自身特殊的生物学特性决定了目前生产上还很难通过品种、农药等措施进行有效防治，所以从防治角度来看，与真菌、细菌病害相比其防治效益不很高。相信一旦病毒病害防治问题得以很好解决，将给农业增产增收带来飞跃性发展。

一、植物病毒的主要性状

植物病毒（包括类病毒）均属于病毒界的一类非细胞生物，是迄今为止所发现的生物中最为简单的一类。只有电镜技术、生物技术迅速发展的今天，人们才有了对极其微小的病毒形态、化学组成、复制及其他生物学特性的基本了解。

植物病毒的基本形态有3种类型：杆状、球状、纤维状。其大小通常用纳米（nm）表示，1 nm 等于 10^{-3}μm，杆状病毒一般为（130～300）nm×（18～22）nm，球状病毒直径为16～80 nm，纤维状（线状）病毒为（480～2 000）nm×（10～13）nm（图2-35）。

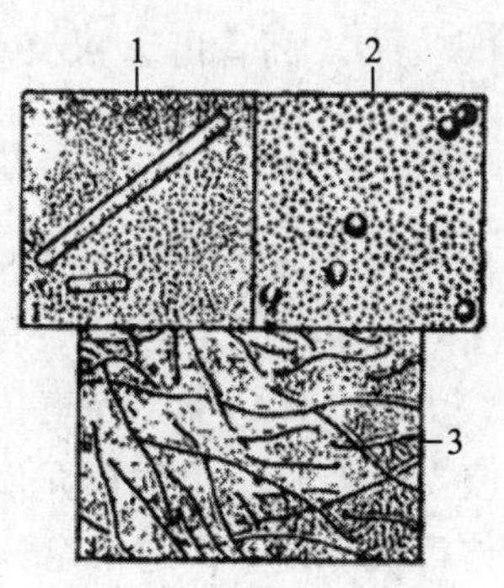

1. 杆状 2. 球状 3. 纤维状

图2-35 植物病毒的形态

植物病毒的化学组成是核蛋白。核酸在中间，蛋白质包围在核酸外面，形成一层蛋白质性质的被壳（或称衣壳）共同构成被壳核心体，即为病毒粒体的基本化学结构。病毒粒体中蛋白质含量最高，通常是由常见的20种氨基酸所组成。大多植物病毒为 RNA 病毒，少数为 DNA 病毒，每一种病毒仅含一种核酸（RNA 或 DNA）。

植物病毒的传染性表明其数量可以不断增加，但从病毒的结构可以看出，由于没有细胞生物那样的独立代谢功能，故对于其数量增加称为“增殖”而非繁殖。当植物病毒进入植物体后，其核酸即可进入植物细胞，并逐步控制寄主的代谢过程，以类似于细胞生物 DNA 或 RNA 复制和转译的方式，利用寄主的相应物质，复制病毒核糖核酸，并以病毒核糖核酸为信使，复制蛋白被壳，新复制的核酸和蛋白被壳组装后，即产生大量子代病毒粒体。这便是植物病毒增殖（复制）的过程。

植物病毒的稳定性是影响病毒传染性的重要方面，也是病毒鉴别中经常考察的一项生物学性状。通常用 3 个指标加以描述。

1．体外存活期（longevity in vitro）

即在 20～22℃室温条件下，病株（组织）汁液中的病毒保持其传染性的时间长短，一般 3～5 d，短的仅数小时，长的达 1 个月以上。

2．稀释终点（dilution end point）

又称稀释限点，是指病株（组织）汁液保持病毒传染性的最高稀释倍数，高者可达数百万倍，低者仅有数十倍。

3．致死温度（thermal death point）

又称失毒温度，即病株（组织）汁液加热 10 min，能使所含病毒失去致病力的最低温度，多数病毒在 60℃左右，高者可达 90℃以上。

二、植物病毒的传播特点

植物病毒是通过寄主体内带毒汁液传病的。依据具体传毒方式的不同，主要有接触传播、嫁接传播、花粉传播和介体（vector）传播。一般来说体外存活期长的病毒接触传播的成功概率较大。介体传播是病毒传染的一条重要途径，同时也是较为复杂的一条途径，其复杂性在于一是传毒介体类型多，有昆虫、螨类、线虫甚至还有真菌；二是昆虫传毒机能复杂，通常可分下列 3 种类型。

1．口针型

即传毒蚜虫在病株上吸食几分钟后，马上具备传毒能力。但经数分钟或数小时的吸食传毒，一旦病毒排完，又马上失去传毒作用，这种传毒形式又称非持久型传毒，所传病毒也称口针型或非持久型病毒。此类病毒的传播基本上属于机械性传带，专化性不强，如一些花叶型病毒。

2．循回型

即传播介体在病株上吸食较长时间，得毒后不马上传毒，需待病毒由介体中肠和血淋巴再回到唾腺，即经过一个循回期后方可传毒。循回期一般数小时至几天。一经传毒且病毒排完后，传毒介体马上失去传毒作用，此种传毒方式又称持久型传毒，所传病毒称循回型或半持久型病毒。此类病毒传播有一定专化性，多数引起黄化型或卷叶型症状。

3．增殖型

传毒介体一次饲毒后，由于病毒在其体内可不断增殖，因此多数可终生传播。所传病毒称增殖型或持久型病毒，多数引起黄化、矮化、畸形等症状，并通常由叶蝉、飞虱传播。

三、植物病毒的分类与命名

病毒作为一种非细胞生物，由于观察和研究的难度较大，有关其分类的问题目前仍在探索和发展之中。近年来，普遍根据植物病毒的核酸类型、单链或双链、病毒基因组成及病毒粒体形态、粒体有无脂蛋白包膜、核酸分段状况（即多分体现象）等性状将植物病毒分成 9 个科（或亚科）47 个属（组）（group）729 个种（成员）（member）或可能种。其中，DNA 病毒 1 个科 5 个属；RNA 病毒 8 个科 42 个属 624 种，占病毒种类总数的 85.6%。

植物病毒的命名也不十分统一，有编码法、俗名法等。编码法即将植物病毒的主要性状以代码和数字形式按一定顺序编写而成，主要性状及其排列顺序为：核酸类型/核酸股数：核酸分子量/核酸量占总分子量的百分比：病毒粒体形态/蛋白被壳外形：寄主/传毒介体。例如烟草花叶病毒属（组）的编码为 R/1：2/5：E/E：S/O，它表示该类病毒的核酸为 RNA，单链；核酸分子量为 200 万，占病毒分子量的 5%；粒体形态为截头杆状，蛋白被壳与此相同；侵染种子植物，无介体传毒。编码法命名对病毒基本性状的表述确切清楚，但使用不太方便。目前使用较为简便的是俗名法，即由寄主名称和症状类型构成的病毒名称，如烟草花叶病毒的英文俗名为“Tobacco mosaic virus”，通常缩写为“TMV”。

四、植物类病毒的基本性状

植物类病毒和病毒一样具有侵染和增殖能力，实质上是一类低分子 RNA，而没有蛋白被壳，比病毒更为简单。类病毒的 RNA 一般呈单链环状结构，其分子量比最小的植物病毒 RNA 还要小许多倍。

类病毒的传播方式以接触传播、种子传播及菟丝子寄生传播为主，介体传播作用可能也存在。所致病害主要表现矮化、黄化、畸形、坏死和裂皮等症状。茎尖组织培养无法获得无毒材料，因为类病毒与病毒不同，它能有顺序地扩散到茎尖生长点。迄今发现的类病毒害有：马铃薯纺锤块茎病、柑橘裂皮病等 10 余种。

任务5 识别植物寄生线虫

【学习目标】

1. 熟练掌握植物线虫病害的发生原因。
2. 熟练掌握植物寄生性线虫的主要种类。

【任务分析】

植物线虫病害是植物病害之一。通过观察、介绍植物寄生线虫的生物学特征以及植物寄生线虫的常见种类，使得学生掌握植物寄生线虫的主要种类。

★基础知识

线虫是一类低等动物，属线形动物门、线虫纲，种类多，分布广。多数线虫能独立生活于土壤、水流中，也有不少种类可以寄生于植物体，为植物寄生线虫（plant parasitic nematode），其为害植物和一般害虫不同，它能引起寄主生理机能的破坏和一系列病变，故称植物线虫病。如水稻干尖线虫病、小麦线虫病、花生根结线虫病、大豆胞囊线虫病。此外，线虫的活动和为害，还能为其他病原物的侵入提供途径，从而加重病害的发生。如许多土壤线虫在棉花根部附近活动能加重枯、黄萎病的发生。

一、线虫的形态结构

线虫的体形呈线条状，植物寄生线虫一般长 0.3～4 mm，宽 15～35 μm。整个虫体分头部、体段和尾部 3 部分，线虫有雌雄同形，雌虫较雄虫略肥大，少数为雌雄异形，雄虫线形，雌虫梨形或球形。

线虫结构简单，通常由体壁和体腔所组成。体壁最外层为表皮层（角质层），角质层随着虫体的发育可以脱落，称为蜕皮（molting）。体壁内部的空腔即为体腔，其中充满了体腔液。体腔液可以提供氧气和其他营养物质，发挥呼吸和循环系统的作用。体腔内与线虫生长发育和繁殖关系密切的主要结构有线虫的消化系统、神经系列、排泄系统和生殖系统（图 2-36）。

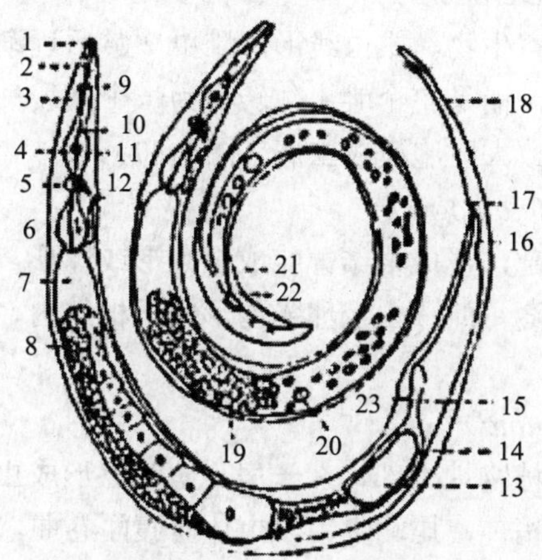

1. 口、唇 2. 吻针 3. 食道体部 4. 瓣门 5. 神经环 6. 后食道球 7. 肠 8. 卵巢 9. 基部球 10. 食道管 11. 中食道球 12. 排泄孔 13. 卵 14. 子宫 15. 阴道 16. 直肠 17. 肛门 18. 尾部 19. 睾丸 20. 精母细胞 21. 交合伞 22. 交合刺 23. 生殖孔

图 2-36 植物线虫的构造

二、线虫生活史

植物病原线虫是雌、雄异体卵生的低等动物，其生活史包括卵（oviposition）、幼虫（larva）、成虫（maturity ）3 个阶段。雌虫交配后产卵，雄虫交配后死亡，1 龄幼虫在卵内发育，孵化后经 3 次蜕皮由 1 龄幼虫发育为 4 龄幼虫，幼虫形体相似，只是大小和生殖系统发育程度不同而已，少数种类雌性成虫和幼虫形态差异较大，如胞囊线虫，从卵孵化至雌成虫产卵为 1 代线虫的生活史，不同种类的线虫繁殖 1 代所需的时间长短差异很大，短者数日至数周，长者达 1 年之久。

线虫的生长发育与环境条件关系密切。很多植物病原线虫首先必须在土壤中生活一段时期后再侵入植物体，故土壤温度、水分、氧气状况、质地对其有直接的影响，一般 20～30℃、湿度较大、氧气充足、砂性土壤利于线虫生长发育和活动，线虫为害严重。

三、植物寄生线虫的主要类群

植物病原线虫主要分布于线虫纲、垫刃目中，尤以下面的属为害更重。

1．胞囊线虫属（*Heterodera*）

为植物根和块根的寄生物。雄虫线形，雌虫2龄后逐渐膨大呈梨形、柠檬状或球形。卵不排出体外，而是整个雌虫体转变为一个卵袋——称为胞囊，初金黄色后黑褐色并脱落。主致大豆胞囊线虫病（图2-37）。

2．根结线虫属（*Meloidogyne*）

寄生于植物根系内部，形成根结。雌成虫梨形或球形，卵生于尾端分泌的胶质卵囊内，而不形成胞囊。雌成虫及卵囊均形成于根结内，不脱落。主致花生根结线虫病（图2-38）。

3．粒线虫属（*Anguina*）

多数寄生于禾本科植物地上部，在子房、茎叶上形成虫瘿。雌雄虫体均为线形，但雌虫较粗，头部稍钝，尾端尖锐，虫体向腹面卷曲。雄虫交合刺2个，向内侧弯曲，交合伞几乎包围尾端。主致小麦线虫病（图2-39）。

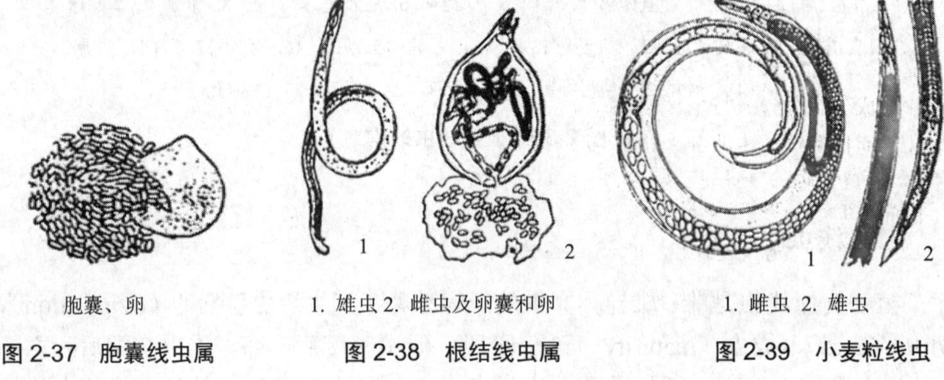

胞囊、卵

图2-37 胞囊线虫属

1. 雄虫 2. 雌虫及卵囊和卵

图2-38 根结线虫属

1. 雌虫 2. 雄虫

图2-39 小麦粒线虫

任务6 识别高等寄生植物

【学习目标】

1．熟练掌握高等寄生植物的危害性。

2．熟练掌握高等寄生植物的主要种类。

【任务分析】

高等寄生植物是植物病害的病原物之一。通过观察、介绍高等植物寄生植物的寄生特征以及高等寄生植物的常见种类，使得学生掌握高等寄生植物的主要种类。

★基础知识

种子植物中，少数类群由于根、叶退化而不能独立生存需寄生于其他植物上才能完成其生长发育，这类营寄生生活的种子植物称为寄生性种子植物，被寄生的植物由于营养不良，或由于寄生性种子植物的寄生而造成其他病原如病毒的感染，从而造成生长发育异常导致病害。因此寄生性种子植物是一类特别的病原物。同时，寄生性种子植物也是一种重要的田园有害植物。

寄生性种子植物可寄生于寄主不同部位。寄生于寄主根部的为根寄生型，如列当，寄生于寄主茎部的为茎寄生型，如桑寄生、菟丝子（图 2-40）。由于寄生性种子植物退化程度不同，因此对于寄主依赖程度也不一样。很多寄生性种子植物叶片退化为鳞片，不含叶绿素，没有光合作用和有机营养能力，根系也退化为吸器和吸根，必须从寄主体内获得水分和矿质营养。这种完全丧失自制营养能力，而完全依赖寄主的寄生类型称为全寄生，如菟丝子、列当。另有一些寄生性种子植物，仍具有叶片和叶绿素，而无机营养必须依赖于寄主提供，此类称之为半寄生。半寄生的种子植物与寄主植物之间从结构上看仅有导管相连。

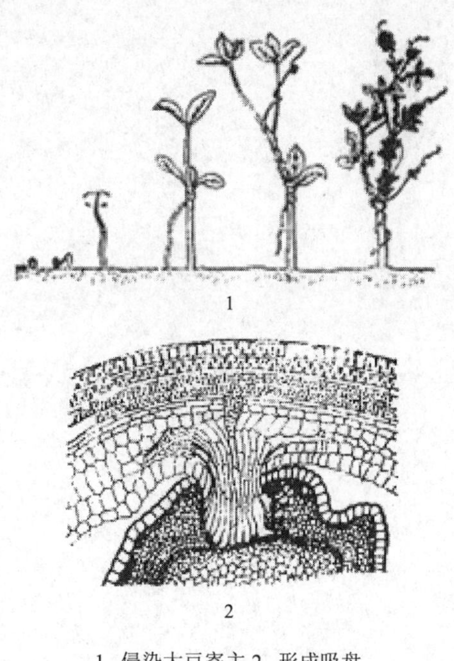

1. 侵染大豆寄主 2. 形成吸盘

图 2-40 大豆菟丝子

★自我评价

评价项目	技术要求	分值	评分细则	个人（组）自评分
植物病原细菌、病毒、线虫、高等寄生植物识别	掌握植物主要病原细菌、病毒、线虫、高等寄生植物种类，会准确描述代表属的主要形态特征	70 分	病原细菌 25 分 病毒 25 分 线虫 10 分 寄生植物 10 分	
显微镜使用和绘图	掌握显微镜使用方法与步骤；能绘制真菌形态图	20 分	显微镜使用 10 分；绘制形态图 10 分	
参与、完成任务态度	据出勤、永久玻片观察及摄影效果	10 分	出勤 5 分； 图片质量好 5 分	
合计				

项目 3　观察、分析植物病害的发生过程

任务 1　观察病原物的侵染过程

【学习目标】

1. 熟练掌握病原物的侵染过程的概念。
2. 熟练掌握病原物的侵染过程的 4 个主要阶段。

【任务分析】

通过观察、分析植物病害病原物的侵染过程的概念及其 4 个主要阶段，使学生掌握植物病害病原物的侵染过程。

★基础知识

病原物的侵染过程

具有致病能力的病原物，通过一定方式传播到寄主植物的感病点上，与之发生接触，随之侵入寄主体内吸取营养，建立寄生关系。并在病组织内扩展，使寄主的生理活动、组织器官、外部形态遭到破坏，导致发生病害而表现症状的过程，称为侵染过程（infection　process），简称病程。整个病程是连续进行的，为便于分析各个因素的影响，一般将侵染过程分为 4 个时期。

（一）接触期（contact period）（侵入前期）

接触期是指病原物能够引起侵染的部分与寄主植物发生接触的时期。病原物能够引起侵染的部分，称为接触体。真菌接触体是孢子或菌丝体；细菌、植物菌原体是其整个个体；病毒、类病毒则是粒体；线虫是成虫、幼虫或卵；寄生性种子植物则是其部分组织或种子。这些接触体，多数病原物不是主动传播，而是借

助于气流、雨水、昆虫等动力和介体传到寄主植物上。在传播过程中，绝大部分接种体因落到一些不能侵染的物体上而失去作用。传到寄主植物上的仅是极小部分。接触寄主植物后，一般营养体均可开始侵染。真菌孢子、寄生性种子植物种子首先必须萌发，萌发需要有适宜的温度、湿度和水分，线虫的卵也要有适宜的温度才能孵化。还有一些病原物从寄主植物的地下部分侵入，接触寄主根系后，往往存在一个十分有利于防治的时期，在此期间，许多防治措施可以减少或避免病原物和寄主接触，将病原物消灭在侵入之前，以争取防治工作的主动。

（二）侵入期（infection period）

1. 侵入途径

从病原物侵入寄主到与寄主建立寄生关系为止的一段时期，称为侵入期。各种病原物侵入寄主的途径不尽相同，大致可归纳为 3 种类型。

（1）直接穿透寄主表皮侵入

线虫、寄生性种子植物和有些真菌可以以这种形式侵入。真菌孢子萌发形成的芽管接触寄主角质层时，在其顶端形成附着器或称附着胞，分泌黏液，使芽管固着在寄主表面，然后以附着器产生的侵染丝依靠机械压力或分解酶穿透角质层和细胞壁进入寄主体内。线虫以吻针或头部刺入组织内吸取养分，进行外寄生，或以吻针刺破皮层进入组织内部进行内寄生。寄生性种子植物如菟丝子则在与寄主接触处长出吸盘侵入寄主维管束。

（2）自然孔口侵入

寄主体表的自然孔口很多，如气孔、水孔、皮孔、蜜腺、芽眼等。只有真菌和细菌可以从这些自然孔口侵入，从自然孔口侵入的病原真菌，多不形成附着器，而以芽管直接侵入。病原细菌在侵入时，往往先存在于薄壁细胞的细胞间隙，破坏周围的细胞，再侵入细胞内部，或随水珠由水孔进入叶脉导管等。

（3）伤口侵入

由于各种原因，寄主体表常出现各种伤口，有机械伤口、人为伤口、虫伤等。几乎所有病原物都可以从伤口侵入健全的细胞内。病毒只能从微小的伤口（细胞受伤而没有死亡）侵入，在活细胞中增殖，因而常借助昆虫、螨类和低等真菌等介体侵入寄主内。

2. 影响侵入的环境条件

环境条件可直接影响病原物或通过影响寄主的抗病性而影响病原物对寄主的侵入，其中湿度和温度对侵入的影响比较大。

（1）湿度对侵入的影响

大部分真菌孢子适宜在水滴中萌发。例如稻瘟病菌分生孢子，在水滴中萌发率达 86%，在饱和湿度下不过 1%，而相对湿度低于 90%时，就不能萌发，所以稻瘟病在雨、露多的季节发病较重。又如小麦条锈病菌的夏孢子，在水滴中萌发率很高，在饱和湿度中的萌发率不过 10%，当湿度下降到 99%时，孢子萌发率就低到 1%左右。对于绝大部分气流传播的真菌，湿度越高、特别是有水滴存在，越有利于孢子萌发，也有少数病原真菌的孢子还不一定要在水滴中萌发，如小麦叶锈菌的夏孢子在相对湿度不到 99%时就可以萌发，禾谷类作物白粉病菌的分生孢子，在水滴中萌发率仅 8%，而在饱和湿度下萌发率是 47%，所以在雨水少的年份，小麦叶锈病和白粉病常发生较重。由土壤传染的或孢子在土壤中萌发的病原真菌，湿度过高不但影响病原物的生长，还会抑制孢子的萌发，小麦网腥黑穗病菌的冬孢子，在湿度极高的土壤中，萌发反而受到抑制。孢子萌发后才能侵入寄主，所以，适宜的大气湿度和土壤湿度是病原物萌发侵入的重要条件。

（2）温度对侵入的影响

假如湿度决定孢子能否萌发和侵入，温度则影响其萌发和侵入的速度。真菌孢子需要在一定温度范围内萌发，孢子萌发最适宜的温度一般为 20～25℃，但各种真菌是不同的，在适宜温度下，不但孢子萌发的百分率增加，而且萌发所需时间较短，形成的芽管也较长，因而侵入速度快，数量多。

（3）光照对侵入的影响

大多数病原菌在黑暗状况下较易萌发和侵入。

由此可见，影响病原物侵入寄主的因素是多种的，往往又是相互关联的，其中湿度是主导因素。病原物对温度的要求虽然有最适宜温度，但有一定幅度，而对湿度的要求就比较严格，且年度间温度变化不大，湿度则因存在干旱年和多雨年而有较大变化，所以湿度往往成为影响病原物侵入的决定因素，同时这些因素还可通过影响寄主抗侵入的性状而影响病原物的侵入。

病原物侵入寄主植物的过程，因病原物、寄主植物和环境条件 3 方面的因素相互制约。了解病原的侵入和寄主植物抗侵入在防治植物病害中有非常重要的意义。在防治上把好这一关，便可大大增加防治工作主动性，从而达到预防为主的要求。同时可以根据植物抗侵入的特性选育抗病品种，提高寄主植物抗侵入的能力。

（三）潜育期（latent period）

病原物从侵入寄主植物建立寄生关系到表现症状为止的这一段时间，称为潜育期。在潜育期内，病原物在寄主植物体内进行繁殖扩展，寄主植物则产生一定的反应，限制病原物扩展。因此潜育期是病原物在寄主体内繁殖扩展和寄主植物抗扩展的时期。

1. 病原物在寄主植物体内扩展

病原物侵入寄主植物，都必须从寄主植物获得必需的营养物质和水分，建立寄生关系，才能繁殖和扩展。病原物在寄主体内扩展的方式有两种，一种是病原物扩展的范围局限于侵染点附近的细胞和组织，即局部侵染，形成的病害称为局部性病害，多数病害属于一类；另一种是病原物从侵染点沿着筛管、导管或随着生长点的发展扩展到寄主植物的其他部位或全株，引起全株感染，并在一定部位或全株表现症状，即系统侵染，引起的病害称为系统性病害。

2. 影响病原物扩展的环境条件

环境条件通过病原物和寄主而影响病原物的扩展。病原物繁殖扩展以温度的影响最大，温度高低决定病原物繁殖扩展的速度，从而决定潜育期长短和生长季节中的重复侵染和防治的次数。在适宜温度范围内，温度越高，潜育期越短，如稻瘟病潜育期在9～11℃时是13～18 d，17～18℃是8 d，24～25℃是5.5 d，26～38℃只需4.5 d。湿度对扩展的影响很小，因为病原物已侵入植物体内而不受其直接影响。环境条件能通过寄主植物的生育状况而影响病原物的扩展，植物组织中含水量大，特别是组织充水时，有利于病原物的繁殖和扩展，深水灌溉或偏施氮肥，水稻体内可溶性糖和可溶性氮含量增加，易感染稻瘟病和白叶枯病，而合理灌溉和适量施肥则反之。

病原物的侵入并不意味着植物发病。在认识和掌握潜育期中病原物、寄主植物和环境条件间相互关系及其相互制约的客观规律以后，就可以充分运用各种栽培措施，增强寄主植物的抗病力，抑制病原物的繁殖，控制病害的发生。

（四）发病期（symptom expression period）

寄主植物经过潜育期，在体表出现症状就是发病期。随着植物外部症状的发展，许多真菌和细菌病害在病部表面产生孢子或溢泌菌浓，有的很快产生病征，如白粉病、锈病等；有的则要经过一段时间后才能产生，如水稻白叶枯病、稻瘟病等；病毒则始终在寄主体内增殖和运转，在体外不形成病征。

病部表面病原物的产生和症状表现受环境条件影响大，如稻瘟病病斑在潮湿情况下形成急性型病斑，病斑上产生大量孢子；在干燥情况下，则形成慢性型病斑，病斑上产生孢子很少；在强光照射和缺肥时，多形成白点型病斑，不产生孢子。

病原物在寄主植物上经过接触、侵入、潜育到发病形成繁殖体就完全成了整个侵染过程。在适宜条件下，不断重复这个过程，在植物个体上和群体内扩大蔓延，造成病害流行。

任务2 观察病害循环过程

【学习目标】

1. 熟练掌握植物病害侵染循环的概念。
2. 熟练掌握植物病害侵染循环的3个主要环节。

【任务分析】

通过观察、分析植物病害侵染循环的概念及其3个主要环节，使得学生掌握植物病害侵染循环。

★基础知识

病害循环（infection cycle）是指一种病害从前一个生长季节（或前一年）开始发生，到下一个生长季节（或下一年）再度发生所经历的全部过程。而侵染过程只是整个病害循环中的一环。了解侵染过程和病害循环对于掌握一种病害的发生和发展规律是很重要的，因为植物病害的防治措施主要是根据病害循环的特征拟定的。

在植物病害整个病害循环中，病原物必须经过越冬越夏，通过传播，进行初次侵染和再次侵染，再转入休眠状态。这就是病害病害循环的几个主要环节（图3-1）。

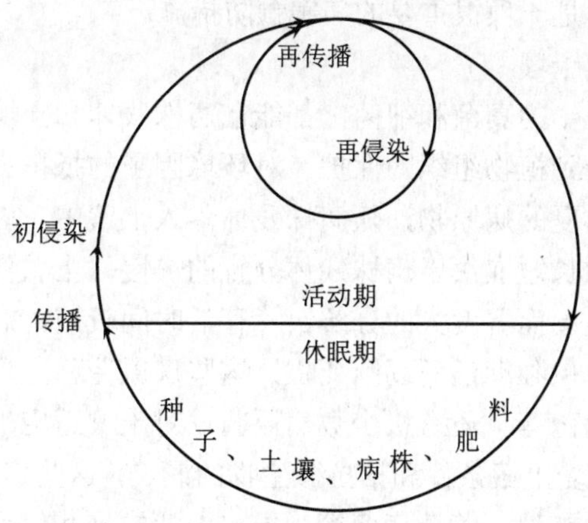

图3-1 植物病害循环简图

一、病原物的越冬和越夏

病原物的越冬和越夏是完成病害循环的重要环节。植物都有休眠期，大田作物有秋收夏收，病原物只有在寄主植物休眠期和作物收获后存活下来才能开始下一个生长季节的侵染。根据植物生长季节和气候特点，病原物都需经过越冬，有的还需越夏，各种病原物有其不同的越冬越夏方式和场所。

1．越冬越夏的方式

病原物的越冬越夏方式，有的以菌丝体在受到侵染的植株内越冬或越夏，有的以休眠孢子或其他休眠体在植物的体外存活，还有的在病株的残体和土壤中以腐生的方式生活。

2．越冬越夏的场所

越冬越夏场所因病原物种类不同而有不同，有的只有一个场所，有的有多种场所，在这些场所存活的病原物就成为下一个生长季节的侵染来源。归纳起来有以下几个场所。

（1）种苗和无性繁殖材料

病原物以种子、苗木和其他繁殖材料作为越冬或越夏的场所，有的以其休眠体和种子混杂在一起，如小麦线虫的虫瘿、菟丝子的种子等；有的以休眠孢子附着在种子表面，如有些黑粉菌的冬孢子；有的潜伏在种子、苗木和其他繁殖器官内部，如麦类散黑穗病菌以菌丝在种胚内越夏，水稻白叶枯病菌在颖壳内越冬等；有的在种子内部和外部越冬，如棉花的枯萎病菌和黄萎病菌；有的在块根中越冬，如甘薯黑斑病菌等。了解病原物越冬越夏部位，是选择种子处理方法的依据，而播种前的种子处理则是一项很重要的病害预防措施。

（2）病株残体或土壤

大多数非专性寄生的真菌和细菌，都能在病株残体和土壤中越冬。存活在病株残体上的病原物受到植物组织的保护，对环境因子的抵抗力较强，存活时间较长。在土壤里越冬越夏的病原物，随病株残体落入土壤中，因腐生菌的拮抗作用较小，其存活时间的长短取决于病株残体分解的快慢。土温低而干燥的分解慢，存活时间较长，土温高而湿度大的分解快，存活时间较短。病株残体分解后，病原菌就不能在土壤中单独存活而逐渐死亡，这些病原菌称土壤寄居菌，如稻瘟病菌，玉米大、小斑病菌等。还有极少数病原菌，对土壤适应性强，能在土壤中繁殖和长期存活，但也受土壤条件和拮抗微生物的影响，这些病原菌称土壤习居菌，如小麦全蚀病菌，棉花枯、黄萎病菌等。采取农业措施和轮作、深耕等能促使病株残体分解和土壤拮抗微生物孳生，达到消灭病菌的目的。

（3）田间病株及其他寄主植物

有些专性寄生物必须在活的寄主上寄生才能存活，如小麦秆锈菌在北方不能越冬，在南方不能越夏，因此秆锈菌多半是在南方小麦上越冬后传到北方，在北方的小麦上越夏后再传到南方。有不少病毒，当栽培寄主植物收割后，就转移到其他栽培的或野生的寄主上越夏或越冬，如油菜花叶病毒可以在野生植物蔊菜上越夏，也可以在油菜上越冬。

（4）粪肥

粪肥中的病原物多因积肥中掺进病残体或因牲畜粪便带菌，如用小麦腥黑穗病的病株喂养牲畜，病菌的冬孢子虽经牲畜肠胃的消化，仍能在粪肥中存活，这些肥料未经腐熟即施用，病原物就随之带到田间而引起发病。

（5）昆虫

有少数病毒可以在持久性传毒的昆虫体内越冬，并进行增殖，如水稻普通矮缩病毒就是在传毒的黑尾叶蝉体内越冬的。

病原物越冬越夏场所，一般就是下一季植物病害初次侵染来源。由于病原物在越冬越夏期间，多处于休眠状态，且比较集中，是病害病害循环中的薄弱环节，比较容易消灭，因此，掌握病原物的越冬越夏场所，采取相应的有效防治措施，就能收到良好的防治效果。

二、初次侵染和再次侵染

越冬越夏病原物在作物生长季节中，首次侵染植物引发病害，称为初侵染。受到初侵染的植物，在适宜条件下，病部产生孢子或其他繁殖体，经过传播又重复侵染更多寄主，称为再次侵染或再侵染。

农作物病害中，有些病害如麦类黑穗病只有初侵染，它们的侵染期较短，潜育期长达几个月到 1 年，在同一个生长季节中不会扩大蔓延。潜育期的长短与再侵染的次数关系很大，病害必须通过不断再侵染才能扩大蔓延。有些病害由于潜育期短，病原物繁殖快，数量大，因而再侵染的次数也多，这些病害可在短期内由点扩大到面，迅速发展流行，同时，寄主植物感病时期的长短也与再侵染次数有关，因此，应根据病害有无再侵染采用相应的防治对策，以提高防治效果。只有初侵染而无再侵染的病害如麦类黑粉（穗）病等，只要能彻底消灭初侵染来源，这些病害一般就能得到防治。对于有再侵染的病害，如稻瘟病等，既要采取措施消灭侵染来源，又要防止其再侵染。

三、病原物的传播

病原物从越冬越夏场所传到作物上引起初侵染，从病株传到健株引起再侵染，都需要经过传播才能完成病害循环，如中断传播，就能中断病害循环，达到防止病害发生发展的目的。

各种病原物的传播方式和方法不同，有的病原物能主动向外传播，但能力不强，如有鞭毛的细菌或真菌的游动孢子可以在水里游动，线虫可以在土壤中蠕动，有些真菌孢子可以自行向空中弹射（如小麦赤霉病菌、油菜菌核病菌的子囊孢子），这类能主动传播的病原物传播的距离和范围都是极有限的。绝大多数病原物传播都是依靠外界动力包括自然因素和人为因素而被动传播的，它们的传播方法有以下几种。

1．风力传播

许多真菌能产生大量孢子，孢子小而轻，可随风传播。风的传播速度快，距离远，波及面广。

风力传播的距离因病原物的种类、风速的不同而异，小麦锈菌的夏孢子可随风传播数百千米到数千千米，有些病菌孢子随风传播的距离仅数千米，如稻瘟病菌孢子可传播 4 km，有的病菌孢子可能传播几十米，但是传播的距离并不就是侵染的有效距离，因为有部分孢子在传播的途中死去。

病原物借风力远距离传播的病害，防治方法比较复杂，除注意消灭当地的病原物外，还要防止外地传入的孢子侵染，常需要组织大面积联防，才能获得防治效果。

2．雨水传播

植物的病原细菌和部分真菌孢子由雨水和流水传播，病原细菌往往随溢脓流出寄主体外，如水稻白叶枯病菌在病部形成黏胶状的菌脓，只有借雨水才能使其分散开来，有些病原真菌所产生的游动孢子和一些分生孢子盘、分生孢子器内的分生孢子也都靠雨水传播。土壤中的一些病原真菌、细菌能通过雨滴反溅作用被带到底部叶片的背面。田间的灌溉水和雨后流水，可把病原菌传到较广的范围。由于雨水传播的距离一般都比较近，对于这类病害的防治，只要消灭当地的发病来源和管好灌排系统，防止其侵染，就能取得一定效果。

3．昆虫及其他生物传播

许多病毒、植物菌原体等依靠昆虫传播。一些真菌孢子和细菌可由昆虫携带传播，昆虫、线虫为害植物时造成伤口，为病原物打开侵入通道，如甘薯受地下害虫的为害加重黑斑病菌的侵染，棉铃害虫为害棉铃期病害加重，这类病害需要通过治虫才能达到防治目的。

4. 人为传播

人为传播病害主要通过以下两个途径。

(1)种苗及其他农产品的调运

随着农业生产的发展，种苗及其他农产品调运频繁，许多病原物可从国外传到国内，从甲地传到乙地，如棉花枯萎病在20世纪30年代由于引进美棉种子而传入我国，水稻白叶枯病以前仅在南方少数稻区发生，现已随种子调运而传遍全国南北稻区。为防止病害传入无病区，必须重视检疫。

(2)农事活动

农业耕作栽培活动也能传播病害，传播的距离一般不远，如栽种带菌的种苗，可以把病害传播到下一年，施用带菌的粪肥可以把病害从这块地传播到另一块地，许多土壤中的病原物可以随着耕地、移栽、中耕、灌溉等而向外传播，整枝、打叉、脱粒和使用带菌的农具等，都可以传播病原物，引起植物病害，故应在农事活动中注意避免传播。

任何植物的侵染性病害都有病原物的越冬、越夏，初侵染、再侵染和传播等问题，这是病害发生发展的一般规律，也是它们的共性。各种植物病害的病害循环有所不同，且同一种病害在不同地区或条件下也有所不同，要根据不同特点采取相应措施才能收到良好的防治效果。

任务3 观察、分析病害流行过程

【学习目标】

1. 熟练掌握植物病害流行的概念。
2. 熟练掌握影响植物病害流行的因素以及流行类型和规律。

【任务分析】

通过观察、分析植物病害流行的概念及其流行类型和规律，使学生掌握植物病害流行。

★基础知识

一、植物病害流行的概念

一定的时间、空间范围内，农田生态系统中植物病害大量、严重发生的状态或现象称为病害流行。经常发生流行的病害叫做流行性病害（epidemic disease）。

植物病害的流行是病害发生、发展的一种趋向，同时也可能是病害实际发生、发展的现象。说是趋向，因为通过各种手段可以避免病害的流行，说是现象，因为在特定条件下即便采取了预防措施，植物病害仍会大量、严重发生而流行。因此研究植物病害的流行，对于病害的预报和防治是十分必要的。另外，在理解植物病害流行的概念中要特别注意病害的流行是一个时空上的动态趋向或过程；是发生在农业生态系统这一个复杂体系中的；病害流行的研究既要有定性分析，更要有定量计算；研究病害流行，直接服务于病害预测预报，最终是为了指导病害防治。

二、病害的流行因素分析

植物病害的发生必须具备 3 个基本条件：寄主、病原、环境。而病害的流行即大范围严重发生病害则需要上述 3 方面因素都对病害发生和流行十分有利才行，三者同等重要，缺一不可。非侵染性病害，由于病原不具有传染性，对于病害流行是不利的。因此，研究植物病害的流行，目前主要是针对具有传染性和流行可能性的侵染性病害。

（一）病原生物（pathogen）

1．病原物的致病性

病原物的致病性存在差异，当存在致病性较强的生理小种时可导致病害流行，如棉花黄萎病的病原菌有致病性特强的落叶型菌株和较弱的非落叶型菌株，在落叶型菌株发生的地区，棉花黄萎病就发生得更严重。

病害的流行与否不仅与强致病性有关，还与这些类型在病原群体中所占比例相关。当某地出现的优势小种能侵染当地广泛种植的植物品种时，病害就可能流行。如小麦条锈病，1956 年至 1960 年，1 号小种成为优势小种，占条锈病菌总数 90%以上，它能侵染当时大量种植推广的碧蚂一号、农大 183、华北 187 等品种，结果造成小麦条锈病大流行，1990 年全国小麦条锈病大流行，就是条中 29 号、洛13类型上升为优势小种的结果。

2．病原物的数量

病害流行必须有大量的病原物进行有效侵染、繁殖传播才能发生。对于只有初侵染而无再侵染的病害，如麦类黑穗病的流行主要取决于初侵染的菌源数量。对于有多次再侵染的病害如麦类锈病、稻瘟病的流行，既与初侵染的菌源数量多少有关，又与再侵染的次数、病原繁殖速度和传播效率有关。

（二）寄主植物（host）

1．品种的感病性

种植感病品种易导致病害流行。有再侵染的病害，感病品种的潜育期短、病原繁殖体产生多，因此再侵染的发生次数多，流行性强。如小麦条锈病的抗病品种，不显症或产生少量免疫坏死斑，但不产孢，而感病品种则产生大量夏孢子，1个夏孢子堆可产生3 000个夏孢子，而1张叶片可产生成百上千个夏孢子堆，这对于再侵染和病害流行十分有利。

另外，品种感病性还可表现在生育期。对于某种病害而言，感病品种从其性质上来讲是感病的，但在某一个特定的生育阶段可能感病性特别强，此生育期称为感病生育期。倘若感病生育期与病原、环境等其他利病条件吻合时，病害就会大流行。如小麦赤霉病的感病生育期为扬花期，此期如恰逢雨水多，病害就会大流行（此期病害流行所要求的病原是充足的）。

2．感病品种的种植面积和比例

感病品种的种植面积越大，所占比例越高，病害流行越易发生，历史上很多病例都证明了这一点。如1970年美国玉米小斑病的流行，就是由于大面积种植的品种为感病品种。

（三）环境条件（environment）

强致病性病原和感病寄主同时存在是病害流行最为基本的条件，只有环境条件同时也利于病害发生，病害流行才可能发生。环境条件主要包括气象条件、耕作栽培条件。

1．气象条件

常见的一些气象因素如温度、湿度、光照等都对病害发生和流行有影响，只有在最适宜发病的气象条件下病害才能流行。病原物侵入寄主植物后，当温度适宜病原物发育而高于或低于寄主植物发育的适温时，病害潜育期最短，再侵染次数增多，病害发展快，例如，适温范围较广的立枯丝核菌引起棉苗立枯病，低温条件下由于不利于棉苗生长而对病菌无影响，故病害发生严重。湿度高低，雨量多少与很多病原的萌发、侵入有关。例如绝大多数霜霉菌、白锈菌、炭疽菌、锈菌、赤霉菌的孢子，萌发的必备条件是高湿度甚至必需的水滴或水膜；细菌性病害的传播很多通过雨水、灌溉水进行，因此高湿度、大雨量一般都对病害的流行有利。少数病害如白粉病、病毒病在干旱条件下也会流行。气流对病害流行的影响主要与病原物的传播有关，病原真菌的孢子、细菌菌体、携带病毒的介体昆虫等均可通过风或风雨共同作用下进行远距离传播，气流运动一旦形成灾害如台风、龙卷风等，还会给植物生长造成损害，使植物抗病性、耐病性下降而加重病害。光照对病害流行的影响，主要通过影响繁殖体的形成、寄主抗耐病性等。

2．耕作栽培条件

耕作制度的改变，必然引起农田生态体系中各因素间相互关系的变化，从而导致某些病害的流行，如水稻育秧改水育为旱育，由于苗床水含量下降，比较耐旱的丝核菌、镰刀菌引起的立枯病加重。栽培条件尤其是水、肥条件及土壤条件包括土壤 pH 值、土壤质地、土壤通气状况等与病害发生与流行也有密切关系，如深水漫灌，由于利于病原传播而使水稻白叶枯、纹枯病流行，偏施 N 肥，使水稻抗性下降，感病性增强，加重稻瘟病发生；土壤 pH 值为 5.7 的微酸性土壤，十字花科根肿病发生严重；砂性土壤，由于通气状况好，含水量适中，利于线虫活动，线虫病发生严重。

病原、寄主、环境条件对病害流行都是十分必要的，但是其发挥的作用并非完全一致。在某一种具体病害的流行中，某一因素可能发挥着主导作用，该因素称之为主导性流行因素。发现和掌握主导性流行因素及其作用，对于认识病害的流行规律并用于病害预测预报和指导防治是十分重要的。

病原物主导的病害：生产中由于缺乏对该病原物具有抗性的抗病品种，环境条件一般也对病害发生有利的前提下，病害流行主要取决于病原物的致病性和数量，这类病害便属病原物主导流行的病害，如大部分单循环病害，如麦类黑穗病、水稻恶苗病、小麦粒线虫病等。

寄主主导的病害：病害发生、流行过程中，病原物方面存在大量具备各种致病性的病原类型，环境条件一般也都利于病害发生的前提下，病害是否流行主要取决于寄主植物的品种是否感病。此类病害便属寄主主导流行的病害，如大部分由生理分化显著的病原物引起的多循环病害：水稻白叶枯病、稻瘟病、麦类白粉病、玉米大斑病、玉米小斑病、马铃薯晚疫病等。

环境条件主导的病害：生产中由于无抗病品种，病害流行所要求的病原条件通常也都具备的情况下，病害是否流行主要取决于环境条件，此类病害便属环境条件主导的病害。如小麦赤霉病，目前尚无抗病的品种，病原条件要求低，一般都可满足，病害流行与否，主要取决于小麦扬花期降雨多少；再如棉花立枯、炭疽病，目前尚无抗病品种，土壤可提供大量、充足的病原（立枯病菌为土壤习居菌，炭疽菌可随土壤病残存活），病害流行主要取决于棉花播种出苗期的温度及降水情况。

三、病害流行的时间动态

植物病害流行中，病害数量随时间增长而变化的过程，叫做病害流行的时间动态。主要分析的是病害流行速度及其变化规律。流行速度是寄主、病原与环境条件相互作用的综合表现。病害流行是病害数量增长的过程，也是病原积累的过程（图 3-2，图 3-3）。

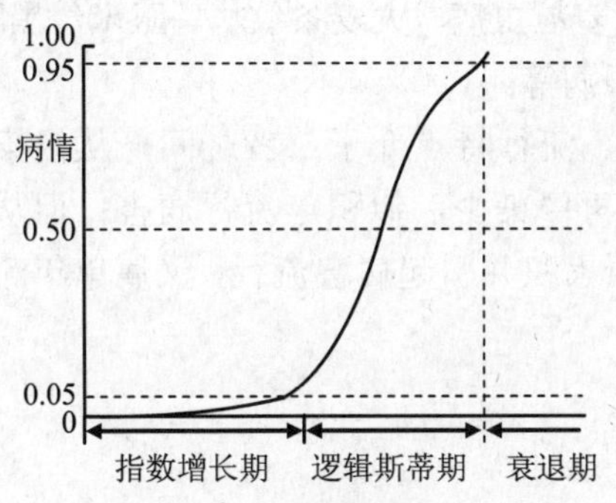

图 3-2 流行过程三阶段

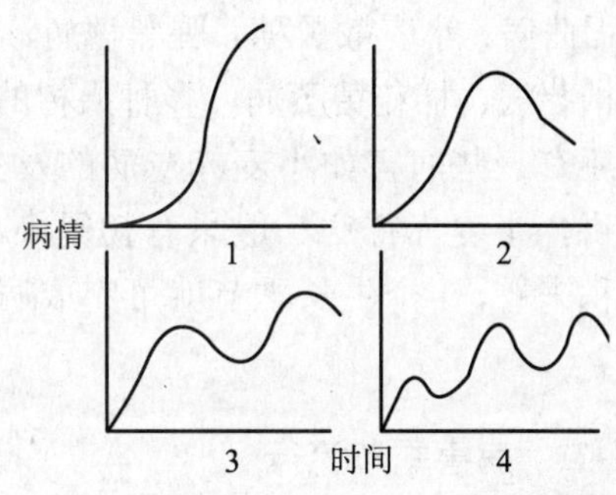

1. S 型 2. 单峰型 3. 4. 多峰型

图 3-3 季节流行曲线的形式

（一）病害流行的类型

病害流行的类型，依据病原累积的特征，大致可分为两类。

1. 单年流行

1 年或 1 个生长季节内，就能完成病原累积过程，从而引起病害流行，这类病害大都有再侵染，故又称多循环或复利病害。单年流行的病害具备的特点如下。

（1）潜育期短、再侵染频繁，1 年或 1 个生长季节可繁殖多代。

（2）多为气传、水传、雨水传或虫传病害。

（3）多为植株地上部叶斑病类。

（4）病原物对环境敏感，寿命短。

（5）病害发生程度年度之间波动大。许多重要植物病害属于此类型，如小麦锈病、白粉病、水稻白叶枯病、稻瘟病、玉米大斑病、玉米小斑病、马铃薯晚疫病、黄瓜霜霉病等。

2．积年流行

需经连续多年的病原累积方可造成病害流行，该类病由于无再侵染，故又称单循环或单利病害。积年流行的病害具备的特点如下。

（1）无再侵染或再侵染少，潜育期长或较长。

（2）多为全株或系统性病害，包括茎基及根部病害。

（3）多为种传或土传病害。

（4）病原物休眠体往往是初侵染源，对不良环境的抗性强，寿命也长。

（5）病害年度发生逐渐增多，下一年或下一个生长季节病害发生多少与上一年或上一个生长季节的发生密切相关。很多重要植物病害为此类型，如水稻恶苗病、稻曲病、小麦散黑穗、腥黑穗病、小麦粒虫病、大麦条纹病、玉米丝黑穗病、棉花枯萎病、棉花黄萎病、多种果树的根病等。

还有一些病害如小麦赤霉病的发生、流行特点介于二者之间，从侵染的次数来讲，小麦赤霉病一般只有初侵染，再侵染少，似积年流行病害；但从病原物累积来看，1 个生长季节就可完成病原累积并引起病害流行，又属单年流行的类型。

（二）病害季节流行

积年流行的病害经过多年的病原累积，单年流行病害在发生多次再侵染后必然在某个生长季节或生长季节的某一时期表现病害流行，称之为病害的季节流行。病害季节流行中病害发生率（以普遍率或病情指数表示）随时间变化而变化的曲线称为季节流行曲线。该曲线的特征反映病害季节流行的规律。季节流行曲线有多种形式，有的呈 S 型，如马铃薯晚疫病，有的是单峰曲线，如白菜白斑病，有的是双峰曲线，如棉花枯萎病，还有的则为多峰曲线，如稻瘟病、小麦纹枯病等。但基本的形式是 S 型曲线。

病害季节流行呈 S 型曲线的，通常可将其流行过程分为始发期、盛发期、衰退期。对应于曲线的指数增长期、逻辑斯蒂期、衰退期。

1．指数增长期

又称对数增长期或流行前期，大致相当于始发期，即从开始发现微量病情到普遍率达 0.05 的时期。此期病情增长不大，增长速率却是流行全程中最快的。

2．逻辑斯蒂期

也称流行中期，大致相当于盛发期。即病情从 0.05 增至 0.95 的时期。此期病情增长量最大，而增长的倍数未必高，当病情增至 0.5 时，正是流行曲线中点，称为流行中点。

3．衰退期

也称流行末期。在逻辑斯蒂期后，由于寄主可供侵染的位置所剩无几，或季节、气候不利于发病等原因，病情几乎停止增长，流行曲线趋于平缓，有时因为寄主继续生长，病情普遍率反而下降，流行曲线也下降表现出流行的衰退。

★自我评价

评价项目	技术要求	分值	评分细则	个人（组）自评分
植物病害发生过程知识	掌握有关植物病害发生过程的概念	30 分	侵染过程 10 分 病害循环 10 分 病害流行 10 分	
过程观察、分析	初步掌握植物病害发生过程的方法	60 分	侵染过程观察、分析 10 分 病害循环观察、分析 25 分 病害流行观察、分析 25 分	
参与、完成任务态度	全程参与、分工协作好、个人态度认真	10 分	全程参与并完成个人分工可得 7 分；协同、认真、较好完成全组任务个人可得 10 分	
合计				

项目 4　综合防治植物病害

【学习目标】

1．熟练掌握植物病害综合治理原理与方法。
2．熟练掌握植物病害防治策略与方法。
3．会制定植物病害综合防治方案。

【任务分析】

本任务是植物病害基本技能之一，也是病害防治的综合技能之一。主要通过学习有关植物病害综合治理概念和方法，明确什么是植物病害综合治理，掌握植物病害的治理策略与具体手段，会制定植物病害综合治理方案。

★基础知识

植物有害生物的防治策略和技术是植物保护研究的核心。人类在同植物病虫害长期斗争的过程中，总结与创造了许多防治病虫害的方法。这些方法按其作用原理和应用技术分为 5 类，即植物检疫、农业防治、生物防治、物理防治和化学防治。实践证明，单纯依靠哪一种手段都不能全面有效地解决病虫害问题，因此，我国在总结国内外病虫害防治工作经验的基础上，于 1975 年确定了“预防为主，综合防治”的植物保护方针。随着科学的发展和人类对自然界认识的提高，在有害生物防治上不仅不断涌现出新的技术和措施，防治有害生物的策略也在发生着不断的变化。

一、综合防治的概念和原理

人类农业活动打破了自然界原有的生态平衡，导致有害生物的为害日益严重。有机合成农药的成功研制与应用，使防治有害生物的效果成倍提高。人们为了追求产量而过分依赖化学农药，忽视了自然调控作用，不仅严重污染了环境，而且导致有害生物抗性急剧增强，引起病虫害再次猖獗，次要有害生物上升，使有害生物防治趋于困难和复杂。为了最大限度地减少有害生物防治对环境的不利影响，20 世纪 60 年代，国际上提出了“有害生物综合治理”（integrated pest management，IPM）防治策略。我国也提出了与 IPM 内容相似的“综合防治”策略。

（一）综合防治的概念

综合防治是对有害生物进行科学管理的体系，它从生态系统总体出发，根据有害生物与环境之间的相互关系，充分发挥自然控制因素的作用，因地制宜协调应用必要的措施，将有害生物控制在经济危害允许水平之下，以获得最佳的经济、生态和社会效益。综合防治概念的基本要点有：

1．要有生态系统的总体观念

田园植物、病虫害、天敌之间相互依存、相互制约。当其共同生活在一个环境中时，它们的发生、消长、生存与环境之间关系密切，这些生物与环境共同构成一个生态系统。生态系统内任一组分的变动，都会直接或间接地、或大或小地、暂时或长久地影响整个生态系统及其中的各个组成部分。有时一个生态系统内部结构的变动，还会影响到邻近的生态系统，甚至波及另一个很远的生态系统。对植物有害生物进行综合防治就是要着眼于生态系统，放眼全局，创造一个有利于植物生长发育、优质高产和有益生物生存繁衍而不利于病虫猖獗的、平衡的生态系统。

2．强调发挥自然控制因素的作用

在自然界中能够取食寄主植物的病虫很多，但真正能造成很大危害的只有少数几种，这说明存在着很多自然控制因素。要了解、利用、发展自然控制因素，充分发挥自然因素的作用，而不能随意破坏自然控制因素。如在防治害虫时，应尽量减少对天敌的伤害。植物对病虫的抗生性、抗选择性和耐害补偿能力也是一种可以发展利用的自然控制因素。

3．要合理运用各种防治措施

单一的措施不能控制病虫害，但也非控制措施越多越好。综合防治方案不是将各种方法简单的堆砌起来，而是要因时、因地制宜地使用各种方法。各种方法要能相互协调、取长补短，而不能相互矛盾。综合防治并不排斥化学防治，但要尽量避免杀伤天敌和污染环境。

4．综合防治并非以“消灭”病虫为准则，而是把病虫控制在经济危害允许水平之下

所谓经济危害允许水平（EIL）通常是指一种病虫的密度或发生程度，这种密

度或发生程度所造成的损失与防治所需费用相等。一般当病虫的实际密度或发生程度低于 EIL 时，不需要防治；反之，才需要防治。实际工作中，考虑到药物等的作用时间，已稍低于 EIL 的经济阈值（防治指标）作为是否要防治的标准。经济阈值指的是为防止有害生物达到经济危害允许水平应进行防治的病情指数或害虫种群密度。利用经济危害允许水平和经济阈值指导有害生物防治是综合防治的基本原则。由此指导下的综合防治，既不要求彻底消灭有害生物，又可保证防治的经济效益，同时也可取得良好的生态效益和社会效益。

5．要注意生态效益

综合防治中不排除化学农药的使用，但应节制用药。只有对那些发展速度很快的病虫在其发生较重时才需全面用药控制，使用化学农药时应注意将其对生态平衡的破坏减少到最低水平。

（二）综合防治的策略

实施综合防治必须了解田园生态系统的组成以及各种因素之间的相互关系，掌握不同防治措施对生态系统中各种因子的影响，确立有害生物综合防治的管理工作范围和目标，建立信息收集、防治决策和防治实施的完整体系。

1．综合防治的类型

依据综合防治的对象、措施、作用的不同，综合防治可分为 3 种类型：

（1）单病虫综合防治

以 1～2 种主要病虫害为防治对象的综合防治，是综合防治发展初期的一种类型。单病虫综合防治的对象是一种作物上的 1～2 种重要有害生物；其控制措施主要是生物防治与化学防治相结合的方法；其作用是控制有害生物为害，获得最佳经济效益、环境效益和社会效益。

（2）单作物综合防治

以一种作物的多种有害生物为防治对象的综合防治。单作物综合防治的对象较前者更多更全；其措施为利用多种防治措施，有机结合地形成有效的防治体系进行系统治理。这类综合防治涉及的因素较多，需要广泛的合作，采集各种必需的信息，了解各种有害生物及其发生规律及不同防治措施对田园生态系统的影响，明确治理目标，筛选各个时期需要采取的具体措施，组成相互协调的防治体系，通常还利用计算机模型进行管理。

（3）区域综合防治

以生态区内多种作物为保护对象的综合治理。它是在单一作物有害生物综合治理的基础上更广泛的结合。由于一种作物的有害生物及其天敌受其所处生物环境的影响，作物之间常出现有害生物和天敌的相互迁移。因此，一种作物的有害生物综合防治效果常受到其他作物有害生物防治的影响。区域综合防治通过对同一生态区内各种作物的综合考虑，进一步协调好作物布局，以及不同作物有害生物的防治，可以更好地实现综合防治目标。

2. 综合防治体系的管理目标

如上所述，综合防治的管理工作目标是获得最佳的经济效益、生态效益和社会效益。但是怎样才是最佳的经济效益、生态效益和社会效益呢？首先，综合防治利用经济危害允许水平和经济阈值指导有害生物综合防治，根据经济危害允许水平和经济阈值来确定防治指标，不要求彻底消灭有害生物，而是将其控制在经济危害允许水平之下。据此进行有害生物的防治，不会造成浪费，也不会使有害生物危害造成大量的损失。其次，保留一定种群密度的有害生物，有利于保护天敌，维护田园生态系统的自然控制能力，还有于充分发挥非化学防治措施的作用；减少用药量和用药次数，减少残留污染，延缓有害生物抗药性的发生和发展。它不仅可以保证防治的经济效益，同时可以取得良好的生态效益和社会效益。

3. 综合防治体系的构建

防治体系包括信息收集、防治决策和防治实施 3 个主要部分。信息收集主要包括收集农产品、农资和劳动力等市场经济信息，气象信息，田园生态系统内作物的生长发育状况、有害生物和天敌的种类、密度和发育状态信息以及环境信息，以指导防治决策。防治决策是利用各种信息，以及基础农业、生物、经济基础和环境等知识，对有害生物的种群密度变动，可能的受害程度、不同防治措施可能产生的效果，通过计算机模拟等手段进行预测和评估，以做出何时、采取何种措施进行防治。而防治实施主要是由农民或专业植物保护部门根据综合防治决策建议进行。显然，构建防治体系的的关键是决策系统。

组建综合防治体系。第一，必须进行一系列的调查研究，以弄清作物上的主要有害生物及其发生动态和演替规律，确定主要防治对象及其防治关键期。第二，必须了解有害生物种群动态与作物栽培、环境气候的关系，确定影响有害生物发生危害的关键因子和关键时期，制定主要有害生物种群动态的预测预报方法。第三，研究作物生长发育的特点及其对有害生物的反应，制定考虑天敌因素在内的有害生物复合防治效果指标。第四，弄清主要天敌及其发生规律和对有害生物的控制作用。第五，开发各种有害生物的防治技术措施，系统研究它们对田园生态系统主要组成——有害生物、天敌和作物的影响以及对环境的影响。

在此基础上，从综合防治的目标出发，本着充分发挥自然控制因素作用的原则，筛选各种有效、相容的防治措施，按作物生长期进行组装，形成作物多病虫害优化管理工作系统。这包括采用合理的作物布局，耕作制度，对某种作物而言涉及品种的选择，种子处理，土壤处理，田间栽培管理措施和专门的防治措施。

二、植物检疫

（一）植物检疫的意义

1．植物检疫的概念

植物检疫（plant quarantine）也称法规防治，是指国家和地方政府，为防止危险性有害生物随植物及其产品的人为引入和传播，以法律手段和行政措施强制实施的保护性植物保护措施。它通过阻止危险性有害生物的传入和扩散，达到避免植物遭受生物灾害的目的。

2．植物检疫的重要性

首先，植物检疫通过阻止带有危险性有害生物的农产品和植物繁殖材料的入境，阻止局部危害的有害生物的地区间传播和蔓延。近代各国因引种和贸易带入有害生物造成暴发危害的事例不胜枚举，造成的经济损失也相当惊人。甚至，引种的植物在某些情况下还会演变成有害植物，如中国作为饲料和绿肥植物引进的空心莲子草演变成恶性杂草就是其中一例。

其次，植物检疫可以促进农产品进出口。20 世纪 90 年代中期通过植物检疫合作与谈判，使新西兰、加拿大和美国相继取消了从中国进口鸭梨的禁令。

此外，植物检疫通过阻止危险性有害生物的传播，不仅避免了生物灾害造成的经济损失，同时还维护了人类的环境利益和生命安全。

（二）植物检疫对象的确定

植物检疫对象是国家法律、法规、规章中规定不得传播的病、虫、杂草。《植物检疫条例》第四条明确规定“凡局部地区发生的危险性大、能随植物及其产品传播的病、虫、杂草，应定为植物检疫对象”。植物检疫对象是由政府以法令规定的，检疫对象的确定原则如下。①为害严重，传入后可能给农林生产造成重大损失的病虫杂草；②可随种苗、原木、加工产品或包装物传播的病、虫及杂草；③国内尚未发生的局部发生的病、虫及杂草。

《全国植物检疫对象和应施检疫的植物、植物产品名单》中列出检疫对象 32 种，其中病害 12 种、害虫 17 种、杂草 3 种。包括：水稻细菌性条斑病、小麦矮腥黑穗病、玉米霜霉病、马铃薯癌肿病、大豆疫病、棉花黄萎病、柑橘黄龙病、柑橘溃疡病、木薯细菌性枯萎病、烟草环斑病毒病、番茄溃疡病、鳞球茎茎线虫、稻水象甲、小麦黑森瘿蚊、马铃薯甲虫、美洲斑潜蝇、柑橘大实蝇、蜜柑大实蝇、柑橘小实蝇、苹果蠹蛾、苹果绵蚜、美国白蛾、葡萄根瘤蚜、谷斑皮蠹、菜豆象、四纹豆象、芒果果肉象甲、芒果果实象甲、咖啡旋皮天牛、假高粱、毒麦、菟丝子。

（三）植物检疫的措施

1．出入境植物检疫的主要措施

国家禁止进境的各种物品和禁止携带、邮寄的植物、植物产品和其他检疫物不准进境，一经发现，不论其来源和产地如何，均作退回或者销毁处理。进境车辆，不论是来自疫区或是非疫区，运输工具一律由进境口岸出入境检验检疫机关作防疫消毒处理。当国外发生重大植物疫情并可能传入我国时，国务院可以下令禁止来自疫区的运输工具进境或者封锁有关口岸。

2．国内植物检疫的主要措施

国内局部地区发生植物检疫对象的应划为疫区，采取封锁、消灭措施，防止植物检疫对象流出；发生疫情的地区，植物检疫机构经批准可以设立植物检疫检查站，开展植物检疫工作。疫区内的种子及其他繁殖材料和应实施检疫的植物及植物产品，只允许在疫区内种植、使用，严禁运出疫区。

三、农业防治

农业防治（cultural control）就是有目的地利用一系列栽培管理技术，创造有利于田园植物生长发育，不利于有害生物发生的条件，直接或间接地消灭或抑制有害生物的发生和为害。这种方法最大的优点是不需要过多的额外投入，且易与其他措施相配套。此外，推广有效的农业防治措施，可在大范围内减轻有害生物的发生程度甚至可以持续控制某些有害生物的大发生。当然农业防治也具有很大的局限性，第一，农业防治必须服从丰产要求，不能单独从有害防治的角度去考虑问题；第二，农业防治措施往往在控制一些病虫害的同时，引发另外一些病虫害，因此，实施时必须针对当地主要病虫害综合考虑，权衡利弊，因地制宜；第三，农业防治具有较强的地域性和季节性，且多为预防性措施，在病虫害大发生时，防治效果不大。农业防治的主要技术措施包括改进耕作制度、选用无害种苗、培育和推广抗害品种、加强田间管理、安全收获等。

（一）改进耕作制度

1．合理植物布局

实行植物合理布局，可以降低某些病、虫暴发为害的风险性。合理安排作物布局，可以阻止病虫害的扩散蔓延、交叉侵染，延长抗病品种的使用寿命，有效地控制害虫，延缓病害流行的时间。如海棠和柏属树种、牡丹（芍药）与松属树种近距离栽植易造成海棠（芍药）锈病的大发生。

2．合理轮作和间作

采用合理轮作和间作，可切断有害生物的寄主供应，使某些有害生物失去寄主食物，恶化其生存环境，使其种群数量大幅度下降，减少田间有害生物的积累。如小麦或越冬绿肥和棉花的间、套作，可以较好地控制棉花苗期蚜虫的危害；稻麦、稻棉等水旱轮作可以明显减少多种有害生物的危害。

（二）选用无害种苗

某些有害生物以种苗等繁殖材料携带作为重要传播途径，因此，带有病虫害的种苗就成为这些有害生物的侵染源，播种或移栽后易造成病虫害的人为传播，如棉花枯萎病、棉花黄萎病。所以，使用不携带有害生物的种苗等繁殖材料是有害生物防治的重要措施。

（三）培育和推广抗害品种

培育和推广利用抗害品种，发挥植物自身对有害生物的调控作用，是一种经济有效的措施。植物中存在着自然的抗性资源，通过育种手段可使植物的抗病虫性得以发展和提高，形成抗病虫品种。多抗性的品种在生产上具有更大的应用价值。我国在抗病虫品种的研究方面已取得了显著的成果，但抗病虫品种的应用也有一定的局限性。

（四）加强田间管理

通过适当的田间管理措施，可以使植物生长健壮，提高对病虫的抵抗力和耐害性，同时可以恶化病虫的生态环境，甚至能直接杀灭一些病虫。

适当调整播种期，可以使作物易受损害的生育期与病虫的发生期相互错开，从而减轻甚至避免病虫的危害。如秋播的十字花科蔬菜，播种期早的病毒病发生重，主要是由于遇高温干旱和受蚜虫传毒影响。

合理密植，适当降低作物群体密度，可使作物群体健壮、整齐，提高对病虫的抵抗力。也可使田间通风透光增强，湿度降低，直接抑制某些病虫的发生。

灌溉是一项很重要的栽培措施，直接影响害虫生长的小气候，能抑制或杀死害虫，冬灌能够破坏多种地下越冬害虫的生境，减少虫口密度。水分不足或过多也会影响到植物的正常生长发育，降低植物的抗病性。

科学施肥，不偏施氮肥，多施有机肥可改良土壤微生物区系，促进根系发育，控制田间湿度，防止植物生长过嫩过绿，后期贪青迟熟，可以减轻多种病虫的发生。施肥还可以直接杀死有害生物，如棉田施用过磷酸钙可以杀死叶螨和蛞蝓，稻田施用石灰可以杀死蓟马、飞虱、叶蝉等害虫，氨对病菌有直接杀伤作用，棉田喷氨态氮（尿素）可以减轻各种叶斑病。

及时除草，清洁田园，可有效地减少有害生物的发生。田间杂草往往是病虫害的野生过渡寄主或越冬场所，清除田间杂草可以减少病虫害的侵染源。

（五）安全收获

采用适当的方法、机具和后处理措施进行适时收获，对病虫害的防治也有重要作用。

四、生物防治

生物防治（biological control）就是利用有益生物及其产物防治有害生物的方法。

（一）生物防治的主要内容和方法

1. 利用天敌昆虫防治害虫

我国可利用的天敌昆虫主要有两类，捕食性天敌昆虫如瓢虫、步甲、草蛉、螳螂、食蚜蝇、食虫虻、食虫蝽、蚂蚁、胡蜂、捕食螨等，寄生性天敌昆虫如姬蜂、茧蜂、赤眼蜂、金小蜂等。利用天敌昆虫的途径有：

（1）保护和利用本地自然天敌昆虫

自然界天敌昆虫的种类和数量很多，但它们常受到不良环境条件如气候、生物及人为因素的影响，使其不能充分发挥对害虫的控制作用。因此，要通过改善或创造有利于自然天敌昆虫发生的环境条件，促使其繁殖发展。保护利用天敌的措施有：①帮助天敌安全越冬；②必要时为天敌补充食物；③人工保护天敌，如采集被寄生的害虫，放在天敌保护器中，使天敌能顺利羽化，飞向田间；④合理使用农药；⑤人工助迁利用。

（2）人工饲养繁殖和释放天敌

用人工方法在室内大量繁殖天敌昆虫，在需要时释放到田间或仓库中去，以补充自然天敌的不足。我国已经能够成功地饲养赤眼蜂、异色瓢虫、黑缘红瓢虫、草蛉、红铃虫、金小蜂等。

（3）引进外地天敌昆虫

从国外或国内其他地区引进有效天敌昆虫来防治本地害虫。

2．利用微生物防治害虫

又称为“以菌治虫”。这种方法简便，效果一般较好，应用也较广泛。我国应用较多的有细菌、真菌、病毒、线虫、杀虫素等，其中有些能被人工培养，制成各种制剂，称为微生物杀虫剂。

（1）细菌

我国利用的昆虫病原细菌，主要是苏云金杆菌，其产品有青虫菌、杀螟杆菌、松毛虫杆菌等主要用于防治鳞翅目幼虫。目前江苏应用较普遍的是Bt乳剂。

（2）真菌

我国应用的昆虫病原真菌主要是白僵菌。产品形式是白僵菌粉。使用时根据需要配成颗粒剂或菌液、菌土，并可与化学杀虫剂混用。

（3）病毒

病毒不能离体培养，而且要以与原寄主同种的活虫来培养，所以其应用受到限制。在已知的昆虫病毒中，防治应用较广的有核型多角体病毒（NPV）、颗粒体病毒（GV）和质型多角体病毒（CPV）3类，这些病毒主要感染鳞翅目、双翅目、膜翅目、鞘翅目等的幼虫。

（4）线虫

目前，国外应用线虫防治害虫研究正在形成生防“热点”。我国线虫研究工作起步较晚，但进展较快，可以预料利用线虫进行生物防治，不久就会取得满意的效果。

（5）杀虫素

某些微生物在代谢过程中能够产生杀虫的活性物质，称为杀虫素。目前取得一定成效的有杀蚜素、T21、44 号、7180、浏阳霉素等。近几年大批量生产并取得显著成效的为阿维菌素（杀虫、杀螨剂）、浏阳霉素（杀螨剂）等。

3．利用其他有益生物防治害虫

这些有益生物主要是动物，包括蜘蛛、食虫螨、两栖类、爬行类、鸟类、家禽、鱼类等。

蜘蛛在各类农田广泛存在，种类多，数量大，不受诱虫灯伤害，是重要的害虫天敌，有较大的利用价值。蜘蛛和天敌昆虫一样，也需要大力保护，必要时人工助迁，使其充分发挥作用。

食虫螨主要是捕食螨，一般用于果树和棉田害螨的防治。合理使用农药，减少对捕食螨的杀伤，是保护螨类的重要环节。在田间保留一些开花植物，果园内种植豆科植物，利用其花粉和叶螨作为捕食螨的各种食料，有利于捕食螨的增殖。

保护鸟类和两栖动物是防治害虫的有益措施。发展稻田养鸭、养鱼，养鸡食虫都是一举两得的方法。

4．利用微生物及其代谢产物防治作物病害

利用微生物及其代谢产物防治作物病害，是病害生物防治的主要内容。某些微生物在生长期发育过程中能分泌一些抗菌物质，抑制其他微生物的生长，这种现象称为拮抗作用。拮抗作用的机制比较复杂，主要有抗生作用、寄生作用和竞争作用。一种生物的代谢产物能够杀死或抑制其他生物的现象称为抗生作用。具有抗生作用的微生物主要来自于放线菌、细菌、真菌，它们可以杀死和溶解病原生物，对病害具有良好的控制作用。如我国从土壤微生物中筛选出的5406和公主岭霉。木霉菌能寄生于纹枯病菌，从而减轻水稻纹枯病的危害。另有一些腐生性较强的微生物，生长繁殖较快，能迅速占领作物体上可能被病原物侵入的位点，或竞争争夺营养，从而控制病原物的侵染，这种现象称为竞争作用。如菌根真菌，可以促进作物生长的荧光单胞杆菌和芽孢杆菌等根际微生物，许多已被开发用于作物的防病增产。许多微生物产生的抗菌素被用于开发生产杀菌剂，在中国广泛使用的井冈霉素、春雷霉素、链霉素、多抗霉素、庆丰霉素、放线酮等。

5．利用微生物防治杂草

杂草和作物一样也受多种病原微生物的侵染而发生病害，目前在生物防治中开发利用较多的是病原真菌。如寄生菟丝子的炭疽菌研制开发成“鲁保一号”真菌制剂；新疆利用列当镰刀菌防治埃及列当，云南利用黑粉菌防治马唐，也都取得了明显的成效。国外也有许多以菌治草取得成功的事例。如美国从牙买加引进胜红蓟小尾孢防治胜红蓟等。随着生物防治的发展，细菌和病毒也将在杂草防治中发挥一定的作用。

（二）生物防治的特点

从保护生态环境和可持续发展的角度讲，生物防治是最好的防治方法之一。其优点在于：①生物防治对人、畜安全，对环境影响极小。②活体生物防治对有害生物可以达到长期控制的目的，而且不易产生抗性问题。③生物防治的自然资源丰富，易于开发。此外，生物防治的成本相对较低。

从有害生物治理和农业生产的角度看，生物防治仍具有很大的局限性，尚无法满足农业生产和有害生物防治的需要。体现在：①生物防治的作用效果慢，在有害生物大发生后常无法控制。②生物防治受气候和地域生态环境的限制，防治效果不稳定。③目前可用于大批量生产使用的有益生物种类还太少，通过生物防治达到有效控制的有害生物数量仍有限。④繁殖或生产使用有益生物的技术性强，要求高。⑤生物防治通常只能将有害生物控制在一定的危害水平，对于防治要求一向较高的有害生物，较难实施种群整体治理。

然而，从发展的角度来看，面对21世纪人类面临的环境和可持续发展问题，生物防治强调发挥自然天敌的控制作用，通过保护利用自然天敌、输引外地天敌、繁殖释放天敌和应用生物农药防治有害生物，可以维持田园生态系统的物种多样性，使生态系统向良性循环方向发展，符合自然发展规律。因此，有专家预测，21世纪植物保护工作将进入以生物防治占主导地位的有害生物综合防治的新历史时期。

五、物理防治

物理防治（physical control）是指利用各种物理因子、人工和器械防治有害生物的植物保护措施。可用方法有：捕杀法、诱杀法（包括灯光诱杀、食饵诱杀、色板诱杀、潜所诱杀）、阻隔法、汰选法、温控法、辐射法。这类方法既包括古老、简单的人工捕杀，也包括近代物理新技术的应用。物理防治一般简单易行，经济有效，不污染环境，能直接杀灭病虫，常可把害虫消灭在盛发期前，可作为害虫大发生时的一种应急措施。但物理防治通常效率较低，尤其在有害生物大发生的情况下，不能迅速控制其猖獗危害，一般只宜作辅助防治手段。

六、化学防治

化学防治（chemical control）就是利用化学农药防治农林植物害虫、病菌、线虫、杂草及其他有害生物的方法。

化学农药以有机合成农药为主。有机合成农药的开发和应用虽然只有五六十年历史，但发展很快，对保障农、林生产起了很大的作用。化学防治有很多优点：第一是高效。大田使用得当，防治效果可以达到95%以上。防治仓库害虫，有时防效可达100%；第二是速效，能在短时间内将病、虫和杂草压制下去。尤其是对大面积暴发性病虫害，能及时扑灭；第三是简单方便，也适于机械化操作，工效高。但化学防治也存在不少缺点，主要表现在：第一，一些剧毒农药易引起人畜中毒；第二，污染环境，造成公害；第三，杀伤天敌，导致有害生物数量上升；第四，易被有害生物适应，导致有害生物产生抗药性。

随着人类环境意识的增强和科学技术的发展，人们已致力于对化学防治进行不断的改进，研究开发出一些高效、低毒、低残留的新农药（包括性诱剂、不育剂、昆虫生长期调节剂、拒食剂等副作用小的特异性农药），在农药的剂型和使用技术等方面也有了较大的改进，从而使化学防治的优点进一步得到发挥，缺点得到了克服和避免。在目前及今后较长一段时间内，特别是病虫害大发生时，化学防治仍然发挥着不可替代的重要作用。

★工作步骤

一、组建水稻病虫害综合防治模式的依据

水稻病虫害的综合防治是从农田生态系统的观点出发，以水稻为主体，以农业防治为基础，因地制宜地使用生物防治、化学防治等技术措施，控制病虫危害，保障水稻丰产丰收的技术体系。建立水稻病虫害综合防治模式的主要依据有下列几个方面。

1. 水稻耕作栽培制度

（1）稻作类型

不同地区由于受气候条件、水利条件以及地形地貌等自然因素和社会因素的影响，水稻种植格局表现出较大的差异，形成了不同的稻作类型，如双季稻区、单季稻区及单双混栽区等。江苏为单季稻区，一般为稻麦、稻油两熟制，根据水稻生产的历史特点、耕作制度的变化以及现有稻作水平，分为太湖稻区、丘陵稻区、里下河稻区、沿江沿海和淮北稻区。由于不同稻区的水稻生产水平和病虫发生危害程度不同，因此，应采取不同的综合防治措施。

（2）耕作方式和栽培技术

水稻病虫害的发生与危害和耕作方式、栽培技术有着密切的关系，特别是内源性病虫害的发生。如 20 世纪 80 年代以来大力推广免（少）耕措施，有利于螟虫、稻象甲等害虫的越冬存活，增加越冬基数，90 年代以来推广肥床旱育技术有利于稻瘟病等苗期病害的发生，而抛秧田由于分蘖成穗比例高，抽穗期拉长，有利于 3 代三化螟的发生与危害；重施穗肥、两次穗肥等肥料运筹措施，使水稻后期（穗期）植株含氮量提高，有利于穗瘟、稻曲病的发生与流行。

（3）防治方法

品种结构、不同类型的水稻和同一类型不同品种的水稻由于植株的生理和结构的差异，对不同种类病虫的抗（耐）水平差异较大，病虫发生不同，在制订综合防治措施时应考虑不同品种，采取相应的对策。

2. 主要病虫害发生格局

水稻病虫害种类较多，但常年发生危害严重的病虫害大约 10 种；同一种病虫在水稻不同生长阶段发生危害程度不同；同一种病虫在不同年份的发生程度不同。因此，综合防治措施要针对主要病虫害的发生特点进行。

3. 提高三大效益

水稻生产的目标是优质、高产、高效益，因此水稻病虫害的综合防治工作要围绕提高经济效益、社会效益和生态效益来开展，即综合防治的各项技术措施要在保证水稻稳产高产的同时，降低防治成本，减少化学农药污染，最大限度地保护农田生态环境。

二、水稻病虫害综合防治的关键技术

1. 推广抗性品种

抗性品种在水稻病虫害综合防治中起着关键性作用，它关系着多种病害和虫害的兴衰和演替。当大面积种植感性品种时，就诱发病虫害的发生和流行；当普遍推广抗性品种时，病虫害便得到有效控制。

2. 改善栽培技术，控制病虫危害

耕作栽培技术是农田生产系统多维多变结构中的主要因素，也是水稻病虫防治技术体系中重要的组成部分。耕作制度和栽培措施的改变，对病虫害和生物群落的演变和种群的消长有极大的影响。通过调整、改善耕作栽培制度已成为控制病虫危害的基本措施。

3. 优化化学防治技术

化学防治是水稻病虫害综合防治中一个不可缺少的重要组成部分，特别是由于它具有见效快、效果好、方法简便等优点。但长期、单一使用化学农药，或滥用化学农药已造成严重的问题。因此要优化化学防治技术，减少农药用量，提高防治效果。

（1）严格防治指标

积极发挥农田生态系统的自然控害作用，减少化学农药的使用量，关键在严格掌握防治指标，切勿过多或滥用化学农药。

（2）推广高效低毒低残留农药或生物农药

在农药种类的选择上，避免使用高毒、高残留农药，积极推广高效、低毒、低残留农药和生物农药，在提高防治效果的同时，降低农药对环境的污染。

（3）提高施药质量

根据不同病虫害的发生特点、危害部位、生活史及习性以及化学农药的作用特点，采取针对性的施药时间和施药方式，提高农药的利用率和防治效果。

三、水稻病虫害综合防治实例

在农业生产实际中，水稻是受多种病虫害同时危害的，主要病虫害在不同地区和不同品种上发生危害差异较大。因此在各稻区形成了不同的水稻病虫害综合防治模式。下面以沿太湖稻区单季晚稻病虫害防治为示例说明综合防治体系。

1．基本情况

沿太湖稻区地处长江下游三角洲，农业自然条件优越，温光条件以及降雨的时间分布与水稻的生长要求相一致，有利于水稻的生产。全年稻麦、稻油两熟制为主，90%以上为冬季免耕田。水稻种植以单季晚稻为主，主要品种为太湖粳 3 号、武运粳 7 号等迟熟晚粳稻，此外有少量杂交粳稻、糯稻等品种。水稻一般在 5 月中旬前后播种，广泛应用肥床旱育技术，6 月中下旬移栽，水稻在 8 月底至 9 月上旬破口抽穗，10 月底前后收割。水稻田间管理水平较高，特别后期重施穗肥，水稻单产一般每亩（1 亩约为 667 m^2，全书同）560 kg 左右。

2．主要病虫害发生格局

沿太湖稻区水稻主要病虫害有水稻恶苗病、稻瘟病、水稻纹枯病、稻曲病、二化螟、三化螟、白背飞虱、褐飞虱、稻纵卷叶螟等。其中秧田主要有水稻二化螟、三化螟、灰飞虱和苗稻瘟等；大田前期主要病虫害有二化螟、三化螟、白背飞虱、稻纵卷叶螟、苗稻瘟、水稻纹枯病等，后期主要病虫害有褐飞虱、三化螟、二化螟、纹枯病、穗瘟和稻曲病等。

近年来，沿太湖稻区水稻二化螟、白背飞虱、稻瘟病、稻曲病等病虫害发生日趋严重，其中，2000 年水稻二化螟发生达历史最高水平；白背飞虱的发生也为 20 世纪 90 年代最严重的年份之一。

3．综合防治技术措施

（1）农业措施

针对近几年沿太湖水稻二化螟严重发生的实际情况，压缩感虫品种的种植面积（如杂交粳稻），减少二化螟的发生虫源基地。同时根据水稻的播栽期、育秧方式和 1 代螟虫发生期，适当推迟水稻的播种期，在 5 月 25 日前后播种，6 月 25 日前后移栽，减少 1 代二化螟的落卵量和发生量。水稻生长期间，坚持浅水勤灌、适时烤田、干干湿湿，减轻水稻病害，特别是水稻纹枯病的发生。

（2）水稻病虫总体防治战役

2000 年沿太湖稻区水稻病虫害的防治采取了总体病虫防治的措施，主要包括下列几个阶段：

一是水稻种子处理。主要是针对水稻恶苗病、水稻干尖线虫病以及水稻条纹叶枯病、灰飞虱等病虫，在水稻播种之前，结合稻种浸种，加入种子处理药剂，如使用浸种灵加吡虫啉浸泡，浸种后洗净药液，进行催芽播种。

二是秧田期病虫防治。秧田病虫害以二化螟为主，6 月 10 日前后在 1 代二化螟卵孵高峰期施药，兼治稻蓟马、灰飞虱、苗稻瘟等病虫害；6 月底之前，即移栽前 3～5 天，秧田第 2 次施药，即带药下田。由于螟虫对沙蚕毒素类农药的抗性较大，防治药剂主要是三唑磷及其复配剂。

三是本田期病虫防治。根据本田期主要病虫的集中发生危害的时期，一般开展 5 次总体防治。

第 1 次总体防治在 7 月初，防治本田期 1 代二化螟后峰，兼治白背飞虱迁入前峰和叶稻瘟。

第 2 次总体防治时间在 7 月 20 日前后，防治 2 代白背飞虱、第 2 代稻纵卷叶螟、第 2 代三化螟和水稻纹枯病。

第 3 次总体防治在 8 月 10 日前后，防治 2 代褐飞虱、第 3 代稻纵卷叶螟、第 2 代二化螟前峰和水稻纹枯病。

第 4 次总体防治在 8 月 20—25 日，根据水稻生育期在破口前 5～7 d 以防治稻曲病和水稻纹枯病为主，兼治第 3 代稻纵卷叶螟后峰等其他病虫。

第 5 次总体防治在 8 月底至 9 月 5 日前后，在水稻破口期防治水稻 2 代二化螟、3 代三化螟、稻飞虱、稻瘟病、纹枯病等病虫害。

此外，9 月 10 日至 15 日，2 代二化螟重发的地区或田块，有重点地防治二化螟。

★自我评价

评价项目	技术要求	分值	评分细则	个人（组）自评分
植物病害综合防治知识	掌握有关植物病害综合防治概念、理论	40 分	综合防治 20 分 防治方法 20 分	
植物病害综合防治方案（防治历）的制定	掌握植物病害综合防治方案（防治历）的制定方法	50 分	植物生产分析 10 分； 植物病害种类 20 分； 防治措施安排 20 分	
参与、完成任务态度	全程参与、分工协作好、个人态度认真	10 分	全程参与并完成个人分工可得 7 分；协同、认真、较好完成全组任务个人可得 10 分	
合计				

项目 5　植物真菌性病害

任务 1　植物枯萎类真菌病害的诊断与防治

【学习目标】

1．掌握植物枯萎类真菌病害的诊断方法。

2．掌握植物枯萎类真菌病害的主要防治措施。

3．了解植物枯萎类真菌病害的发病过程及发病影响因子。

【任务分析】

枯萎类病害因为一旦发现枯萎症状，就已造成全株毁灭性的危害，基本没有挽救余地，并且可能的病因较多。因此，了解常见栽培植物中可能发生枯萎型病害的植物种类、掌握枯萎型病害的可能病因，并在病害发生之前或初期采取针对性的预防和控制措施，就显得很必要，也是治理这一类病害的关键有效措施。

★基础知识

植株出现全株性枯萎的病因有很多，其中由于植物病原真菌导致的病害，因发病部位的不同可分成维管束坏死、根腐、茎基腐、茎腐等类型。发病轻微时影响植株长势，重则造成全株性枯死，对作物生长产生较大的影响。

维管束坏死型（图 5-1）：此类病害的共性症状识别特征是植株产生维管束变褐色坏死的内部症状，但因病原菌、植物及环境等的不同，叶片及茎秆出现变色、坏死斑、干枯等不同外部症状。代表性病害有瓜类等作物的枯萎病、棉花黄萎病等病害。

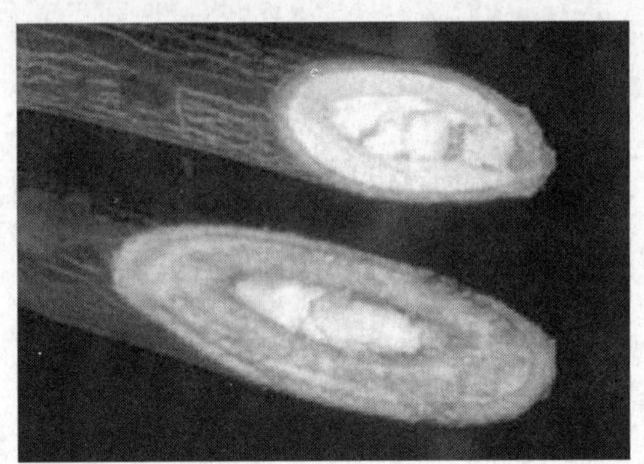

图 5-1　维管束坏死症状（下）（上为健康）

一、瓜类枯萎病

瓜类枯萎病又称蔓割病、萎蔫病，是瓜类作物的重要病害。全国各地发生普遍，黄瓜常年病株率 10%～30%，重病田块 50%～80%。长江中下游地区危害严重，导致死蔓。以黄瓜、西瓜发生普遍而严重。瓜类枯萎病还可危害甜瓜和冬瓜等葫芦科作物。

（一）症状

瓜类作物枯萎病在黄瓜和西瓜等瓜类作物上的症状相似，典型症状是萎蔫。从幼苗期到成株期均可发病，以结瓜期为发病盛期。幼苗发病多表现为出土前的苗腐和出苗后的猝倒。成株期发病下部叶片褪绿成黄色，逐渐叶片由下向上发黄凋萎，似缺水状，中午凋萎，早晚恢复正常，3～5 d 后，全株凋萎不再恢复。病株茎基部纵裂，在裂痕中有树脂状胶质溢出。病株根系初期发育不良，后期为褐色腐烂，极易拔断。纵剖茎基部，维管束呈黄褐色至深褐色。潮湿时，病株基部茎上常产生白色至粉红色的霉层（分生孢子梗和分生孢子）。后全株凋萎、根系腐烂（图 5-2）。

（二）病原

病原菌为尖镰孢（*Fusarium oxysporum* Schlecht.），半知菌亚门，镰孢属，种名称为尖镰孢菌。根据致病性不同，危害瓜类主要有 3 个专化型，即①黄瓜专化型（*F. oxysporum* f. sp. *cucumerinum*）对黄瓜有很强的致病力，对甜瓜的致病力较强，轻度侵染西瓜和冬瓜，完全不侵染西葫芦和豌豆。②西瓜专化型（*F. oxysporum* f. sp. *niveum*）对西瓜致病力极强，轻度侵染黄瓜和甜瓜，完全不侵染西葫芦和豌豆。③甜瓜专化型（*F. oxysporum* f. sp *melonis*）对甜瓜致病力极强，轻度侵染黄瓜，不侵染西瓜。

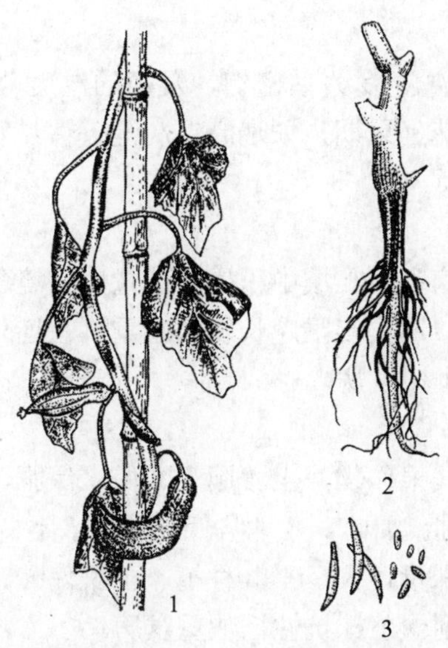

1. 病株 2. 病茎基部及病根 3. 大型和小型分生孢子

图 5-2 黄瓜枯萎病

3 个专化型的形态上基本一致。其主要形态特征是小型分生孢子、无色，椭圆形，单胞或偶有一个隔膜；产生快，数量多。大型分生孢子纺锤形或镰刀形，1～5 个分隔，多为 3 个，顶端细胞较长、渐尖，足胞有或无，单个孢子无色，大量孢子聚集在寄主茎表时呈白色至粉红色，产生慢，数量少。厚垣孢子淡黄色，圆形，可在菌丝或大型分生孢子上产生，顶生或间生，单生或串生。

（三）病害循环

病菌主要以菌丝体、厚垣孢子和菌核在土壤中或未腐熟的肥料中越冬，成为翌年主要初侵染源。病菌离开寄主在土壤中能存活 5～6 年，甚至长达 10 年以上。附在种子上的分生孢子也能存活较长时间。故种子带菌也是该病侵染源之一。

病菌主要通过根部伤口和根毛顶端细胞侵入。病害有潜伏侵染现象，有些植株虽在幼苗期即被感染，但直到开花结瓜期才表现症状。病菌在田间的传播主要借助灌溉水和土壤的耕耙。地下害虫和土壤中线虫的活动和危害传播病菌，又可造成根部伤口，为病菌的侵入创造有利条件。

（四）发病条件

1．温、湿度

瓜类枯萎病发生与温湿度关系密切，发病的温度范围为 8～34℃，以 24～32℃为最适温度。在开花坐果期，如遇高温高湿条件易发病。特别是久雨后又遇干旱或时雨时晴发病更重。

2．连作

瓜类枯萎病是土传病害，土壤中积累的菌量大环境条件适宜病害流行。瓜类作物的老病区重于新区，连作年限越长发病越重。在连作条件下，土壤中菌量逐年积累，从零星发病到全田发病。

3．栽培管理

瓜类作物是喜温的浅根作物，土壤肥沃、保水保肥、透水通气有利于根系发育，为高产抗病奠定基础。因此，凡地势低洼、排水不良、耕作粗放、整地不平、偏施氮肥、灌溉频繁、水量过大、平畦种植、土壤偏酸、劣种育苗以及弱苗移栽等均不利于根系发育，削弱植株抗性，加重发病。

4．品种

瓜类作物中，南瓜高抗枯萎病。在黄瓜和西瓜品种中，目前尚未发现免疫或高抗的品种，但抗病性差异很明显，如长春密刺、扬行、沪 58 和中农 1101 等为感病品种。

（五）防治方法

零星发病的田块应选用抗病品种和加强栽培管理，重病田块应采取以轮作换茬为主的综合防治措施。

1．选用抗病品种

目前我国已选育出比较抗病的黄瓜品种有长春密刺、津杂 1 号、津杂 2 号、津杂 4 号、津研 2 号、津研 5 号、津研 6 号、津研 7 号和津春 4 号等。西瓜品种中郑抗 1、郑抗 2 号、中 8602、新澄 1 号等。

2．轮作换茬

与非瓜类作物轮作 3～4 年，苗床地可轮作 2～3 年，防病效果显著。

3．加强栽培管理

创造有利于瓜类生长发育（特别是根系发育）的环境条件，增强植株的抗病力，以减轻病害发生。控制浇水次数与水量，切忌大水漫灌，保持土壤呈半干半湿状态；及时追肥，注意增施磷、钾肥等。

4．嫁接防病

我国此法已成功用于黄瓜枯萎病防治。以云南黑籽南瓜作砧木，以黄瓜作接穗。以中农3号、中农5号、大连8012、津杂2号或长春密刺5个品种分别作接穗嫁接在南瓜上，防病效果可达80%～100%。用嫁接方法防治西瓜枯萎病的研究工作，国内也在进行之中，所选用的砧木有云南黑籽南瓜、西葫芦、瓠瓜、野生西瓜等。

5．无土栽培

无土栽培是防治枯萎病及其他土传病害的有效措施，在有条件下的地区可大力推广应用。

6．药剂防治

发病初期，用70%甲基硫菌灵可湿性粉剂800倍液或50%多菌灵可湿性粉剂500倍液浇灌植株，每株250 ml，每10 d 1次，连灌2～3次，对控制病情发展有一定效果。在定植时，用上述药液灌根可提高防病效果。对重病田块或苗床，用上述药剂和细土混合成（1∶100）药土，1 hm^2用药土15～23 kg，定植前穴施或沟施，对压低菌量、减少初侵染有一定作用。

二、棉花黄萎病

黄萎病是棉花的严重病害之一，被我国列为B类检疫对象。

此病于1914后在美国弗吉尼亚州首次发现，1935年从前苏联、美国传入我国东北和西北，然后不断向各棉花产区发展蔓延。江苏省沿江、沿海及徐淮等地发病较为普遍，局部地区受害已很严重，目前此病扩展蔓延较快。

发病后，使叶片干枯、结铃减少、落铃增多、质量变坏，减产可达二三成。

（一）症状（图5-3）

黄萎病多在3～5叶期以后才出现症状，花铃期大量发生。一般病株略矮，支脉与主脉间呈现明显的淡黄色掌状枯斑，如西瓜皮状，主脉及靠近主脉附近的组织并不褪色，病斑进一步扩大后，转为白色。有时叶缘卷曲，叶片增厚，高低不平，呈浮肿状，所以有些地方称为“黄肿病”。最后，病叶边缘及掌状斑驳变褐色，甚至枯焦脱落。发病多由下部叶片开始，逐渐向中、上部叶片扩展。重病株最后仅剩光秆或仅保留顶部1～2片小叶，结铃稀少，有时在茎基部或脱落叶腋内抽出细小新枝；轻病株上病斑较少，上部叶常不脱落。夏季暴雨之后，病株有时突然萎蔫，似开水烫伤。

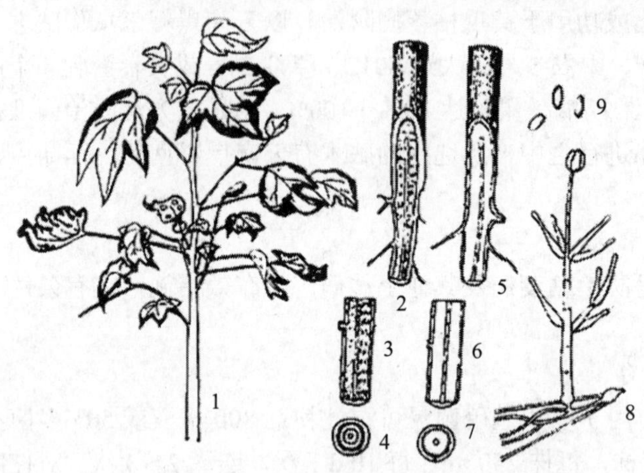

1. 症状 2～4. 病茎剖面 5～7. 健茎剖面 8. 9. 病原

图 5-3 棉花黄萎病

据南京农业大学研究，江苏省棉花黄萎病症状可分为 3 种类型：叶枯型、落叶型和黄斑型。致病力强的落叶型，分布于南通市和常熟市的局部地区；致病力中等的叶枯型和致病力弱的黄斑型分布于各主要产棉区。

黄萎病株根、茎木质部也有变色条纹，但与枯萎病有所不同。枯萎病变色条纹呈黑褐色或墨绿色；而黄萎病则呈黄褐色或淡褐色，髓部一般不变色。

黄萎病与枯萎病在同一地区同一棉株上常会混合发生（表 5-1）。在同一棉株上的症状表现比较复杂，诊断困难。通常苗期表现为枯萎症状，花蕾期表现为黄萎症状；或铃期呈现枯萎、黄萎两种症状，使叶片迅速干枯脱落，或株型矮小、节间缩短、叶色深绿、皱缩，下部叶片呈红色或网状等。

表 5-1 棉花枯萎病和黄萎病症状比较

项目	枯萎病	黄萎病
发病始期	子叶期	3～5 片真叶期
发病盛期	6 月份现蕾期前后	7—8 月份
苗期症状	子叶或真叶的局部叶脉变黄，呈黄色网纹状，后大块变色，焦枯，最后叶片脱落，苗枯死，在气候变化剧烈时，出现紫红型、黄化型或急性青枯型	真叶边缘或主脉间叶肉变黄，呈黄色掌状斑驳，叶脉不变黄（少数菌系导致叶脉变色），病苗很少枯死

项目	枯萎病	黄萎病
成株期症状	株型较矮，节间缩短，半边枯死或顶端枯死。节上丛生小枝、小叶。叶片局部焦枯或半边焦枯，病斑呈黄色网状，最后干枯脱落	一般株型不变或略矮。叶肉呈黄色斑驳，有时呈西瓜皮状，或边缘焦枯。叶脉不变黄。病叶一般不脱落。下部叶片先现症，逐渐向上发展
内部症状	导管变色较深，呈墨绿色	导管变色较浅，呈褐色
病征	秋雨多时，在枯死茎秆及节部产生粉红色霉层	秋雨多时，在病斑上产生白色粉状霉层

（二）病原

江苏省黄萎病菌主要为大丽轮枝菌（*Verticillium dahliae* Kleb），属半知菌亚门、丝孢纲、丝孢目、轮枝孢属。菌丝初无色，后变褐色，有分隔，有时细胞壁加厚形成厚垣孢子或膨大形成瘤状的微菌核。分生孢子梗自菌丝上长出，无色、直立、呈现轮枝状。分生孢子椭圆形、单细胞、无色，着生在分枝的顶端。干燥条件下孢子成堆地聚集在枝顶，潮湿时由水膜包围而成球状。

病菌发育的适宜温度为18～30℃，最低3～10℃，最高37℃。土温在25℃左右，并伴有高湿时发病最重。

黄萎病菌也能产生毒素——轮枝菌素，其主要为蛋白质、脂类和多糖的复合物，其中的蛋白质有致萎活性能力。

黄萎病菌的寄主范围较广，我国报道能危害20科80多种植物，除棉花外，还能危害豆类、瓜类、烟草、茄、番茄、辣椒、芝麻、向日葵、黄麻和马铃薯等。

黄萎病菌在生理上也有分化现象，病菌在不同地区和不同品种上的致病力有明显差异。江苏存在3个菌系：致病力强的Ⅰ型，导致落叶型症状；致病力中等的Ⅱ型，导致叶枯型症状；致病力弱的Ⅲ型，导致黄斑型症状，发展为掌状黄条斑。

（三）病害循环

黄萎病的侵染循环过程与枯萎病类似。病菌主要来源于棉种、土壤、病残体、棉籽饼及棉籽壳、肥料等。土壤中的病菌孢子和微菌核萌发产生菌丝，从根部表皮细胞或根毛细胞直接侵入，也能从伤口侵入。侵入后，进入导管，并在导管内繁殖产生孢子随液流向上扩展，阻塞导管并使导管变成褐色。最后，病菌又以孢子和微菌核在病种、病残体上和土壤中越冬，成为下一年的侵染来源。

（四）发病条件

棉花黄萎病的发病条件与棉花枯萎病基本类似。

1．种与品种

品种间的抗病性有明显差异。一般而言，陆地棉较感病，海岛棉及亚洲棉的许多品种较抗病。几十年来我国已育成了许多兼抗枯、黄萎病品种（见棉花枯萎病）和单抗黄萎病的品种，其中如中棉 12、冀棉 14 等单抗黄萎性较强，近年育成的两个新品系淮 901、86-6 抗黄萎能力较中棉 12 又有了明显提高，相信以此为抗原将育成更多更好的抗黄萎品种。

2．气候

发病最适温度为 25℃左右，低于 19℃或高于 33℃时发展缓慢，夏季气温在 35℃以上时即出现隐症现象。江苏省 6 月上旬以后，气温较适宜黄萎病的发生，如此时雨水多，湿度大，病情将会迅速发展。若夏季多雨，温度降低，病势将持续上升。9 月以后，由于棉花吐絮气温下降，病情才随之减缓或停止发展。

3．棉花生育期

黄萎病的发生期较枯萎病晚，现蕾以后才表现症状，这主要是因为棉花现蕾以后抗病性减弱的缘故。

4．耕作栽培

长期连作发病重，合理轮作特别是与谷类作物轮作发病轻。据测定：禾谷类作物根系的分泌物可促进某些抗生菌的繁殖，从而加速病菌的死亡；与水稻轮作时，土壤浸水所产生的某些还原物质有抑制或消灭病菌的作用。此外，与苜蓿轮作，也能减轻土壤黄萎病的感染，起到一定的防病效果。

5．施肥、灌溉

土壤潮湿、深水漫灌、偏施氮肥的田块发病较重，特别在棉花感病阶段更为显著。而深沟浅灌、足施基肥、增施有机肥和磷钾肥的可减轻发病程度。

6．地势与土质

地势低洼、排水不良、含水量高的田块往往较地势高、排水良好、地下水位低的发病重。土壤黏重、通气不良、中性偏碱的发病重；而土壤较疏松、带有砂性的发病轻。

（五）防治方法

防治黄萎病所采取的对策与枯萎病基本相似：选育、种植抗耐病品种改造重病区；轮作换茬控制轻病区；铲除病株、土壤处埋消灭零星病区，加强植物检疫，保护无病区。

对发病区化学防治方法有：棉隆拌土：用原药 70 g/m^2 拌土 30～40 cm 深，浇水或盖土压实。

根腐型：根腐型病害的共性症状识别特征是须根变少，根从外向内出现变褐色坏死、腐烂等症状（图 5-4）。引起根腐病的病原菌大多均为腐性性强、寄生性弱的一类广谱性寄生真菌，可以在土壤中长期存活。代表性病害有草莓、雪松、草坪等作物根腐病。

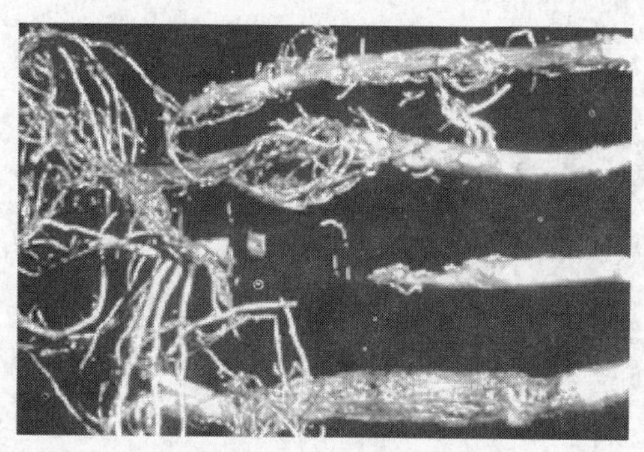

图 5-4 植物根腐症状

三、草坪腐霉枯萎病

草坪腐霉枯萎病，又称草坪油斑病，能够侵染所有草坪草，其中以冷季型草坪受害最重，是一种毁灭性病害。

（一）症状

常会使草坪突然出现直径 2～5 cm 的圆形黄褐色枯草斑，在清晨有露水时，病斑中的草叶呈深暗色水渍状，变软黏滑，手摸病叶时略有黏性或油腻感。修剪较高的草坪枯草斑较大。修剪低的草坪，起初枯草斑较小，随后可以迅速扩大。当持续高温时，多个病斑会很快连接，24 h 之内就能够损坏大片草坪。在果领翦股颖草坪上病斑呈菊黄色或铜褐色，清晨时病斑边缘可见灰色烟雾圈。病叶干后呈枯萎状并纠结到一起。病叶在高湿情况下会有棉绒状白色气生菌丝体产生，继而菌丝体会将病叶缠成一团。

（二）病原

草坪腐霉枯萎病的病原菌为腐霉菌（*Pythium* spp.），属于子囊菌亚门、卵菌纲、霜霉科、腐霉属。菌丝体生长繁茂，呈白色棉絮状。菌丝体为无隔多核体，宽 2.3～7.1 μm。无性生殖产生孢子囊，菌丝与孢囊梗区别不明显，孢子囊丝状或分枝裂瓣状，或呈不规则膨大，大小（63～725）μm×（4.9～14.8）μm。孢子囊萌发形成泡囊，泡囊球形，在泡囊中形成肾形游动孢子。孢子囊丝状、瓣状或球状。病原菌为同宗配合，藏卵器球形，直径 14.9～34.8 μm。雄器袋状至宽棍状，大小（5.6～15.4）μm×（7.4～10）μm。有性生殖产生卵孢子，卵孢子球形，平滑，不满器，直径 14.0～22.0 μm（图 5-5）。

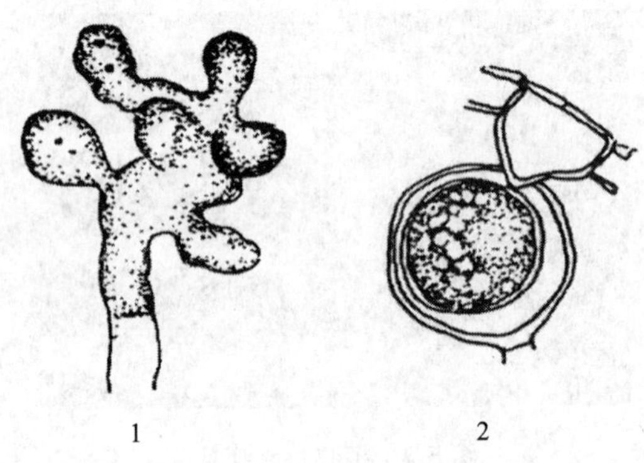

1. 孢子囊 2. 藏卵器和雄器

图 5-5 草坪腐霉枯萎病（仿许志刚）

（三）病害循环

病菌以菌丝体或卵孢子在染病残体中或以卵孢子在 12～18cm 表土层越冬，并在土中长期存活。翌春，遇有适宜条件萌发产生孢子囊，此外，在土中营腐生生活的菌丝也可产生孢子囊。孢子囊产生游动孢子或直接长出芽管侵入寄主。菌丝体、游动孢子或卵孢子为初侵染的主要菌态。病菌侵入后，在皮层薄壁细胞中扩展，菌丝蔓延于细胞间或细胞内，后在病组织内形成卵孢子越冬。再侵染主要靠病苗上产出孢子囊及游动孢子，借灌溉水或雨水溅附到贴近地面的根茎上。菌丝体和游动孢子为再侵染的主要菌态。病原菌也可以菌丝体、孢子囊和卵孢子等随流水传播。病叶还可经菌丝体在叶片间的快速发展来短距离传播此病。大面积传播还可经染病组织残体、带菌土、带菌的割草机、打孔机、纵向修剪机等草坪机械设备、人的行走进行传播。

（四）发病条件

高温高湿型病害，气温 30～35℃，相对湿度高于 90%最适宜发病。此病有时会暴发成灾使大面积草坪在短期内死亡造成严重危害，特别是在高尔夫球场的果岭上为害尤重。高温、高湿、暖夜、多雨的条件下发病迅速。白天气温 30℃以上，夜间气温高于 20℃，大气相对湿度高于 90%的条件只要维持 14h，腐霉枯萎病就会大发生。潮湿的土壤和叶面湿润的水膜是腐霉枯萎病发生的必要条件。病菌可以随修剪工具传播，所以，有时会沿剪草机的作业路线呈长条形发生分布。施用过多氮肥造成草坪徒长，草坪草密度过高有利于发病。碱性土壤上的草坪发病重于酸性土壤上的草坪。

（五）防治方法

1．建立良好的立地条件是防治腐霉枯萎病的关键措施

建植之前要平整土地，黏重土壤或含沙量高的土壤要进行改良。在施工中挖过管沟的地方，回填时应灌水润实，防止以后塌陷积水。草坪面积过大，应设积水井埋管良好的排水设施，以减少地表积水，保证草坪的健壮生长。

2．科学养护管理

①合理灌水，提倡喷灌、滴灌。水分管理是减少病害发生的重要措施之一。避免浇水过度，特别是对新建植的草坪。采用喷灌、滴灌，控制灌水量，减少灌水次数，浇水应浇透，防止少量多次的浇水方法，减少 10～15 cm 深根层土壤含水量，降低草坪小气候相对湿度。灌水时间最好在晴天上午进行，避免在夜间或傍晚灌水。②合理修剪、施肥，清洁草坪。枯草层厚度超过 2 cm 后及时清除；高温季节不要过多过频剪草，剪草不要过低，一般保持 5～6 cm 较好。在高温潮湿、叶面有露水、有明显菌丝时，不要修剪草坪，以免病菌传播；提倡秋季、春季均衡施肥，避免施用过量 N 肥，增施 P、K 肥和有机肥。一般冷季型草夏季不发黄就不要施肥，施肥过多，草坪初夏生长过旺，组织柔嫩、草质致密，通风透光差，容易孳生腐霉枯萎病。

3．提倡不同草种或品种混合建植

冷季型草中各品种特性优劣不一。黑麦草、高羊茅属于易感品种，而早熟禾对腐霉菌的抗性较强。以早熟禾∶黑麦∶高羊茅按照 60∶15∶25 的比例进行混播，黑麦和高羊茅先成坪，成坪后适当低修剪控制黑麦草、高羊茅的生长，给早熟禾留出空间，是目前建植草坪质量最好、成坪最快、成本最低的方式。

4．药剂防治

药剂拌种、种子包衣或土壤处理是防治烂种和幼苗猝倒的简单、易行和有效的方法。在播种前用代森锰锌、杀毒矾、灭霉灵或恶霉灵 600～800 倍液喷施床面，消毒灭菌。也可将草坪种子浸泡一昼夜后晾干水分，种子表皮稍湿时用代森锰锌按（0.5～1）∶1 比例拌种，使种子表面包上一层薄薄的药粉对防止前期病害极为有利。高温高湿季节要及时使用杀菌剂控制病害。保护性杀菌剂代森锰锌，内吸性杀菌剂 50%灭菌酯颗粒剂、25%甲霜灵可湿性粉剂、90%乙磷铝可湿性粉剂，64%杀毒矾可湿性粉剂和 58%甲霜灵锰锌可湿性粉剂等都具有较好的防病效果。注意药剂的混合使用或交替使用，如代森锰锌—甲霜灵—乙磷铝、代森锰锌—杀毒矾—乙磷铝、甲霜灵—杀毒矾—乙磷铝、甲霜灵—杀毒矾等份混合。使用浓度、次数和间隔时间视病情而定，一般使用浓度 500～1 000 倍，间隔 10～14 d 喷药 1 次。

5．茎基腐型（图 5-6）

此类枯萎型病害共性症状特征是在茎基部由外向内出现枯白色、红褐色等坏死、腐烂症状，但根系一般生长正常（复合感染根腐病例外），有些病原菌还可能感染植株地上部位，导致叶片、茎秆的坏死症状。因病原菌的不同，在发病条件良好的情况下，病部会出现粉红色霉层（镰孢菌）、小颗粒（菌核）等病征。代表性病害有草莓炭疽病、玉米茎基腐病、禾本科作物纹枯病（枯萎症状一般不很明显）等病害。

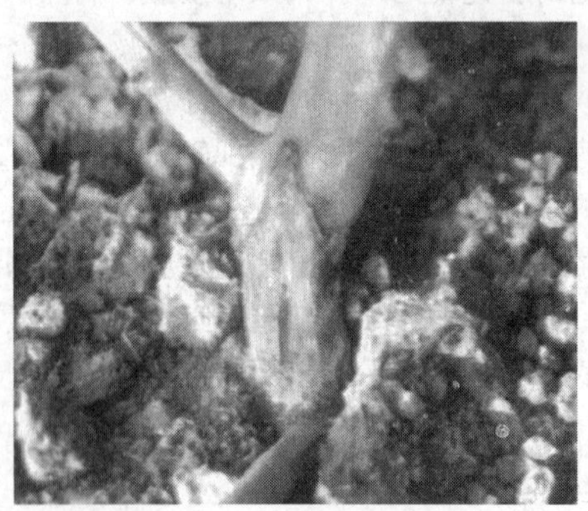

图 5-6 植物茎基腐症状

四、水稻纹枯病

水稻纹枯病是水稻上发生最为普遍的一种病害，我国南北稻区均有发生，但以长江流域和南方稻区危害较严重，在江苏属于常发重发性病害。纹枯病主要引起鞘枯和叶枯，使水稻结实率下降，秕谷率增加，粒重减轻。病害的损失与病斑在植株上的高度成正比，病斑在植株上的部位越高，减产幅度越大。

（一）症状

纹枯病主要为害叶鞘、茎秆，其次为害叶片，严重时也能为害穗颈和谷粒。

病斑先从距水面较近的叶鞘上开始发生。初为水渍状、暗绿色、边缘不清晰的小斑点，逐渐扩大后变成椭圆形或不规则形、中央灰褐色至灰白色、边缘暗褐色的大斑块，以后多个病斑相互重叠而成云纹状。病害严重时，叶鞘变褐、腐烂，叶片发黄枯死。在潮湿条件下，病部产生白色蛛网状菌丝体，并逐渐集结成棉絮状菌丝团，最后变成黑褐色似油菜籽大小的菌核。

叶片上病斑与叶鞘上相似。穗颈上的病斑多呈污绿色，影响谷粒充实，严重的造成白穗。谷粒受害，病斑不规则，黑褐色，造成瘪粒（图 5-7）。

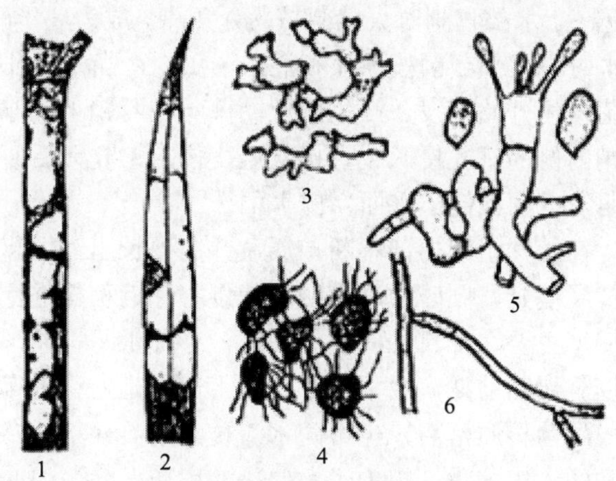

1. 叶鞘症状 2. 叶片症状 3. 老熟菌丝 4. 菌核 5. 担子及担孢子 6. 幼菌丝

图 5-7 稻纹枯病

（二）病原

病原物无性态为茄丝核菌（立枯丝核菌）（*Rhizoctonia solani* Kühn）半知菌亚门、丝核菌属。菌丝初为无色，后渐呈淡褐色，分枝与主枝近似直角，分枝处显著缢缩，距分枝不远处有分隔。菌丝能在病组织内生长，也可蔓延到病部表面。病组织表面的菌丝可集结成菌核。菌核扁圆形或不规则形，内外均为褐色，表面粗糙，靠少量菌丝与病组织相连，极易脱落。有性态为瓜亡革菌[*Thanatephorus cucumeris*（Frank）Domk]属担子菌亚门、亡革菌属。在荫蔽、高湿条件下，病部表面产生的白色粉末状物即为病菌的担子和担孢子，担子棍棒形、无色，担孢子卵圆形或椭圆形、无色。

菌丝生长的最适温度为30℃左右，在10℃以下、38℃以上则停止生长。病菌侵入寄主的温度范围为23～35℃，最适28～31℃。在适宜的温度下，如相对湿度达95%以上，菌丝经18～24 h即可完成侵入过程。菌核在12～15℃开始形成，30～32℃形成最快，日光虽能抑制菌丝的生长，但可促进菌核的形成。

纹枯病菌除为害水稻外，还能为害大麦、小麦、玉米、花生等15个科近50种植物。

（三）病害循环

纹枯病菌主要以菌核在土壤中越冬，也能以菌核和菌丝体在病稻草、田边杂草及其他寄主上越冬。水稻收割时大量菌核落入田中，成为翌年的主要初侵染源。稻田春季耕翻灌水时，大部分菌核漂浮和混杂于田中，当气温升到15℃以上时，靠近稻株叶鞘的菌核便开始萌发，产生菌丝。菌丝在叶鞘上延伸，并进入叶鞘夹缝内，然后从叶鞘内侧的气孔侵入或直接从表皮侵入，几天后便形成病斑。沉于水下的菌核也能萌发成菌丝伸出水面，侵害稻株。

病菌侵入后，在植株组织内部不断扩展，并向外长出气生菌丝。气生菌丝在病组织附近继续扩展蔓延，同时通过接触攀缘侵害邻近稻株进行再侵染。一般在分蘖盛期至孕穗期，主要在株、丛间横向扩展，亦称水平扩展，导致病株（穴）率增加。孕穗后期至蜡熟前期，由稻株下部向上部蔓延，称垂直扩展，病情严重度增加。病部形成的菌核脱落后，也可随水流传播附着在稻株叶鞘上，萌发后进行再侵染。经特殊的人工接种，担孢子可侵染并引起发病，但在自然情况下的传病作用不大。

（四）发病条件

1．菌源数量

田间菌核数量与初期发病轻重关系密切。上年发病重的田块，田间遗留菌核多，稻株初期发病率高；上年轻病田或菌核打捞比较彻底的田块发病轻。

2．栽培管理

排灌情况对纹枯病的发生发展影响极大。长期深灌，稻丛间湿度大，有利于病菌的孳生和蔓延，发病重；而浅水勤灌、干干湿湿，有利稻苗生长则发病较轻；

特别是适时适度搁（烤）田，可提高水温、土温，增加土壤空气含量，控制无效分蘖，促使茎秆粗壮，增强抗性，能有效地抑制病害的发生发展。

施肥的多少及早迟对病害的发生轻重也有很大影响。若水稻生长前期氮肥过于集中，引起稻苗猛发，提早封行；后期氮肥过多，出现贪青徒长，田间郁闭，温度增高，植株内纤维素、木质素减少，有利病菌侵入，则发病加重。所以，合理施肥，适当增施磷、钾肥和硅肥，可使组织加厚，茎秆变粗，增强抗病能力。

过度密植，不但影响光合作用，而且提高田间湿度，有利病菌的生长和侵入，发病也重。

3. 气候条件

纹枯病属高温高湿型病害。温度在22℃以上，相对湿度达90%以上即可发病，温度在25～31℃，相对湿度达97%以上时发病最重。在适温范围内湿度对病情发展起着主导作用，湿度越大，持续时间越长，发病越重。

4. 品种及生育期

不同水稻品种对纹枯病的抗性有一定差异，但没有高抗或免疫的品种。一般而言，糯稻比粳稻易感病，粳稻比籼稻易感病，杂交稻比常规稻易感病，矮秆阔叶型品种比高秆窄叶型品种易感病。水稻不同生育期，其抗性反应也有差异，一般从分蘖盛期开始发病，孕穗至抽穗期蔓延最快，乳熟期后病势下降，黄熟期停止发展。

（五）病情预测

纹枯病的预测主要依照天气情况、品种抗性、施氮肥水平、稻苗长势及生育期等多因素综合分析，对病害的发展趋势作出估计，以指导大田防治。

大田调查一般在水稻分蘖末期、孕穗中期、始穗期，选择有代表性的田块，采用平行线跳跃式取样法，每块田查100～200穴，计算病穴率。一般于水稻分蘖盛期至孕穗初期，粳稻病穴率达20%、籼稻病穴率达30%时施药。对感病品种和发生较重的稻田，要根据病情增加防治次数。一些高感品种，抽穗后病害仍能发展，引起剑叶和穗轴发病，测报和防治上要引起注意。

（六）防治方法

纹枯病的防治应以农业防治为重点，实施群体质量栽培，适期进行药剂防治。

1. 栽培防病

根据水稻的生长特点，合理排灌，以水控病，贯彻“前浅、中晒、后湿润”的用水原则，既要避免长期深灌，也要防止晒田过度。在用肥上应施足基肥，及早追肥，多施有机肥，配施磷、钾肥，避免氮肥过多、过迟。

2．药剂防治

每亩用 5%井冈霉素水剂 100～200 ml，或 2.5%纹曲宁（井冈霉素+枯草芽孢杆菌）水剂 250～300 ml，12.5%纹霉星（井冈霉素+蜡质芽孢杆菌）水剂 200 ml，25%阿米西达或 50%翠贝胶悬剂 50 ml 或 25%禾穗宁可湿性粉剂 50～70 g，针对稻株中下部加水 60 kg 喷雾或加水 300～400 kg 泼浇。还可选用爱苗、甲基硫菌灵、复方多菌灵（多井悬浮剂）、安福（已唑醇）、氟纹铵等杀菌剂。

此外，打捞菌核，减少菌源；选用中抗丰产品种均可减轻纹枯病的发生。利用拮抗微生物进行生物防治则是一个发展方向，近年来已先后发现了一些对稻纹枯病菌有拮抗作用的真菌和细菌，有待于进一步研究和开发。

五、棉花苗期病害

棉花苗期病害由多种病原真菌侵染所致，江苏省以立枯病和炭疽病为常见（图 5-8），其次为红腐病、疫病。棉苗受害轻的，其生活力下降，僵苗迟发，推迟现蕾、开花和结铃时期；受害重的，造成烂种、烂芽，甚至成片枯死。

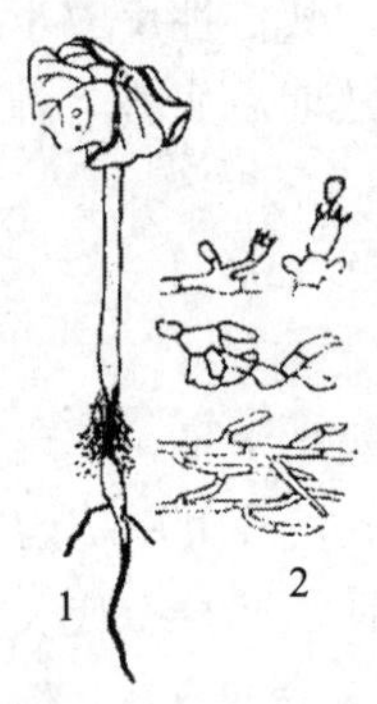

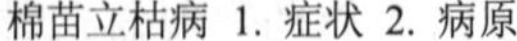

棉苗立枯病 1. 症状 2. 病原

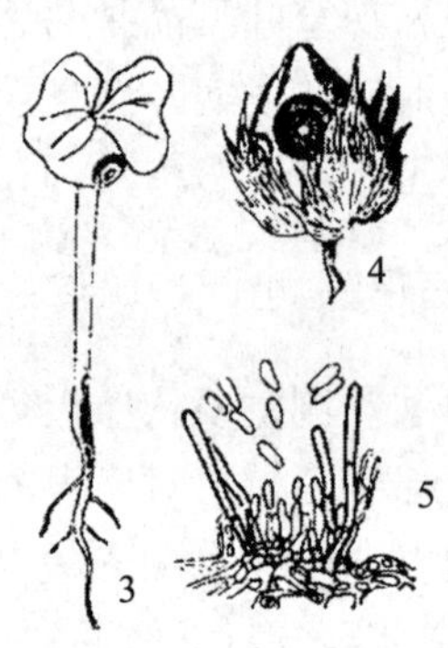

棉苗炭疽病 3. 茎叶症状 4. 棉铃症状 5. 病原

图 5-8 棉苗立枯病和炭疽病

（一）症状

1．立枯病

棉籽受害，在未萌芽前就腐烂；或虽萌芽但尚未出土前就变褐死亡；或病苗出土后，在近地面的茎基部产生水渍状黄褐色病斑，后扩展包围整个茎基部，形成褐色或黑褐色缢缩溃烂，最后幼苗萎倒枯死，拔起病株时病部往往有菌丝和小土粒黏附。子叶被害，其中央部分产生不规则黄褐色病斑，病部脱落而成穿孔。

2．炭疽病

从棉籽发芽到棉铃成熟均可受害。但主要危害棉苗和棉铃。幼苗受害重的，在未出土前幼芽及幼根即变褐色腐烂。受害轻的尚能出土，初在近地面的茎基部产生红褐色、边缘不清晰的小病斑，扩大后呈褐色略凹陷的纵向条斑，但外围仍呈红褐色或在病部中央产生纵向裂痕。严重时病斑扩大，包围整个茎基部，呈黑褐色缢缩溃烂。子叶被害，多在边缘产生半圆形黄褐色或褐色病斑，外缘红褐色，后期病斑干枯脱落或子叶霉烂。茎秆及叶柄上的病斑，初呈红褐色，后变黑褐色纵条状。高湿时，各病部表面都可以产生橘红色黏稠状物（分生孢子）。棉铃上症状见棉铃病害。

3．红腐病

棉苗出土前受害，幼芽及幼根变褐腐烂；出土后根尖先发病呈黄褐色至褐色，扩展后全根变褐腐烂，有时病部略肿大。子叶多于叶缘产生半圆形或不规则形病斑，潮湿时病斑表面产生粉红色或粉白色霉层（分生孢子）。

4．疫病

主要危害子叶和幼嫩真叶。受害子叶边缘初产生灰绿色小斑，潮湿时病斑迅速扩展，呈墨绿色水渍状，全叶逐渐呈青褐色至黑褐色凋萎。严重时，病叶脱落，棉苗枯死。

（二）病原

1．棉立枯病菌（*Rhizoctonia solani* Kuhn.）

属半知菌亚门、丝孢纲、无孢目、丝核菌属。此菌不产生无性孢子，只产生菌丝和菌核。菌丝初无色，后变黄褐色，分枝与主枝近似直角，基部缢缩，离分枝不远处有一隔膜。菌核呈暗褐色，不规则，表面粗糙。有性阶段属担子菌亚门、层菌纲，但不常发生。病菌生长的温度范围在 7～38℃，最适 17～28℃。菌核对高温或低温的抵抗能力均较强。病菌在土中可腐生 2～3 年以上，危害的植物达 160 种以上。

2．棉炭疽病菌[*Colletotrichum gloeosporioides*（Penz.）Penz. & Sacc.]

属半知菌亚门、腔孢纲、黑盘孢目、炭疽菌属，有性态为子囊菌，不常见。病菌在病部产生分生孢子盘，盘的四周生有排列不整齐的褐色有分隔的刚毛。盘上产生许多无色透明、棍棒形的分生孢子梗，梗的顶端着生一个无色、单胞、长椭圆形或短棒状的分生孢子。分生孢子聚集时呈橘红色黏稠状物。病菌生长和孢子萌发适温为 25～30℃，在 1℃以下或 37℃以上不能发育。病菌的存活力因环境条件不同而异，在土内约存活 5 个月，土表约存活 1 年，种子表面约存活 9 个月，被害植株上存活 12～15 个月，种子内部存活 12～18 个月。

3．红腐病菌

由多种镰孢引致，主要有串珠镰孢（*Fusarium moniliforme* Sheld.）和禾谷镰孢（*F. graminearum* Schw.），半知菌亚门、丝孢纲、瘤座孢目、镰刀菌属。

串珠镰孢：小型分生孢子串生，卵形、椭圆形或梭形，无色，单胞，偶有一隔膜；大型分生孢子镰刀形，直或弯曲，无色，多有 3～5 个隔膜。病菌生长最适温度为 25～30℃。病菌寄主范围很广，除危害棉花外，还能侵害水稻、麦类、玉米等作物。

禾谷镰孢：无小型分生孢子，大型分生孢子与串珠镰孢似。病菌生长最适温度略低，为 16～28℃。病菌寄主范围也很广，还能侵害水稻、麦类、红麻等作物。

4．疫病菌

苎麻疫霉（*Phytophthora boehmeriae* Sawada），属鞭毛菌亚门、卵菌纲、霜霉目、疫霉属。孢囊梗无色，不分枝或假轴分枝，顶生孢子囊；孢子囊卵圆形，淡黄色，单胞，顶端乳突状，内生许多球形游动孢子。

（三）病害循环

立枯病菌为土壤习居菌，其菌核一般在土壤中能存活 2～3 年以上。疫病菌则以卵孢子在土中或病残体上越冬。而炭疽病菌和红腐病菌主要以菌丝体潜伏在种子内越冬。此外，这些病菌的其他寄主均可成为翌年发病的初侵染源。

土壤中病菌主要通过农事操作、风雨、流水等在田间扩散传播，昆虫的活动及病健体接触等也能传播。带菌棉籽则可通过种子调运而作远距离传播。病部产生的分生孢子借气流和雨水等传播进行再侵染。病、健苗接触亦可传染病菌。

（四）发病条件

1．气候

棉苗出土前后的气候条件是影响棉苗病害发生蔓延的主导因素。播种后低温多雨，出苗迟缓，棉苗生长衰弱，抗病力降低，有利于病菌的接触与侵入，发病严重。

2．耕作栽培措施

地势低洼、排水不良、土质黏重，不利于根系生长，延长出苗时间，增加病菌的侵染机会。播种过早，土温低，出苗慢，容易遭受病菌侵害；播种过深，棉苗出土迟，不但消耗养分多，也增加了侵染时间，烂种、烂芽发生重；棉麦套种，挡风避寒，发病轻。与蚕豆套种发病重，水旱轮作发病轻，多年连作发病重。

薄膜育苗能有效地防治早春寒流袭击，可减少烂种、烂芽、死苗。但床内温湿度过高，或忽高忽低，不利棉苗生长；加之土壤板结，透气性差，影响根系发育，发病会更加严重。

3．菌源

土壤中病残体多，带菌量高，发病重。

（五）防治方法

防治棉苗病害，应采用加强栽培管理、种子处理和药剂保护相结合的综合措施才能收到良好的效果。

1．精选棉种

汰除小籽、破籽、瘪籽和虫蛀籽，并充分暴晒。以杀死种子表面的病菌，提高种子的生活力。

2．种子处理

(1) 药剂处理　可用多菌灵、拌种双有效成分0.5%拌棉种，密闭半个月；或多菌灵有效成分0.1%水溶液、402抗菌剂80%乳油1∶2 000倍液浸种16～24 h。

(2) 温汤浸种　在55～60℃温水中浸种30 min后立即转入冷水中冷却，捞出晾至绒毛发白，可再结合药剂拌种后播种。

3．加强栽培管理

深耕土壤，精细整地　棉田深翻25 cm左右，对减少土壤表层病菌有一定作用。整地要平、细，地势低的要深沟高畦，降低土壤湿度，防止积水。适时播种，播种过早、过迟，都不利于棉苗生长，有利病菌侵染。勤中耕、勤松土、酌施肥料。薄膜育苗时，要控制苗床的温度、湿度，注意通风。避免在老病田、低洼积水田建立苗床。有条件地区，实行轮作，特别是水旱轮作，有良好的效果。

4．喷药保护

在寒流侵袭及阴雨前及时施药保护。可用1∶1∶200石灰等量式波尔多液，或25%多菌灵500倍液，50%的甲基托布津1 000倍液，在出苗80%左右时喷第1次药，以后每隔10～15 d喷1次，共2～3次。也可以用70%代森锰锌可湿性粉剂1∶500倍液喷雾。

5．茎腐型（图5-9）

茎部坏死腐烂状况也较常见，病部一般出现枯白色坏死斑，发病严重时会导致植株局部或全株性萎蔫枯死。因病原菌的不同，发病部位会出现颗粒物（分生孢子器、菌核等）。代表性病害有瓜类蔓枯病、油菜菌核病、芦笋茎枯病、苹果树腐烂病等。

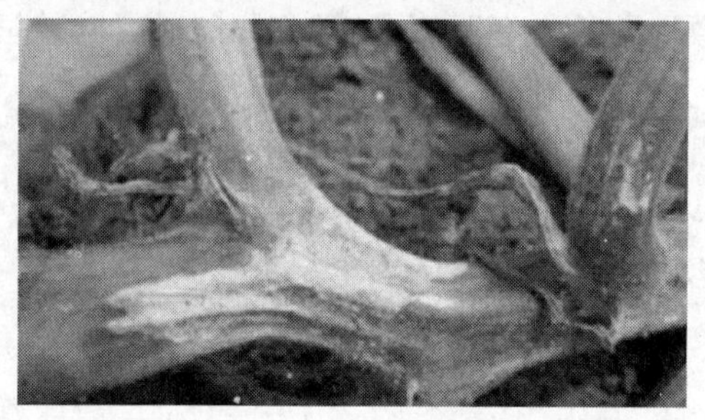

图 5-9　植物茎腐症状

六、油菜菌核病

油菜菌核病俗称烂秆、烂根、软脚瘟、杀秸瘟等，是江苏省油菜的主要病害之一。近年来，随着油菜面积扩大，连作增加，以及丰产性好的品种推广和施肥水平提高，油菜菌核病发生程度加重。发病率在 10%～30%，严重的达 50%以上。菌核病主要危害茎秆，造成茎秆腐烂干枯，使植株早期枯死。感病较轻的，株型矮小，分枝和角果减少，种子皱瘪，造成减产和降低出油率。

（一）症状

从幼苗至成株期均可发病，以开花期发病最盛，叶、茎、花均可被害，但以茎部受害损失最重（图 5-10）。

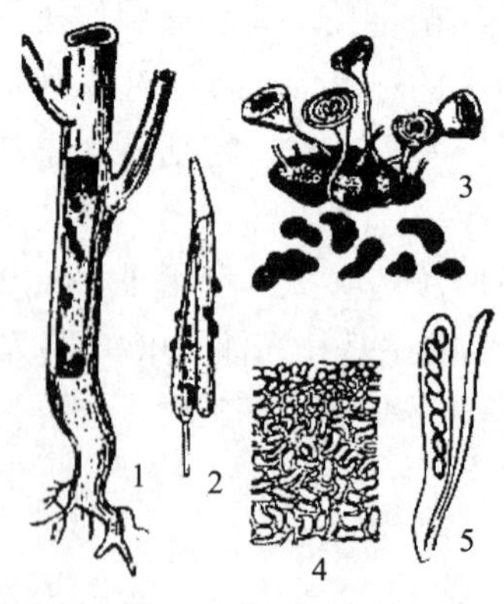

1. 茎秆症状 2. 果荚症状 3. 菌核及其萌发 4. 菌核剖面 5. 子囊、子囊孢子及侧丝

图 5-10　油菜菌核病

苗期 茎基与叶柄形成红褐色斑点，扩大后变为白色，组织湿腐，上面长出白色絮状菌丝。病斑绕茎时幼苗死亡。病组织外部形成许多黑色小菌核。

成株期 茎部病斑初期呈现水渍状，黄褐色，后扩展为梭形或长条形，或绕茎成大型病斑，略凹陷，呈灰白色腐烂。湿度大时，茎部腐烂，表面生有白色絮状霉层。病斑亦有同心轮纹，病斑绿褐色，病茎皮层霉烂，内部空心，干燥和表皮破裂，纤维外露呈麻丝状，病茎常折断，倒伏以致枯死。剖开茎秆，内部形成空腔，并充满大量白色棉絮状物，后期产生初为白色逐渐变成黑色鼠粪状菌核。

叶片发病多从下部衰老、发黄的叶片先发病，病斑初期水渍状，后呈圆形或不规则形病斑，中央为黄褐色或灰白色，中层暗青色，外缘有黄晕，有时病斑有轮纹，干燥时病斑破裂穿孔，潮湿时全叶腐烂并长出白色絮状菌丝，并形成菌核。

角果 角果被害变灰白色，种子干瘪；有时果荚内外产生黑色小型菌核。

（二）病原

油菜菌核病菌[*Sclerotinia sclerotiorum*（Lib.）de Bary]，属子囊菌亚门，盘菌纲，柔膜菌目，核盘菌属。菌核长圆形或不规则形，实为白色，后外层变黑色，内部白色，主要产生于茎内、根内。根外及果荚中也能产生。菌核萌发一般产生1～9个子囊盘，最多的可达18个。子囊盘初呈杯状，展开后成盘状，直径2～8 mm，由淡黄褐色逐渐变为褐色，子囊盘的基部有长柄与菌核相连，子囊盘上有子囊和侧丝。子囊棍棒形，无色透明，内含子囊孢子8个。子囊孢子椭圆形、单胞、无色，在子囊内常斜向排列成1行。

菌核形成的温度为5～30℃，以10～25℃最适宜。萌发温度为5～20℃，以10℃最适宜。相对湿度85%以上萌发率可达100%。菌丝生长温度为5～30℃，以15～29℃最适，相对湿度为85%～100%最适，江苏省每年3—5月，温度条件适宜，是子囊盘形成子囊孢子萌发侵入的有利时机。

油菜菌核病菌寄主范围很广，能侵害42科160多种植物，主要危害十字花科、菊科、豆科等植物。

（三）病害循环

油菜菌核病主要以菌核遗留土中或混杂在种子间越夏、越冬。成为田间病害的初次侵染来源。长江流域冬油菜区于当年10—12月，当温湿度适宜时，土壤中少量菌核即可萌发产生子囊盘或直接形成菌丝侵染油菜引起苗期发病。次年早春旬平均气温在5℃以上的2—4月开始萌发产生子囊盘。旬均温度在10～15℃，子囊盘盛发，是侵染油菜的主要菌源。子囊孢子成熟后从子囊内喷出，可随气流传播。从寄主的伤口、自然孔口及表皮细胞间隙侵入，其后形成菌丝体，并分泌果胶酶及毒素等。溶解寄主细胞壁的中胶层，使病部霉烂变色。子囊孢子一般不能直接侵害健康植株的茎和叶，只能侵染花瓣和衰老叶片。引致花瓣及衰老叶片发病，带菌的花瓣、老叶与健茎、叶接触搭附，进行再次侵染。

（四）发病条件

影响油菜菌核病发生流行的因素与菌核数量、油菜盛花期与子囊盘盛发期的吻合程度、2—4 月份（尤其是油菜开花期间）气象因素及栽培管理有密切关系。

1. 菌源

病菌的初次侵染主要来源于遗落在土壤中越冬、越夏的菌核。一般土中有效菌核数量多，则发病重，而菌核在土壤中的存活率和数量，随轮作年限增长而大减。据调查，旱地连作发病率比旱地轮作高 1.6 倍，而旱地轮作发病率较水旱轮作高 1.3 倍。这是由于连作旱地田间菌核存活率高，因而菌量大，故发病重。反之，轮作地发病轻，尤以水旱轮作发病更轻。实践证明，油菜与禾本科作物，如大、小麦进行轮作发病轻。

2. 品种及生育期

品种间抗病性有差异，一般芥菜型、甘蓝型油菜比白菜型油菜发病轻，晚熟品种发病较轻。因为白菜型或早熟品种开花早，花期长，有利于病害发展。此外，植株分枝部位高、分枝紧凑，茎秆紫色，坚硬，蜡粉多的植物一般比较抗病。

油菜最易感病的生育期是开花期，此时正值子囊孢子释放盛期，与其相吻合的时间愈长，则病害发生愈严重。长江流域冬油菜区，在一般情况下油菜开花前子囊即已产生，如当年早春气候温暖，春雨较多，油菜开花早，花期长，与子囊孢子释放期吻合的时间长，感病就重。一般目前栽种品种二者吻合程度均较高。

3. 气候条件

在气候条件中以降雨量和相对湿度对病害的发生流行影响最大。因为菌核萌发产生子囊盘，子囊孢子侵染和菌丝再侵染都需要较高湿度。油菜开花期间降雨量在 50 mm 以上发病严重，30 mm 以下发病较轻，10 mm 以下病害很少发生，在长江流域各省，在油菜最易感病的花期，一般气候温暖多雨、寒潮频繁，不利于油菜生长，降低其抗病性，而有利于病菌的侵入和发展，菌核病发生较重。

4. 栽培管理

凡油菜过肥旺长，植株高大密植阴蔽，容易倒伏，枝叶相连，田间湿度大，有利于病菌孳生蔓延，因而发病较重。

综上所述，油菜菌核病的发生轻重，在有一定数量菌源存在时，取决于子囊盘的盛发期、油菜的开花期及适宜环境条件（主要是雨量）三者吻合的程度。吻合程度高，则病害严重发生；反之病害发生轻。

（五）调查预测

1．子囊盘萌发调查

根据多年调查证实，在长江中下游油菜产区，菌核萌发子囊盘的时期主要在春季2月下旬至4月下旬，而以3月至4月上旬为子囊盘盛发期。具体调查方法：暖春年份从2月中旬开始，冷春年份从2月下旬开始，每隔5～10 d，对上年重病田边及油菜收后堆放、脱粒场所遗留的菌核萌发子囊盘情况进行调查，记载调查时间、调查菌核数、菌核萌发数、萌发子囊盘数，计算菌核萌发率，以便掌握菌核萌发、子囊盘发生始盛期。

2．大田发病调查

主要掌握大田病害发生消长情况及诱发病害的主要因素。

调查方法：选择当地栽培面积大的油菜品种，在历年发病较重的田块，分早、中、迟栽三种类型。每类型查2块田，每块田在中间、近田边处各选一畦，每畦固定50株，自3月上旬开始，每隔5 d调查一次，记载病害初发病时间和发病株数、发病株率。同时记载天气、温度等情况，分析未来病害发生、消长情况。当油菜进入始盛花期，叶病株率达10%以上，茎病率1%时，开始喷药较适宜。

（六）防治方法

采取以农业防治为基础，药剂防治为主体的综合防治措施。

1．种子处理

播前应筛选除去种子中混杂的菌核，然后用10%～15%的盐水选种，以淘除上浮的瘪粒和菌核，洗净晾干播种。

2．农业防治

（1）轮作

采取轮作是防治油菜菌核病的主要措施，实行水旱轮作或与禾本科作物如小麦、玉米等隔年轮作，可以显著减轻病害的发生。

（2）加强栽培管理

①摘除老、黄、病叶。植株中、下部老、黄叶有90%以上都感染了病菌，油菜开花期摘除病叶及下部老黄叶，可以减少病菌侵染，同时又利于株间通风透光，减少植株间养分的消耗，因此具有防病增产的作用；②重病田进行深耕，将表土菌核深埋土内，使子囊盘不能出土，开春后子囊盘发生及时中耕1～2次，以破坏

子囊盘，减少菌源；③合理施肥，避免徒长倒伏或脱肥早衰。配施磷、钾肥，做好硼、锰等微量元素的施用工作，有条件地区，在初春进行有机肥的增施和清沟培土中耕工作；④育好矮壮苗，做好移栽工作，每年 9 月份，要选好苗床。及时做好育苗工作，育出矮壮苗，并适时接茬移栽，同时做好合理密植工作。据调查，培土（含增施有机肥）2 cm 以上，可减轻发病 1/3，因培土可以压灭子囊盘，中耕可切断多数子囊盘。

（3）选用抗或耐病品种

目前尚未发现免疫和高抗品种，但品种间感病程度差异显著。应选苗期叶片浓绿，开花较迟、花期短，分枝部位高、株型紧凑，茎秆坚硬的感病轻或耐病品种，如“秦油 2 号”等杂交品种，抗倒抗病能力相对较强。

3．药剂防治

在稻、油耕作区，主要抓好两次防治，一是子囊盘萌发盛期，对稻茬油菜田间四周田埂进行药剂防治，以杀灭菌核抽生的子囊盘及子囊孢子，减少初侵染病源；二是油菜进入始盛花期，特别是对长势好的一、二类菜田，进行药剂防治，以防止病菌侵染茎秆。

如茎病株率在 1%以下，叶病株率 10%以上，应及时施药防治，每隔 7～10 d 喷 1 次，连续 2～3 次。可选用：50%速克灵（腐霉利）可湿性粉剂有效成分 30～50 g/亩；40%菌核净可湿性粉剂 100～150 g/亩；70%甲基硫菌灵（甲基托布津）可溶性粉剂 30～50 g/亩；多硼合剂（25%多菌灵 2 份加 1 份硼砂）300 g/亩；50%乙烯菌核利可湿性粉剂 75～100 g/亩；油保 2 号 2～2.5 kg/亩。也可在第 1 次盛花期用 80%多菌灵超微粉 60～70 g/亩或 40%多硫胶悬剂 150 ml 或 50%多菌灵粉剂 150 g，对水 60 kg，均匀喷细雾于植株中、下部。

七、穗腐型——小麦赤霉病

赤霉病是流行于我国长江中下游冬麦区及东北部春麦区等地的严重病害，也是江苏省三麦间歇流行的主要病害之一，尤以江南和沿江地区流行频率较高，近年来，淮北地区的发生频率亦有所增高。麦类作物受害后，不仅造成减产，而且染病麦粒中含有多种毒素，人、畜误食后可引起中毒。

（一）症状

赤霉病从苗期到穗期都能发生，引起苗腐、茎腐、秆腐和穗腐，以穗腐为害最大。

1．苗腐

一般少见。带病麦粒在高湿下萌发数日后，逐渐显露症状，最初根鞘呈黄褐色水渍状腐烂，随后真根及子叶也显同样症状。受害重的幼苗不能出土，逐渐枯死；受害轻的能继续生长。有时在土壤内的病粒表面可产生粉红色稀薄霉层。

2．茎腐

又称脚腐。自幼苗出土后到成熟期都可发生。开始时茎基部组织变褐色软腐，后全株枯萎死亡。拔起病株，可从茎基部腐烂处折断，断口显现褐色黏性的腐烂组织，其上附有粉红色菌体及泥土。

3．秆腐

又称茎腐。多发生于穗下第一节和第二节，初在叶鞘上部出现淡褐色斑点，扩展呈不规则斑块，有时向下延伸至节部，叶鞘和叶片交界处易折断。在被害叶鞘相对应的茎秆上也会出现类似的症状。高湿情况下，叶鞘合缝处或叶鞘与茎秆之间产生粉红色胶状物。

4．穗腐

一般在扬花后 6～10 d 出现症状，发病盛期通常在乳熟期到糊熟期，黄熟后基本停止。穗腐发生时，往往先在个别小穗的颖壳上部出现淡褐色水渍状斑点，后扩展到整个小穗，由一个小穗蔓延到另一个小穗。空气干燥时，病情常受抑制，水渍状病斑逐渐消失而呈枯黄色。穗颈或穗轴受害时，病部呈青灰色或褐色，穗枯黄或半枯黄。在田间湿度较高时，颖壳边缘与小穗基部产生粉红色胶质霉层（分生孢子座及分生孢子）。后期病部也可以出现蓝黑色小颗粒（子囊壳）。受害重时，小穗迅速枯死不能结实，或造成腐烂；受害轻时，籽粒干瘪，常呈灰白、淡黄或粉红色。

（二）病原

病原物有性态为玉蜀黍赤霉[*Gibberella zeae*（Schw.）Petch]属子囊菌亚门、赤霉属，无性态为禾谷镰孢（*Fusarium graminearum* Schw.）属半知菌亚门、镰孢属。在我国引起小麦赤霉病穗腐的还有黄色镰孢（*Fusarium culmorum* Sace.）等20余种镰孢菌，它们出现的频率很低。禾谷镰孢菌无生理专化型，但致病力差异显著，可划分为强、中、弱3个致病的类型。在病害常发区以强菌株为主。

子囊壳散生或聚生在病组织或其他基物表面，圆形或卵圆形，顶部略突起，有孔口，蓝紫色至紫黑色，壳壁粗糙，壳内有子囊多个。子囊棍棒状，无色，基部稍尖，内含子囊孢子 8 个。子囊孢子无色，透明，呈稍弯曲的纺锤形，多数 3 个分隔，作扭旋状排列于子囊内。

分生孢子产生于分生孢子座的单生的侧生瓶梗或繁复分枝的末端瓶梗上。大型分生孢子镰刀形，顶端钝，基部向一侧突起，3～7个分隔、多数5个分隔，单个孢子无色，聚集时呈粉红色，孢子间有黏胶性物质将其黏连一起，不易分散。通常不产生小型分生孢子（图 5-11）。

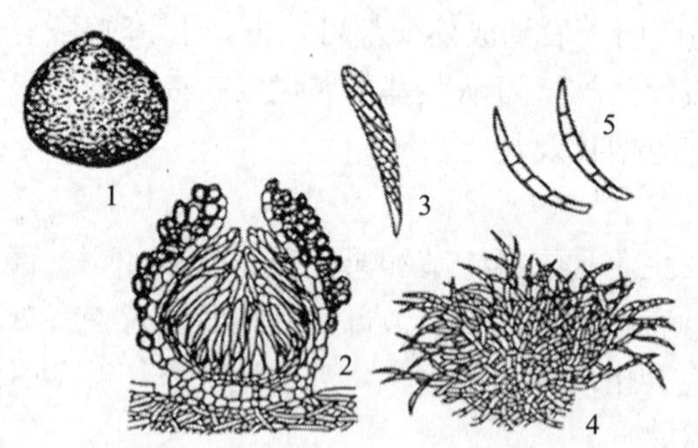

1. 子囊壳 2. 子囊壳纵剖面 3. 子囊及子囊孢子 4. 分生孢子座及分生孢子 5. 分生孢子

图 5-11 小麦赤霉病病原菌

赤霉病菌能兼寄生或腐生生活。发育最适温度为 24～28℃，最低 8℃，最高 32℃。最适相对湿度 80%～100%。

当土表温度升至 10℃左右、相对湿度达 80%以上时，子囊壳即开始形成，19～21℃最有利。在自然散光和通气条件环境下，子囊壳形成较快，遮光使子囊壳不能形成或延缓形成。子囊孢子在 15℃左右开始形成、释放，在暴雨和夜间 22:00 至翌日 6:00 释放最多。当平均温度在 20℃左右、相对湿度达 90%以上时，为子囊孢子释放盛期。当湿度条件适宜时，9℃左右分生孢子就能产生，但以 25℃左右产生的速度最快。温度在 25～26℃分生孢子经 3 h 便全部萌发。

赤霉病菌寄主范围很广，除为害麦类外，还能侵染多种栽培的和野生的植物：如水稻、玉米、高粱、小米、油菜、白菜、芝麻、棉花、豆类、甘薯、绿肥等，并能在其残体上生存延续。

（三）病害循环

赤霉病菌的初次侵染来源是多方面的，种子、土壤、杂草以及多种作物的根茬、秸秆等都能成为病菌的越冬场所。稻茬、玉米秆、棉花秆、病麦等带菌率都很高，病菌以菌丝体潜伏在这些残体上越冬。稻茬是最重要的越冬场所，第二年春季（一般在 3 月中、下旬至 4 月上、中旬，最早 2 月底至 3 月初）当旬平均气温升至10℃左右（最低7℃）且有3～5日阴雨时，暴露在土壤表面的稻茬及其他残体，在散光照射下即开始产生子囊壳。当温度适宜时，子囊壳形成的速度与温度成正相关性，温度愈高速度愈快。通常于抽穗前后形成的数量最大。子囊壳形成后，约经 8～12 d 子囊孢子即能成熟释放，借风雨传播到麦穗，先在颖壳内残留的花药上腐生一段时间，从花药表皮或自然裂口侵入，或直接从颖片内侧壁及小穗基部缝隙侵入，然后蔓延到整个花器或小穗形成穗腐，通常垂直扩散的速度快于横向扩散，潜育期约7 d（最短2～3 d，最长15 d)。穗腐发生后，病部产生的大量分生孢子也可重复侵染，但由于病菌的侵染多集中于扬花期，因此，在生育期较一致时，分生孢子的再侵染作用不大。后期，病部又可产生子囊壳及子囊孢子。麦收后，病菌又以腐生方式在植物残体上越夏或继续侵染其他寄主增加越冬菌源。有病种子和土壤表层腐生的病菌，虽可引起苗腐和基腐，并在病部产生分生孢子进行重复侵染，在麦子抽穗期传播到麦穗上造成穗腐，但在江苏省较少发生，不是穗腐的主要菌源。

此外，病菌侵入穗组织后，如天气干燥，则病菌潜伏在寄主组织中而不继续发展，外表也无症状，一旦雨湿条件满足，病害便暴发。对这种潜伏侵染的现象在生产上应引起足够的重视。

（四）发病条件

1．菌源

足够的菌源量是病害流行的前提。小麦齐穗前稻茬等残体带菌率高，产生的子囊孢子多，则具备了病害发生和流行的必要条件，能否流行还取决于气候条件。

2．气候

气候条件是影响病害发生早迟和轻重的决定因素。赤霉病发病的起始温度为15℃，随着温度的升高，病菌侵入速度加快、潜育期缩短，发病加重。最适发病温度为25℃。麦类作物抽穗扬花期的温度通常均能满足发病要求，故温度并不成为病害发生或流行的限制因素。小麦抽穗扬花期的雨日、雨量和相对湿度等是决定病害能否流行的重要因素。子囊孢子的释放、萌发及侵染均需高湿度，大、小麦抽穗扬花期长期处于相对湿度在85%以上，又遇3 d或3 d以上连阴雨天气时，病害极有可能流行。

3．品种

尚未发现对赤霉病免疫的小麦品种，但不同品种间的抗病性仍存在明显差异。通常，穗形细长、小穗排列稀疏、抽穗扬花整齐集中、花期短、残留花药少、耐湿性强的品种较抗病；地方品种抗病性较强。抗病又分抗侵入和抗扩展两种类型。

少数品种具有抵抗病菌侵入的能力，表现为相同条件下发病率较低，绝大多数抗病品种具有抗扩展性，可阻止侵入后的病菌在体内蔓延扩展，病菌扩展范围限于受侵小花及其邻近的少数小穗，通常不致严重穗腐穗枯，表现为严重度较低。

小麦不同生育阶段的感病性有明显差异。以扬花期最易感病，其次是齐穗期和灌浆期，乳熟期病菌侵染明显降低，糊熟期后病菌基本不能侵入。

4. 栽培管理

低洼、潮湿、排水不良的田块发病重，过量施用氮肥、使植株贪青晚熟，生长过分茂密，通风不良，加重发病；大、小麦插花种植，有利于小麦赤霉病的发生。此外，收割后不及时脱粒，长期露天堆放，遇阴雨天气时，或带菌种子在湿度超过标准的仓库中，能继续感染而导致霉烂。

（五）防治方法

防治小麦赤霉病应采取以农业防治为基础，药剂保穗为关键的综合防治措施。

1. 农业防治

因地制宜选育和推广抗耐病性良好、优质的品种，加强管理，开沟排水，降低田间湿度和地下水位。适时早播，合理施肥，促进麦株健壮和提早成熟。收割后及时脱粒、晒干后入仓储藏，并保持仓内较低温度，防止收获后麦粒霉变。

2. 药剂防治

在小麦扬花期间喷药保护是防治穗腐（枯）关键的措施。根据江苏省的具体情况，在防治上应坚持采取“主动出击、区别对待、药肥混喷、保粒增重”的策略，即在淮河以南，小麦扬花期，全面用药加叶面肥防治，既防病又可增加粒重，同时，对偶发的白粉病也可兼治。

（1）施药适期　药剂防治赤霉病的效果与喷药时期关系极大。一般第 1 次防治适期在小麦齐穗到扬花始盛期。通常最佳施药时间为始花期（扬花率 10%～20%），但当抽穗期间温度高、麦子边抽穗边扬花，则应提前至齐穗期施药。如品种严重感病，病穗出现早，病情发展快；第 1 次用药后遇连续高温、高湿天气；生育期不整齐，扬花期持续 7 d 以上，则应在第 1 次用药后 5～7 d 再喷第 2 次药。施药应抢在雨前进行，如施药关键时期遇雨，应于雨停间隙时喷施。

（2）药剂种类和施用方法　每亩用 25%多菌灵可湿性粉剂 200～250 g、40%多菌灵胶悬剂 100 g、12.5%治萎灵（水杨酸多菌灵）200 g、70%甲基硫菌灵可湿性粉剂 50～80 g，或 50%多菌灵、福美双合剂 100～125 g，加水 50 kg 常量喷雾或加水 10～15 kg 低容量喷雾，要重点对准小麦穗部均匀喷雾。应当指出的是，在多菌灵使用较频繁的地区，病菌对其已产生了一定程度的抗药性。因此，建议多菌灵与戊唑醇等其他药剂交替使用，或使用多菌灵与其他药剂的复配制剂（如38%多福酮），以延缓病菌抗药性的发展。另据报道，新型杀菌剂氰烯菌酯和戊唑醇与福美双复配剂可作为防治小麦赤霉病的替代药剂，尤其在对多菌灵产生抗药性的地区。

八、苹果树腐烂病

苹果树腐烂病，俗称臭皮病、烂皮病等。是苹果树树干上的重要病害，受害严重的果园，病株率高达40%～70%，树干病疤累累，枝干残缺不全，树势衰弱，死树和毁树现象时有发生。腐烂病菌除为害苹果外，还可为害多种落叶果树和阔叶树种。

（一）症状

腐烂病菌主要危害树龄10年以上的结果树，幼树和苗木也可被害。发病部位有主干和大枝、枝杈以及剪口、锯口等皮层组织。受害部位腐烂和坏死。其症状表现有溃疡和枝枯两种类型，以溃疡型为主。

1．溃疡型

在冬春发病盛期或夏秋衰弱树上发生的典型症状。主要发生在幼树的主干、结果树的中心干和主枝下部以及结果树主枝与主干分杈处。病斑大小不等，受害树皮外表呈红褐色，略隆起，皮层组织变松软，水渍状、湿腐，有酒糟味，手压易下陷，并流出黄褐色或红褐色汁液。病皮极易剥离，呈麻披状。后期病部失水干缩下陷，颜色变深，呈黑褐色，而病部四周的健康组织木栓化隆起，形成溃疡斑。其后病组织内产生外子座突破表皮，露出黑色小点，外子座内的分生孢子器在雨后或天气潮湿时，涌出橘黄色卷须状孢子角。秋季以后，病斑上产生、颜色略深的黑色粒点（内子座及子囊壳）。夏秋发病主要是在当年形成的落皮层上产生表面溃疡。

2．枝枯型

春季在2～5年生小枝、果台或树势极度衰弱的大枝上，病害蔓延迅速，环绕小枝一圈，全枝迅速失水干枯，病疤不隆起，不呈水渍状，边缘也不明显。后期病部产生很多小黑点（图5-12）。

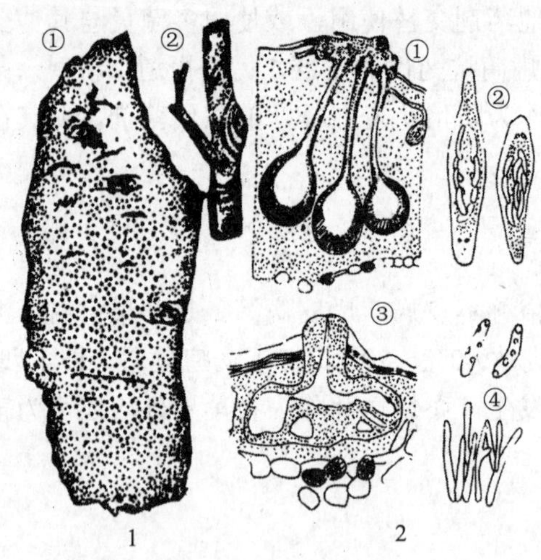

1. 症状①溃疡型 ②枝枯型

2. 病原 ①子囊壳 ②子囊及子囊孢子 ③分生孢子器 ④分生孢子梗和分生孢子

图 5-12 苹果树腐烂病

（二）病原

苹果腐烂病菌（*Valsa mali* Miyabe et Yamada）属子囊菌亚门，核菌纲，球壳菌目。黑腐皮壳属；无性世代为（*Cytopora mandshurica* Miura）属半知菌亚门，球壳孢目，壳囊孢属。病菌菌丝体经一定时期发育后在病部表皮下逐渐形成锥形，穿破表皮的小型瘤状物，即外子座；外子座内有 1 个分生孢子器，分生孢子器成熟时形成几个腔室，各室相通，有一共同的孔口，其产孢能力可维持两年。分生孢子梗无色，顶端产生分生孢子。分生孢子无色、单孢，弯曲呈香蕉形或腊肠形，两端圆，内有油球。孢子成熟时与胶体物混合一起，遇雨水或高湿时，胶体物吸水膨胀，连同孢子自孔口挤出，形成橘黄色须状孢子角。

秋季在外子座的下面或旁边形成内子座，外观为大型瘤状物，与寄主组织间有明显的黑色界线，一个内子座常产生多个球形或烧瓶形，具长颈的子囊壳，子囊壳内壁着生纺锤形子囊，内含 8 个子囊孢子，腊肠状，无色，单胞，比分生孢子稍大。

腐烂病菌菌丝发育的最低温度为 5℃，最高温度为 37～38℃，最适温度为 28～32℃。分生孢子在清水中不易萌发，而在苹果树中萌发率较高。

（三）病害循环

病菌以菌丝体、分生孢子器及子囊壳在病树皮内越冬，果园堆放的病残枝干也是病菌的侵染来源，翌春产生分生孢子角，借雨水、昆虫进行传播，腐烂病菌是一种弱寄生菌，只能从苹果树的伤口或落皮层死组织侵入寄主，从死组织中吸取腐烂分解的营养物质作为菌丝定殖的初次营养，并在其中定殖。在侵入寄主组织时，分泌有毒物质，杀死寄主活细胞，并向四周扩展蔓延。使皮层组织腐烂。当条件不适时病菌停止扩展，处于潜伏状态。病菌除易从伤口侵入、在坏死组织扩展外，还可在树皮的生理落皮扩展。6—8 月，苹果树不断形成鳞片状自然落皮层，病菌在死亡但尚未干枯的落层皮上生长蔓延。自 7 月上、中旬起，落皮层组织逐渐变色死亡，形成表皮溃疡。晚秋初冬（10—11 月）进入休眠阶段，生活力下降，病菌活动增强，穿透表皮，侵入健康皮层组织，形成许多坏死斑点，相互联合成较大的病斑。11 月至翌年 1 月，内部病斑数急剧增多，至深冬季节，气温低病害扩展缓慢，症状不明显。至第二年 2—3 月，气温回升，病斑扩展速度加快，外观症状明显，对树体危害加重。苹果萌芽展叶进入生长旺盛期后，树体的抗病性增强，病害扩展逐渐停止，至 5 月份，发病盛期结束。

（四）发病条件

1. 冻害

周期性的冻害是诱导腐烂病流行的主要因素之一。严重冻害年份，即腐烂病大发生之年。低洼积水和后期贪青的果园易遭冻害，发病严重。我国北方苹果产区发病与树体遭受冻害有着密切关系，一般冻害严重的年份发病重。晚秋低温来得早，冬季温度过低，昼夜温差大，春季转暖时骤然降温等都易引起树体受冻，常诱发病害流行。

2. 果园管理

果园管理粗放，树势衰弱，果树营养不良是导致腐烂病流行的重要因素。通常，苹果树进入结果期后，腐烂病开始发生。随着树龄增长，挂果增加腐烂病逐年加重。树体负载量大，大小年现象严重的果园或植株有利于病害发展。立地条件差，施肥不足，特别是磷、钾肥不足，或施肥时期和施肥技术不当，导致树势衰弱，腐烂病发生严重。整形修剪是促使树体养分合理分配、保证果树高产稳产的重要措施，但修剪过度、造成的伤口过多，加重病害。另外，虫害及其他病害的危害也会导致树势衰弱，加重腐烂病的发生。

3．寄主愈伤能力

苹果树的愈伤能力与发病轻重有密切的关系。营养充足，树势健壮，树体愈伤能力强，发病轻。树体愈伤能力与树皮含水量有关。当枝条含水量在 80%左右时，愈伤速度快。含水量低于 67%时枝条呈失水状态，伤愈组织形成较慢，病斑扩展最快。高温高湿有利于愈伤，一般年份 6—7 月愈伤快，病斑扩展缓慢或停止。

（五）防治方法

腐烂病的防治应采取以加强栽培管理，克服大小年，控制结果量，提高树体抗病力，及时清除病残体，结合涂药保护和病斑治疗及防治枝干害虫等综合防治措施。

1．加强管理、增强树势

提高树体抗病力是防治腐烂病的根本措施。防治必须从幼树期开始，合理修剪，培养好的树形和树势；合理施肥，做到有机肥和化肥及氮、磷、钾肥的配合使用。合理疏花疏果，控制树体载果量，对弱病树应少留果，以平衡营养生长和生殖生长，克服大小年现象。秋季对幼树进行绑草、培土、树干涂白，以防冻害。注意果园排灌，防止早春的旱害和夏季积水，避免后期施肥、灌水，防止晚秋徒长以免遭冻害；预防早期落叶病和红蜘蛛等病虫害。

2．清洁果园

冬季修剪过程中，剪除有病枯枝，僵果及残桩死树等，携出园外集中消毁。

3．刮治病斑

入冬以前认真检查枝干表面溃疡斑，将病部树皮表层组织及周围少量健康组织刮除，刮治时要刮成枣核型，立茬刀口，把病斑全部刮掉，周围的健部皮层刮掉 2 mm 宽，并集中烧毁，以防入冬后向深层蔓延。每次刮治后，涂抹加有 2%平平加的 40%福美砷或 50%退菌特可湿性粉剂 50 倍液或 5～10 波美度石硫合剂 1～2 次。也可用利刀以 0～5 cm 的间隔，在病斑上纵划几道，深至木质部表层，后用毛刷将上述药液涂抹于病部，每周 1 次，连续 3 次。

4．药剂铲除

果树发芽前刮净病斑和粗翘皮后，全树喷布 40%福美砷 100 倍液或涂 20～30 倍液灭腐灵，也可喷 50～70 倍液腐植酸钠。着重喷布直径 3 cm 以上的大技、以杀死树皮浅层病菌。6—7 月份刮皮层后，对主干和大枝中、下部涂刷 40%福美砷 50 倍液，对预防产生新病斑和防止病斑复发都有良好的效果，但应注意不要将药液喷到叶片和果实上，以免发生药害。在果树休眠期用药，安全易行。

★工作步骤

1．枯萎类病害的诊断

症状识别诊断：一般按照从茎到茎基部、剖茎、根部观察顺序，观察各部位是否有坏死症状表现，观察是否有霉层、颗粒物等病征特征，对照各类型病害的症状特征进行诊断。

病原识别鉴定：一般只针对部分茎枯型枯萎病害，可取发病部位的霉层、颗粒物等进行病原显微检查；其他类型在发病植株上都难以见到病征，常常需要做病原菌的组织培养分离，才能进一步进行病原鉴定识别。

2．枯萎类病害综合治理方案的制定

因为枯萎类病害一旦发生后的严重危害性和难以治疗的特点，决定了治理方案中必须强调"重在预防"这一基本原则。

根据病害发生特点，枯萎类病害可分为土传性（维管束坏死型、根腐型、禾本科纹枯病等茎基腐型）和气传性（茎腐型、草莓炭疽病等茎基腐型）两类。土传性枯萎病的治理一般从轮作、土壤改良（促有益菌生长）、土施有益微生物（抑制病原菌、增强抗性）、健康种苗、土壤施药保护等方面进行综合治理。气传性枯萎病的治理则要从促植株抗性增强、控制田间良好发病条件出现（主要是温湿度等气象条件）、施药控制菌源（油菜菌核病）、适期施药保护植株等方面采取综合治理措施。

任务2 植物白粉、锈病类病害的诊断与防治

【学习目标】

1．掌握植物白粉、锈病类病害的诊断方法。

2．掌握植物白粉、锈病类病害的主要防治措施。

3．了解植物白粉、锈病类病害发病过程及发病影响因子。

【任务分析】

植物白粉、锈病类病害是很多植物的常见、重发病害，在很多栽培作物品种抗病性较弱、天气干旱少雨、保护地栽培发病条件优越（无雨水冲刷、湿度大）等状况下，常会在短期内迅速扩展蔓延，造成严重危害。因此，控制发病条件，

在白粉病和锈病的发病初期迅速作出准确诊断，并采取相应的有效治理对策，控制病情于较低水平，是治理这类病害的关键。

★基础知识

白粉病和锈病在发病植株上都会产生粉状物，在发病特点和治理方法上也有很多的共同点。但是是由两类不同的植物病原真菌导致的（白粉菌和锈菌），在病状上也有明显的差异。白粉病的病征为典型的白色粉状物，发病初期或白粉层的内部还会看到霉层，病部表现平整，发病中后期可见发黄、坏死等病状表现；锈病的病征则为红褐色粉状物，粉状物系从破裂的坏死表皮中散出。

白粉病和锈病的寄主一般都很广泛，但白粉菌和锈菌的寄生性很强，不同植物常由不同种白粉菌或锈菌感染导致，不同科寄主间一般不会交叉感染。常见白粉病寄主有瓜类、麦类、月季、黄杨、紫薇等植物，锈病则在麦类、玉米、禾本科草坪、豆类、梨、玫瑰等植物上时有发生。

白粉病和锈病的寄主虽然较多，病原菌的种类也有所不同，但白粉病或锈病在不同植物上的症状、发生规律、治理方法均较为一致，可分别作为一类病害看待（锈病中有少部分种类比较特殊）。

一、小麦白粉病

20 世纪 70 年代末期以来，由于我国小麦品种抗源单一，及施肥水平、密植程度的提高等种种原因，使小麦白粉病在全国范围普遍流行，造成严重危害。在江苏，小麦白粉病常年在淮北发生较重，如 2003 年此病在淮北及沿淮地区发生，自然发病病株率在 50%以上，病指达 30～45；但在其他地区发生较轻，为偶发性病害。小麦受害后，使叶片早枯，分蘖成穗数减少，空瘪粒增加，一般减产 5%～10%，重病田减产达 20%以上。

（一）症状

白粉病在小麦各生育期均可发生，主要发生在叶片上，严重时叶鞘、茎秆、颖壳及芒也可受害。通常叶片正面比背面病斑多，下部叶片比上部叶片发生重。初在叶片表面产生白色粉状霉点，后逐渐扩大，形成近圆形或长椭圆形的粉状霉斑。严重时互相联合，霉层覆盖叶片的大部或全部，粉状霉层也由白色转变成灰白色至淡褐色，其内散生许多黑色球状小颗粒（闭囊壳）。霉层下的寄主组织，初期通常无明显变化，后期出现褪绿黄斑，严重时叶片逐渐变褐枯死。有时，在枯黄叶片的霉层下组织，仍能局部保持绿色或黄绿色。叶鞘、茎秆上的症状与叶片相似。颖壳受害，往往引起小穗早枯，籽粒不充实或空瘪。

发病重时能引起植株倒伏、提早枯死或基部腐烂等。

（二）病原

病原物有性态为禾布氏白粉菌[*Blumeria graminis*（DC.）Speer]，属子囊菌亚门、布氏白粉菌属。无性态为串珠粉状孢（*Oidiu mmonilioides* Nees），属半知菌亚门、粉孢属。分生孢子梗直立，从菌丝上垂直长出，较短，不分枝、无色、梗基部球形，其顶端产生成串的分生孢子。分生孢子卵圆形，无色、单孢，自顶部向下逐渐成熟脱落。闭囊壳球形，褐色至黑色，外有丝状的附属丝，壳内有子囊9～30 个。子囊长卵形或茄形，微弯，无色，基部有短柄，内含子囊孢子 8 个或 4 个。子囊孢子椭圆形，无色、单孢，越夏后多数能成熟（图 5-13）。

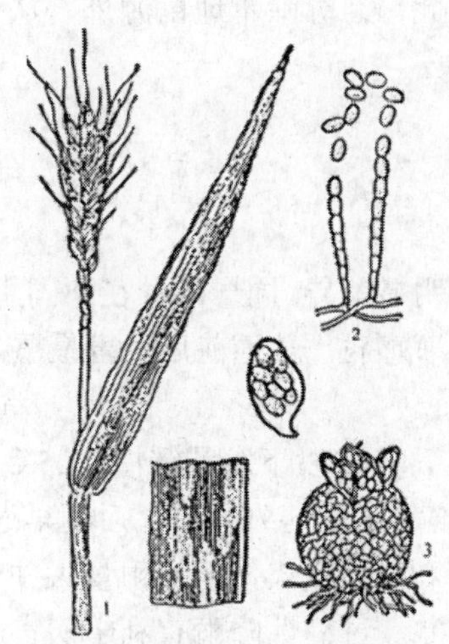

1. 症状 2. 分生孢子梗及分生孢子 3. 闭囊壳、子囊及子囊孢子

图 5-13 小麦白粉病

病菌为专性寄主菌，只能在活的寄主组织上生长发育。菌丝生长在组织表面，以吸器吸取寄主表皮细胞内养分。具有明显的寄主专化性，种下分为若干个专化型，如危害小麦的为小麦专化型（*B.graminis* f.sp.*tritici*）；危害大麦的为大麦专化型（*B.graminis* f.sp.*hordei*）。小麦专化型不侵害大麦，反之亦然。根据对大麦或小麦品种间的致病力差异，专化型又分为若干个生理小种。

白粉病菌对温度的要求不很严格，分生孢子萌发并不需水滴存在。温度在 0～

30℃、相对湿度在0～100%时都有一定的萌发率，但以11～17℃、相对湿度较高时最适宜，暴雨反而有冲刷孢子降低侵染能力的作用。病菌体内含脂量较高，保水能力较强，适应范围较广。

（三）病害循环

小麦白粉病的病害循环因各地生态条件不同而有较大差异。据研究，在江苏，病菌主要以闭囊壳在病残体上越夏和越冬，也可以闭囊壳混杂于种子中越夏。翌年春季子囊成熟，产生子囊孢子，侵染麦株引起发病；或者越夏后，当年秋末就形成子囊孢子，侵害早播麦苗，以菌丝体潜伏在秋苗上越冬。翌春气温回升，病菌恢复活动，病部产生大量分生孢子随气流传播，引起再侵染。

另外，研究还证实，分生孢子可借助高空气流作远距离传播。小麦白粉病在全国大流行年份，病菌可能存在由云、贵、川传播到长江中下游，再传播到黄淮海和东北春麦区的途径。因此，江苏除本地菌源外，从外地传入的分生孢子也有可能引起初次侵染。

（四）发病条件

1．品种

不同品种间的抗病性有明显差异。同一品种在不同生育阶段其抗性也不相同。一般苗期较抗病，拔节后逐渐感病，抽穗前后受害最重。

2．气候

适宜发病温度15～20℃，10℃以下发展缓慢，25℃以上病情发展受到抑制。早春气温回升早且快，温度偏高，病害发生早；后期早遇高温，病害终止期提前。相对湿度一般在70%以上有利病菌侵染，但日雨量大并连续降雨，孢子受到冲刷或影响萌发，病害反而受抑制。过程性降雨有利于病害的发生。直射阳光会抑制分生孢子萌发，春季发病期间阴雨日多，日照少，可加重发病。

3．栽培管理

早播密植，偏施氮肥，麦株旺长，贪青倒伏；或地势低洼、排水不良发病重。但如田间肥水不足，土壤干旱，植株生长衰弱，细胞缺水失去膨压，抗病性下降，也会引起病害严重发生。

（五）防治方法

防治小麦白粉病应采取以种植抗病品种为主，栽培管理和药剂防治相结合的综合防治措施。

1．农业防治

种植抗、耐病品种是控制白粉病最经济有效的措施，还要注意抗病品种的合理布局。同时，加强栽培管理，合理施肥，避免偏施氮肥，适当增施磷、钾肥，使植株生长健壮，提高抗病力。开沟排水，改善田间通风透光条件，降低湿度，减轻发病。

2．药剂防治

小麦白粉病防治的主要目的在于保护上部功能叶，把产量损失控制在经济允许水平之下。一般掌握在孕穗期至扬花期，上部 3 张功能叶病叶率达 20%～30%时用药防治。

每亩用 20%三唑酮乳油 30～40 ml、25%三唑酮可湿性粉剂 24～32 g、25%丙环唑胶悬剂或 25%戊唑醇可湿性粉剂 10～15 g、30%戊唑醇+福美双可湿性粉剂 60～90 g 或 33%纹霉清可湿性粉剂 50 g，加水 50 kg 喷雾。一般喷雾 1 次即可基本控制白粉病为害。最近开发的甲氧基丙烯酸酯类的阿米西达、翠贝、肟菌酯等对白粉病有特效，并可治理对三唑类杀菌剂的抗性。

二、海棠锈病

锈病也是观赏植物的一类危害严重的常见叶部病害，多发生在温暖湿润的夏秋季节，在发病部位能够形成红褐色或黄褐色的铁锈状物。锈病主要危害寄主植物的叶片，也可以危害芽、叶柄、花、果、嫩枝等部位，常造成叶片提早脱落，果实畸形，生长势衰弱，降低观赏植物的观赏性。锈菌是一类专性寄生物，其生活史十分复杂，完全生活史型的锈菌具有 5 种孢子类型，即冬孢子、担孢子、性孢子、锈孢子和夏孢子，缺乏一种或几种孢子的锈菌为不完全生活史型锈菌。有些锈菌只产生冬孢子和担孢子，为短生活史型，如锦葵锈病；有些锈菌除冬孢子和担孢子外，还产生锈孢子和夏孢子，或者两者中的一种，为长生活史型，如海棠锈病、蔷薇锈病。冬孢子是锈菌的主要分类依据。

海棠锈病是园林植物锈病中最常见的一种，具有转主危害的特性，广泛分布于江苏、浙江、安徽、湖南、四川、云南、北京、上海等地，可以危害贴梗海棠、垂丝海棠、西府海棠以及梨、木瓜等多种园林植物。海棠发病严重时，叶片上密布病斑，叶片枯黄早落。该病同时还为害桧柏、侧柏、龙柏、铺地拍等观赏树木，引起针叶及小枝枯死，影响园林景观。

（一）症状

海棠锈病又称为苹桧锈病，春夏季节为害海棠，主要为害海棠叶片，也能为害叶柄、侧枝和果实。发病初期，叶片正面出现黄绿色小斑点，后渐扩大为橙黄色病斑，病斑正面出现针尖大小的黑色小粒点（即性孢子器）。发病后期叶片背面长出黄色须状物，即病原菌的锈孢子器。叶柄、果实上的病斑明显隆起；果实畸形，多呈纺锤形，枝梢感病时病斑凹陷，易从病部折断。转主寄主为桧柏，秋冬季病菌为害桧柏针叶或小枝，被害部位出现浅黄色斑点，后隆起呈灰褐色豆状的瘤状物，即菌瘿。瘤状物初期表面光滑，后期膨大，表面粗糙，呈棕褐色，直径0.5～1.0 cm。翌春3—4月遇雨破裂，膨大为橙黄色花朵状或木耳状。受害严重的桧柏小枝上病瘿成串，造成柏叶枯黄，小枝干枯，严重的整株死亡（图5-14）。

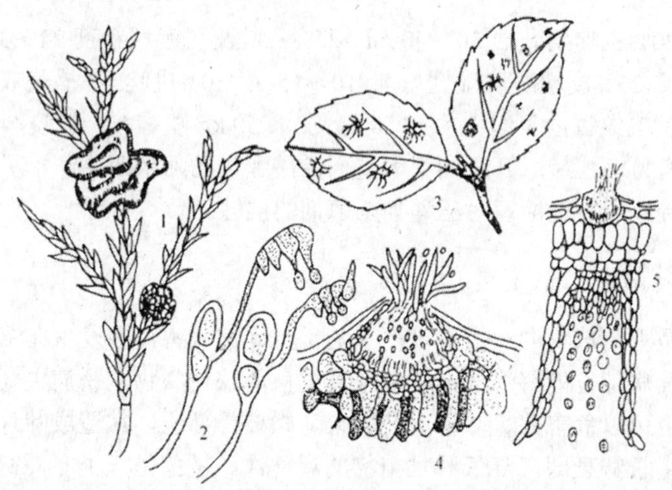

1. 冬孢子角 2. 冬孢子萌发及担子和担孢子 3. 发病海棠叶片症状（叶背）4. 性孢子器 5. 锈孢子器

图5-14 海棠锈病（仿北京林学院）

（二）病原

海棠锈病的病原菌为山田胶锈菌（*Gymnosporangium yamadai*）和梨胶锈菌（*G. haraeanum* Syd.）两种，均属于担子菌亚门、锈菌目、胶锈菌属，我国多数城市以梨胶锈菌为主，在苏州和成都等地山田胶锈菌也可以为害贴梗海棠。两种病原菌在形态上极为相似，均具有转主寄生的特性，缺少夏孢子阶段，属于不完全生活史型中的长生活史型锈菌，锈孢子和性孢子阶段为害海棠，冬孢子阶段为害桧柏、龙柏、铺地柏和翠柏等转主寄主。性孢子器发生于海棠叶片正面表皮下，近圆形或扁烧瓶形，成熟时突破表皮，孔口外露，并伸出许多受精丝。锈子器生于叶片病斑背面或叶柄处的病斑上，呈细圆筒形，聚集成山羊胡须状。性孢子器小，初为黄色，后变为黑色，性孢子椭圆形至纺锤形，无色，单胞；锈孢子器较大，（0.2～0.5）mm×（3～8）mm，顶部裂开，锈孢子橙黄色，近球形。冬孢子角寄生于转主寄主的针叶和绿色枝条上，棕褐色，圆锥形或鸡冠状，2～5 mm 高，顶部较窄，基部较宽，雨水后膨胀胶化，变为橙黄色花朵状或木耳状；冬孢子双胞，橙黄色，椭圆形至纺锤形，（14～28）μm×（33～75）μm；冬孢子柄细长，无色。冬孢子萌发时长出担子，4 胞，每胞生一小梗，每小梗顶端着生 1 个担孢子。担孢子单胞，近球形或肾形，淡黄褐色，（7～10）μm×（10～16）μm。病菌适宜生长温度 10～26℃，空气相对湿度 80%以上。锈孢子萌发的最适温度为 27℃，担孢子萌发的最适温度为 5～23℃。

（三）病害循环

病原菌以菌丝体在桧柏枝条上越冬，可存活多年。翌春 3—4 月越冬菌丝形成冬孢子角，遇雨后冬孢子角吸水膨胀，冬孢子萌发产生担子和担孢子。担孢子随气流传播到海棠叶片上，萌发后直接侵入寄主表皮，约 10 d 后在叶片正面产生性孢子器，3～4 周后在叶片背面形成锈孢子器。8—9 月锈孢子成熟后随气流传播到桧柏、龙柏等转主寄主上侵入针叶和嫩梢，并在转主寄主内进行越冬。病原菌的潜育期一般为 6～10 d，连续阴天和高温是感病的重要条件。海棠从展叶开始直至展叶后 20 d 容易被感染，展叶 25 d 以上的叶片一般不再受感染。海棠锈病菌缺少夏孢子，只有初侵染而没有再侵染，每年只侵染海棠一次，一年中只有一个短暂时期产生担孢子侵害海棠，且担孢子寿命不长，传播距离 2.5～5 km，最远不超过 10 km。

（四）发病条件

1．气候

各种气候条件中，以气温、空气湿度和降水对病害的影响最大。气温稍偏低的温暖天气适宜发病，一般气温在 10～26℃时发病较重，温度过高或过低都会抑制孢子形成、存活萌发和侵染，故春、秋两季发病较重。空气相对湿度连续数天在 80%以上，尤其是湿度饱和，会使病害严重。由于冬孢子和担孢子只有在水滴或水膜中才能萌发，因此，早春温暖多雨、多露或大雾天气容易造成病害流行；相反，早春气温低雨水少发病轻；2—3 月气温高，冬孢子成熟早，当冬孢子遇水萌发时，海棠还未萌芽或海棠萌芽展叶时天气干燥都不利于冬孢子形成担孢子，也不利于担孢子萌发侵入则发病轻。

2. 栽培养护

加强园林栽培养护管理，改善小气候条件，有利于园林植物的生长，增强植物抗病性。种在土层深厚、疏松肥沃富含腐殖质的壤土花木，可减轻发病，而土壤板结黏重，或贫瘠保水保肥力差的砂土发病就重。如种植过密，阳光不足，偏施氮肥，花木徒长，苗圃长期积水，植株生长不良，抗病力弱；管理粗放，不及时整枝修剪，园内清洁卫生差，病枝落叶多，病原菌大量存在病害就重。

3. 转主寄主

海棠和海棠混栽较近、病菌大量存在及 3—4 月份雨水较多，是海棠锈病大发生的 3 个重要条件。在海棠、苹果、梨与桧柏等混栽的公园、绿地等处发病严重。海棠锈病发生的轻重与周围 1.5～3.5 km 范围内的桧柏等柏科植物的数量关系最大。在担孢子传播的有效距离内一般是桧柏等转主寄主越多，病害发生越重；反之病害发生越轻。

4. 种和品种的抗性

种和品种间抗病程度存在明显差异，贴梗海棠、垂丝海棠、西府海棠较为感病，而湖北海棠较为抗病。

（五）防治方法

控制转主寄主，切断病害循环，控制初侵染来源，防止担孢子侵染海棠，是防治海棠锈病的根本途径。

1. 园林规划预防病害

园林规划时，尽量避免海棠、苹果、梨等仁果类阔叶树与桧属、柏属的针叶树相互混交栽植。一般要求两类植物相距半径 5 km 以上。若不可避免时，应选择抗病品种种植，且将柏类种植在下风口，海棠等种植在逆风口，以尽量减轻危害。

2. 控制转主寄主上的病原菌

在园林绿化场所和风景区，不可能彻底砍除桧柏等转主寄主，因此，需要在春雨前修剪桧柏等转主寄主，剪除冬孢子角。在春季，当针叶树上的菌瘿开裂前（一般在 3 月上中旬，柳树发芽、桃树开花时期），当春雨量达 4～10 mm 时，向柏类喷药，抑制冬孢子萌发。常用药剂有 1%倍量式波尔多液、64%杀毒矾 300 倍液、3%灰石水、0.3%五氯酚钠喷雾、2～3 波美度石硫合剂，10 d 喷 1 次，连续 2～3 次。

3. 药剂防治

春季在海棠刚萌芽时向海棠喷药保护，常用药剂有 25%粉锈宁可湿性粉剂 1 500～2 000 倍液、20%萎锈灵乳油 600 倍液、25%敌力脱乳油或可湿性粉剂 2 500

倍液、70%甲基托布津可湿性粉剂1 000倍液、65%代森锌可湿性粉剂500倍液、75%百菌清可湿性粉剂500～800倍液、0.5%～1%倍量式波尔多液、10%世高可湿性粉剂800～1 500倍液、12.5%烯唑醇或12.5%腈菌唑或12.5%速保利可湿性粉剂3 000～6 000倍液喷雾，10 d喷1次，连续3次。为了防止病菌侵染桧柏、欧洲刺柏、龙柏等转主寄主，避免病菌越冬，在6—7月份喷药1～2次保护转主寄主。秋季8—9月份，当锈孢子成熟时，向海棠上喷65%代森锌可湿性粉剂500倍液或25%粉锈宁可湿性粉剂1 500～2 000倍液，阻止锈孢子转主寄生。

4. 生物防治

在性孢子成熟后向海棠喷施锈菌重寄生菌（*Tuberculina vinosa*），对锈子器的寄生率可达92%左右，抑制锈孢子的形成，减少对桧柏等转主寄主的侵染，可以逐年减轻锈病的发生危害。

★工作步骤

1. 白粉病和锈病的诊断

这两类病害的诊断主要从发病后出现的病征特征进行诊断。白粉病的病征特征为白色粉状物，发病初期较薄，后逐渐加厚，发病季节后期可见颗粒物（有性结构，主要发生为害时间不出现，对治理的意义不大）；锈病一般症状为发病部位寄主表皮破裂，散发出红褐色粉末，呈锈粉状，有些锈病在主要为害寄主上则表现为非典型锈病症状（比如梨锈病）。

2. 白粉病和锈病综合治理方案的制订

白粉病和锈病在不同寄主上的致病性有明显的分化，因此选育和尽可能利用抗性品种、促进寄主抗性增强（可通过加强栽培管理、使用诱抗剂等）是治理的主要和基础性手段。另外，在适于发病期开始植株无病时施用保护性杀菌剂，在发病初期施用专用杀菌剂，可控制病害发生和病情发展。

任务3　植物霜霉、疫病类病害的诊断与防治

【学习目标】

1. 掌握植物霜霉、疫病的诊断方法。
2. 掌握植物霜霉、疫病的主要防治措施。
3. 了解植物霜霉、疫病发病过程及发病影响因子。

【任务分析】

霜霉病、疫病是多种作物的重要病害，多发于多雨季节，一旦发生后因施药困难及效果发挥不够理想，常造成较大危害。这类病害是由卵菌导致，卵菌与一般真菌在结构组成和生长性状上有较大的差异，治理方法上也多有不同。对于常发病的作物需进行主动的预防，发病初期作出及时准确的病害诊断，选用专门杀菌剂进行治理。

★基础知识

霜霉病、疫病的发病作物广泛，主要为害瓜类、茄果类（疫病）、葡萄（霜霉病）、油菜（霜霉病）等作物。霜霉病常在发病部位（叶片反面）出现典型的“霜霉”病征，颜色一般为白色，瓜类霜霉病则为灰黑色，叶片正面则为多角形黄色、褐色坏死斑。疫病病征的出现条件较为苛刻，条件适宜时（主要是湿度、水分条件要好）可见白色较致密霉层。

霜霉病、疫病分别由霜霉、疫霉两类卵菌导致，病原菌对水的依赖性较高，喜低温、高湿和雨水环境，常在低温多雨的季节重发。控制适于病害发生的气象条件、在气象条件适宜时进行及时的预防和治疗是控病的关键措施。

霜霉菌和疫霉菌均为专性寄生菌，在不同寄主上的致病性也有较明显的差异，在病害治理上，抗性品种的选择使用也就成了一个重要的基础措施。

一、黄瓜霜霉病

黄瓜霜霉病在我国各地都有发生，无论是保护地或露地栽培的黄瓜都普遍严重发生。

黄瓜霜霉病是一种由气流传播，再侵染频繁；潜育期短、流行性很强的叶部病。在适宜环境条件下，病情发展迅速，两周内可使整株叶片枯死，直接影响结瓜。一般年份减产20%～30%，严重的40%～50%，甚至刚结瓜就会全株枯死。

（一）症状

幼苗至成株期均可发生。主要为害叶片，偶尔也能为害茎、卷须及花梗。

幼苗期子叶感病，在子叶正面产生不规则形的褪绿枯黄斑，潮湿时，叶背病斑可产生灰黑色霉层，严重时子叶很快变黄干枯。

成株期发病时，从下部叶片开始，逐渐向上蔓延。发病初期，在叶片正面发生水渍状淡绿色或黄色的小斑点，后由黄色变成淡褐色，因受叶脉限制形成多角形的病斑，潮湿时叶背病斑处产生紫黑色霉层（即孢囊梗和孢子囊），后期变成黑色霉层。严重时，多个病斑连接成大斑，使整个叶片枯焦似火烧一样干枯卷缩。在高温干燥时，病情发展缓慢（图 11-5）。

在较抗病的品种上，病斑小，呈圆形、褐色，很少扩大，在叶背也很少形成霉状物。

（二）病原

病原物为古巴假霜霉[*Pseudoperonospora cubensis*（Berk. et Curt.）Rostov]，鞭毛菌亚门假霜霉属。营养体为无隔菌丝体。孢囊梗由叶面气孔伸出，单生或2～5根丛生，无色，顶端锐角状分枝3～4次，分枝末端尖细，顶端着生孢子囊，孢子囊卵形或椭圆形，有乳头状突起，淡褐色，单胞。孢子囊在低湿时可直接萌发长出芽管，但大多数是间接萌发，在水中萌发产生游动孢子，游动孢子无色，椭圆形，双鞭毛，在水中游动30～60 min静止，失去鞭毛变成圆球形的休止孢子，休止孢萌发产生芽管侵入寄主。

（三）病害循环

黄瓜霜霉病菌的越冬和病害的初侵染来源在不同地区有所不同。一种类型是周年种植黄瓜的地区，霜霉病终年在各茬黄瓜上辗转危害；第二类型是冬季温室、大棚栽培黄瓜的地区，病菌在大棚或温室内的黄瓜上继续危害，并产生大量的孢子囊，成为第二年露地黄瓜的初侵染来源。江苏属于第二类型。第三类是在冬季寒冷的北方地区，即使有保护地栽培，全年也有1～4个月完全不能种植黄瓜的地区，病菌越冬困难，其病菌的初侵染来源究竟来自何处，目前还不太清楚。这些地区的发病特点，在感病品种上常表现为爆发危害，但田间没有明显的发病中心，这种发病方式常和气流传播的外来菌源有关。根据我国黄瓜霜霉病的发生，由南往北逐渐出现的情况，认为初侵染来源可能是由发病早的地区（孢子囊）随季风向北传播，但还没有证实。病菌孢子囊主要通过气流传播，其次是雨水。孢子囊萌发通过气孔或直接侵入。

（四）发病条件

1. 气候

黄瓜霜霉病的发病迟早和轻重与温、湿度条件关系密切。病菌对温度的适应范围较广，湿度是决定病害轻重的主要因素。在5～30℃时均可发育，以15～

25℃最适宜，20～25℃时潜育期最短，仅 3h，气温高于 30℃，病害受抑制。黄瓜霜霉病是一种要求高湿度的病菌，其孢子囊的产生、萌发、侵入都要求很高的湿度和水分。高湿度和叶面存在水滴，病情直线上升。在多雨、多露、多雾和昼夜温差大或阴雨天和晴天交替时，病害易流行。

2．栽培管理

一般种植过密或中耕锄草不及时的田块，施肥不当，土壤板结，植株生长衰弱，抗病性下降。保护地浇水过多，不及时通风换气，使棚室内湿度过高，叶面长时间结露，利于病菌孢子囊的萌发和侵入，病害易流行。

3．品种抗病性

黄瓜品种间的抗病性差异很大，一般早熟品种的抗病性比晚熟品种差。多数品质好的品种抗病性也较差。目前生产中推广的对霜霉病抗性较强的品种，一般对枯萎病抗性较弱。推广后易使枯萎病发生较重。

（五）防治方法

防治黄瓜霜霉病应以推广种植抗病品种、加强栽培管理为主，药剂防治为辅的综合治理措施。

1．推广抗病品种

黄瓜品种间抗性差异较大，利用抗病良种能有效地减轻危害。目前较抗病的品种有杨青 2 号、津研 6 号、中农 5 号、中农 3 号、万寿 3 号等。“74-18”对霜霉病和枯萎病的抗性均较强。在推广和种植抗病品种时，应注意控制枯萎病的发生。

2．加强栽培管理

（1）培育壮苗，增强抗病力

苗床增施有机肥料，采用营养钵育苗，移栽前要加强低温炼苗，促使幼苗生长健壮。

（2）选择地势高

深翻和平整土地，施足基肥，增施磷、钾肥。生长前期适当控制浇水，加强中耕，开花结果后，应增加浇水量，但需防止大水漫灌，浇水量以土壤湿润状态为准。

（3）棚室黄瓜

在生长前期要少浇水，勤中耕，注意通风，以后随着气温升高，逐渐加大通风量和延长放风时间并放夜风。使棚内相对湿度在 90%以下，叶面无结露现象。

（4）高温闷棚

高温处理棚室黄瓜在霜霉病发生前期可采用高温灭菌的方法处理 2～3 次，能在一定程度上控制霜霉病的发展。具体方法是：选晴天中午，将大棚密闭，使瓜秧上部气温上升至 42～45℃，保持 2 h，处理后放风降温并加强管理，每次处理相隔至少 7～10 d。要严格控制好温度，低于 42℃抑制病菌的效果不好，高于 45℃，植株容易受害。

（5）药剂防治

黄瓜霜霉病发展迅速，易于流行，喷药必须及时，定植前，幼苗期集中先喷药一次，带药移苗。定植后，根据天气条件和常年病害始发期来确定大田第 1 次用药时期，以后每隔 7～10 d 再用药 1 次。叶背叶面都应喷到，重点保护中上部叶片，结合喷药可摘除下部老叶。常用的药剂有：25%瑞毒霉可湿性粉剂 800～1 000 倍液、40%乙磷铝可湿性粉剂 300 倍液、25%阿米西达胶悬剂 1 000 倍液、70%代森锰锌可湿性粉剂 700～1 000 倍液、75%百菌清可湿性粉剂 500～600 倍液，64%杀毒矾可湿性粉剂 500～800 倍液喷雾。按每个标准大棚用 45%百菌清烟雾剂（安全型）100～125 g 密闭熏蒸 2h 后开窗通风。

二、茄科蔬菜灰霉病

灰霉病是保护地和露地栽培茄科蔬菜上的重要病害。近年来随着保护地栽培面积扩大，病情明显加重，尤其是番茄受害最重。造成番茄大量烂果，一般减产 20%～30%，病害大流行，损失更严重。灰霉病菌寄主范围广，在蔬菜作物中除番茄、辣椒和茄子外，白菜、西葫芦、黄瓜和韭菜等幼苗、果实均易被侵染，引起病苗猝倒、花腐或烂果等。

（一）症状

苗期至成株期均可受害。主要发生在花和果实上，也可危害叶片，受害幼苗常致幼茎、叶腐烂，病部灰褐色，表面密生灰霉。成株期染病，叶片病斑呈“V”字形扩展，开始呈水渍状的大型浅褐色不规则斑块，并有深浅相间的轮纹，潮湿时表面生有灰色霉状物，以小叶尖部最多。侵害青果时，病菌先从残留的花瓣、花托、柱头或伤口处侵入，向果柄基部和果实上蔓延，果皮呈灰白色水浸状，软腐，后期产生大量灰色至灰褐色霉层，常在病部产生黑色菌核，失水僵化，以第一果枝上的果实受害最重（图 5-15）。

（二）病原

病原菌为灰葡萄孢（*Botrytis cinerea* Pers.），半知菌亚门、丝孢纲、丝孢目、葡萄孢属。分生孢子梗丛生，不分枝或分枝，直立，顶端簇生分生孢子，分生孢子聚生呈葡萄穗状，椭圆形或卵形，无色、单胞。菌核黑色，扁平或圆锥形。病菌发育温度范围为 14～30℃，最适温度为 20～25℃。分生孢子萌发以 21～23℃最为有利。

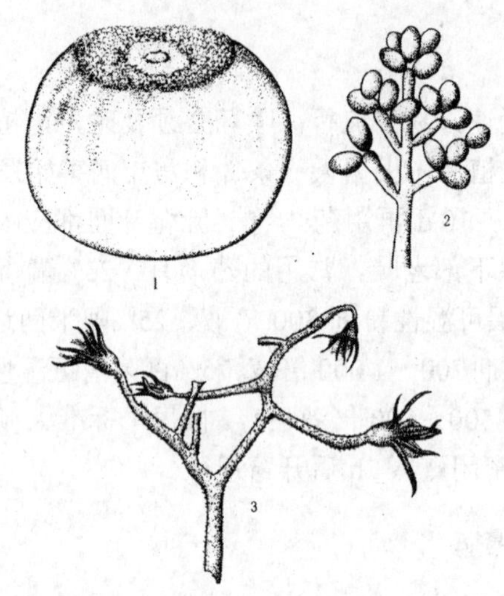

1. 病果 2. 分生孢子梗及分生孢子 3. 有病花蕾

图 5-15 番茄灰霉病

（三）病害循环

病菌以菌核、菌丝或分生孢子在病残体上越冬。在大棚和温室内，病菌可终年辗转危害。翌年环境条件适宜时，菌核萌发产生菌丝体，后产生大量的分生孢子；分生孢子随气流、雨水、灌溉水、农事操作而传播蔓延，病在病部表面产生分生孢子进行再侵染，后期形成菌核越冬。

（四）发病条件

1．温、湿度

日光温室内低温（15℃）出现次数多，持续时间长，灰霉病发生重。温室、大棚内，停火后或浇水过量后遇阴雨天发病重。温度直接影响到温室放风强度，温度低，往往不放风或放风时间缩短，使室内相对湿度高达 100%，促使灰霉病发生发展。温室内湿度大，叶面结露时间长，灰霉病发病重。

2．寄主抗病性

灰霉病菌是一类寄生性较弱的病菌，当寄主植物生长健壮时，植株抗病性较强，不易被侵染，寄主处于生长衰弱的状态下，抗病性弱，最易感病。寄主植物在生长衰弱或组织受冻、受伤时极易感染灰霉病。

3．生育期

生育期与发病关系，灰霉病主要在茄科蔬菜苗期和幼果期发病，苗期的植株和幼果期的果实幼嫩，花萼和花瓣处易积水，坐果期发病盛期在4月中旬至5月，此时的温湿度十分适宜病菌侵入。

（五）防治方法

1．生态防治

利用设施栽培蔬菜可以调节温度和湿度的特点，进行生态防治。如番茄灰霉病的防治可以从初花期开始，晴天上午9:00后关棚，棚温迅速升高，当棚温升至32℃，开始放风，中午继续，下午棚温保持在20～25℃；当棚温降至20℃时关棚，夜间棚温保持在15～17℃；早上开棚通风；阴天白天开棚换气。通过控害变温管理的大棚，发病较轻。

2．加强通风透光，培育壮苗

保护地栽培的蔬菜上午尽量保持较高的温度，促进幼苗生长，下午适当延长放风时间，加大放风量，降低棚内湿度，夜间适当提高棚温，减少或避免叶片结露。发病初期适当控制浇水，浇水应在上午进行，以便放湿，减少夜间棚内结露。

3．清洁田园

蔬菜收获后，及时将病残体清除田间销毁，减少病原越冬数量。发病后及时摘除病叶、老叶、残花及病果，带出棚外销毁。严禁乱伤病果，造成人为传播。

4．药剂防治

第一穗果开花时为防治适期。也可结合用2,4-D防落素液，加入0.1%的50%速克灵或50%异菌脲可湿性粉剂蘸花或涂抹，使花器着药，做到早期预防，保果效果显著。发病初期，及时喷药保护，可选用50%腐霉利5 000倍液、65%甲霉灵（甲基硫菌灵+乙霉威）1 500倍液、40%多硫600倍液和50%多霉灵（多菌灵+乙霉威）1 500倍液、25%嘧霉胺1 000倍液喷雾等。也可选用①烟雾法：用10%速克灵烟剂1 hm^2 200～250 g，或用45%百菌清烟剂，1 hm^2 250 g，熏2～3 h。②粉尘法：也可于傍晚喷洒10%灭克粉尘剂，或5%百菌清粉尘剂，或10%杀霉灵粉尘剂，1 $hm^2$1 kg，9～11 d一次，连续使用或其他防治方法交替使用2～3次。必须注意灰霉病易产生抗药性，应交替使用农药，才能收到良好的防病效果。

★工作步骤

1．病害的诊断

霜霉病：一般主叶片发病，叶片正面开始为褪绿多角形黄斑，后变褐色坏死；叶片背面可见稀疏霉层（霜霉），大多为白色，少灰黑色（瓜类霜霉病）；果实发病，根据典型霜霉特征识别（如葡萄霜霉病）。

疫病：良好发病条件下病部可见白色较致密霉层（不常见），一般可通过发病初期的病部水渍状、继发的枯焦等症状，结合室内保湿培养鉴定病原等进行综合诊断判定。

2．病害综合治理方案的制订

霜霉病和疫病的病原菌均为专性寄生菌，在不同寄主上的致病性有明显的分化，因此选育和尽可能利用抗性品种、促进寄主抗性增强（可通过加强栽培管理、使用诱抗剂等）是治理的主要和基础性手段。

两类病原菌对湿度和水分的要求均较高，因此在保障作物正常生长所需水分供应的前提下，尽可能降低田间湿度，可有效控制病害的发生。

霜霉病和疫病在条件适宜时，都可快速进行再侵染，导致病害的迅速扩展。因此，无病时可施用保护性杀菌剂进行保护预防，在发病初期迅速作出准确的诊断，用专门杀菌剂（卵菌专用）进行及时治疗。

任务4　植物斑点型真菌病害的诊断与防治

【学习目标】

1．掌握植物斑点型病害的主要种类及其诊断方法。

2．掌握植物斑点型病害的主要防治措施。

3．了解植物斑点型病害发病过程及发病影响因子。

【任务分析】

植物斑点型真菌病害种类多，适于感染发病期长。轻度发病时除对品相及观赏性有所影响外，一般对作物产量影响不大，发病严重时可导致叶片或茎的局部枯死，甚至能造成全株性死亡，控制不力常造成较大的危害。因此，作物生产上需针对不同植物上斑点病种类的不同，采取相应有效控病措施，将病情控制在经济允许范围之内，避免可能造成的较大损失。

★基础知识

植物斑点型真菌病害是指一类可在植株叶、茎、果实上产生坏死斑点病害的统称，是植物病害中最为庞杂的一个类群，此处是指除白粉病、锈病、霜霉病、灰霉病等之外的植物地上部病害的统称，每种植物都有许多斑点病，可以分为黑斑、褐斑、圆斑、角斑、轮斑、斑枯、穿孔等症状类型。

植物斑点型真菌病害的致病菌根据其所形成的病征可分成两类：一类是可在病部出现各种霉层（分生孢子梗），一般为半知菌丝孢纲丝孢目的真菌，如稻瘟病菌（梨形孢）、玉米大小斑病（蠕孢类）、番茄早疫病菌（交链孢）、大叶黄杨褐斑病菌（尾孢）等；另一类则在病部会产生小粒点（分生孢子盘与分生孢子器），一般为半知菌腔孢纲（部分有性为子囊菌类核菌纲和腔菌纲），如兰花炭疽病菌（刺盘孢）、月季黑斑病菌（盘二孢）、棉铃黑果病菌（色二孢）、苹果轮纹病菌（无性大茎点属，有性囊孢壳菌）、梨黑星病菌（无性黑星孢属，有性黑星菌属）等。

一、稻瘟病

稻瘟病是水稻上的重要病害之一，全国主要稻区均有发生。南方重于北方，山区重于平原。20 世纪 90 年代中后期在江苏呈现回升趋势，特别是在沿海、沿江、太湖和淮北等地区发生频率明显提高。稻瘟病对产量影响很大，流行年份，一般减产 10%～20%，重的达 50%以上。

（一）症状

稻瘟病在水稻整个生育期都可发生。按受害时期和部位不同，分为苗瘟、叶瘟、节瘟、叶枕瘟、穗颈瘟、枝梗瘟和谷粒瘟等。其中以叶瘟、穗颈瘟最为常见，危害较大。

1．苗瘟

发生于种子萌芽到幼苗三叶期之前。初在芽和芽鞘上出现水渍状斑点，后基部变成黑褐色，并卷缩枯死，上有灰绿色霉层。

2．叶瘟

发生在秧苗或成株期的叶片上。病斑随品种和气候条件不同而异，分为 4 种类型。

（1）急性型

在嫩叶或感病品种上发生。病斑暗绿色，水渍状，椭圆形或不规则形，两端稍尖，正反两面都能产生灰绿色霉层。这种病斑出现后，如继续存在适宜的气候条件，则极易引起病害流行；若气候条件转为干燥，急性型病斑也可转变成慢性型病斑。

（2）慢性型

是典型而常见的一种病斑。病斑较大，梭形，边缘红褐色，中央灰白色，外围有黄色晕圈，两端有向纵脉伸展的褐色坏死线。潮湿时，多在病斑背面产生灰绿色霉层。慢性型病斑的出现，表明病情处于稳定或缓慢发展状态。

（3）白点型

田间很少发生。病斑呈白色近圆形小点，一般是感病品种的幼嫩叶片在温湿度适宜时受到感染，经强烈阳光照射后形成的。如在短期内气候条件变得有利于病害发展，这种病斑可很快变成急性型病斑。

（4）褐点型

斑点褐色，较小，通常局限于叶脉间，多发生于抗病品种和老叶上，病斑上常不产生分生孢子。

3．节瘟

发生于茎节上。初为褐色或黑褐色小斑点，后扩大到节的全部或半部，并使组织逐渐变黑、干缩、凹陷，容易歪曲折断，常使上部茎、叶、穗早枯。

4．叶枕瘟

叶枕瘟又称叶节瘟。常发生于剑叶的叶耳、叶舌、叶环上，并逐步向叶鞘、叶片扩展，形成不规则斑块。病斑初为污绿色，后呈灰白色至灰褐色，潮湿时病部产生灰绿色霉层。叶枕瘟的大量出现，常是穗颈瘟的前兆。

5．穗颈瘟和枝梗瘟

发生在穗颈、穗轴和枝梗上。病斑不规则，褐色或灰黑色。穗颈受害早的形成白穗，颈易折断。枝梗受害早的则形成花白穗；受害迟的，使谷粒不充实，粒重降低。

6．谷粒瘟

谷粒上的病斑变化颇大，且易与其他病害混淆。一般为椭圆形或不规则形的斑块，外缘褐色或黑褐色，中央灰白色。受害重时谷粒空瘪，甚至米粒变黑。护颖也极易受害，多呈褐色或黑色（图 5-16）。

（二）病原

病原物无性态为灰梨孢[*Pyricularia grisea*（Cooke）Sacc.]，属半知菌亚门、梨孢属。有性态为灰色大角间座壳[*Magnaporthe grisea*（Hebert）Barr.]，属子囊菌

亚门、大角间座壳属，仅在人工培养基上产生，自然界尚未发现。病部的灰绿色霉层即为病菌的分生孢子梗和分生孢子，分生孢子梗无色，基部稍带褐色，有2～8个分隔，顶端略弯曲，常3～5根丛生或单生，多从气孔伸出。分生孢子梨形，无色，二分隔。

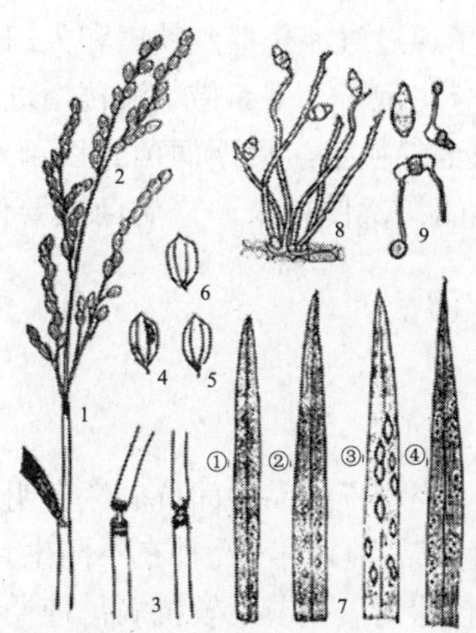

1. 穗颈瘟 2. 枝梗瘟 3. 节瘟 4. 谷粒瘟 5. 受害护颖 6. 健粒

7. 叶瘟 ①白点型 ②急性型 ③慢性型 ④褐点型 8. 分生孢子梗及分生孢子 9.分生孢子萌发

图5-16 稻瘟病

分生孢子在10～35℃都能形成，但以25～28℃为最适宜，侵入寄主的适宜温度为24～30℃。孢子对湿度的要求很高，相对湿度低于80%几乎不能形成，90%以下形成的较少，相对湿度达96%以上，且植株表面有水膜存在时才有利于孢子的萌发和侵入。孢子接触寄主后，遇到适宜的温湿度条件便产生芽管，芽管前端形成附着器，附着器上伸出侵染丝直接穿透寄主表皮机动细胞进入寄主体内（不从气孔侵入），引发病害。

瘟病菌对不同品种的致病性有明显差异，从而分化出不同的生理小种。在自然情况下，稻瘟病菌除侵染水稻外，还可侵染壮羊茅、秕壳草、马唐等。人工接种时，病菌还可侵染多种禾本科植物。来自不同禾本科植物上的梨孢菌也可侵染水稻。

（三）病害循环

稻瘟病菌主要以菌丝体或分生孢子在病稻草和病谷上越冬，其中病稻草是翌年病害初侵染的主要来源。在干燥情况下，分生孢子可存活半年到1年。病组织内的菌丝可存活 1 年以上，翻埋于潮湿的土中或堆肥中的病菌则极易死亡，不能越冬。播种带病种子可引起苗期发病，但传病作用常因气候因素、育秧方式、育秧时期不同而有较大差异，一般旱育秧发病较重，水育秧发病较轻，传病作用相对较小。病稻草上的越冬病菌，次年气温回升到 20℃左右时，如遇降雨，就能不断产生分生孢子，分生孢子通过气流传播到秧田和大田，引起初侵染。温湿度适宜时，病斑上产生的大量分生孢子，不断借气流传播进行再侵染，叶瘟发生后，相继引起节瘟、穗颈瘟乃至谷粒瘟。后期病菌又以菌丝和分生孢子在病稻草、病种上越冬，成为下一年的初次侵染来源。病菌主要借气流传播，其次是雨水和昆虫。

（四）发病条件

1．品种及生育期

水稻不同的类型及同一类型不同品种间抗病性有明显差异。一般粳稻发病重于籼稻，不耐肥品种重于耐肥品种。同一品种在不同生育时期的抗病力也有差异，前期以四叶期至分蘖盛期较感病，拔节后较抗病；穗期以始穗期最感病。同一器官在幼嫩期比老熟期感病；出叶当天最感病，5 d 后抗性增强，13 d 后很少感染；出穗后 7 d 抗性渐增。

2．栽培管理

偏施无机氮肥，使植株硅质化下降，引起软弱、披叶，稻株内游离氮和酰氨态氮增高，容易感病。施肥不匀，肥料集中的地方稻株生长柔弱，往往首先出现发病中心，然后向全田扩展蔓延。

水浆管理不当，如长期深灌，冷水浸田或忽干忽淹等，特别是孕穗期受旱，影响水稻正常生长发育，都易发病。而干干湿湿、浅水勤灌，有利于提高植株的抗病力，则发病减轻。

此外过度密植，通风透光不良，增加田间湿度，发病也重。

3．气候条件

稻瘟病为温暖潮湿型病害。气温在 24～30℃，尤其在 24～28℃，加上阴雨多雾，露水重，使田间高湿，稻株体表较长时间保持水膜，易引起稻瘟病严重发生。抽穗期如遇到低于 20℃以下持续低温 1 周或者 17℃以下持续低温 3 d，常造成穗瘟流行。江苏省稻瘟病往往 1 年内出现两个发病高峰：第一个高峰在 6 月上、中旬至 7 月上旬，此时气温适宜，多逢梅雨季节，阴雨天多，日照时数少，病菌繁殖快，产孢量大，侵染率高，引起早稻穗瘟和中、晚稻苗叶瘟的发生。7 月中旬至 8 月上旬，由于高温少雨，病情受到抑制；第二个高峰在 8 月下旬至 9 月中旬，此时如遇突然降温，特别是伴雨降温，便会引起正在抽穗的感病品种和氮肥过多的水稻穗瘟的严重发生。

（五）病情预测

根据本地区的特定条件和品种感病性、栽培管理水平和病害发生情况，结合气象条件进行综合分析作出病情发展趋势预测。

1．叶瘟预测

根据品种和天气预报，结合田间发病中心上病斑类型，进行叶瘟发展趋势预报。苗期或分蘖期出现急性型病斑，则 4～10 d 叶瘟流行；若急性型病斑每日成倍增长，则 3～5 d 后叶瘟流行。

2．穗瘟预测

孕穗末期，叶瘟发生普遍，剑叶瘟、叶枕瘟上升速度较快，发病率达 1%左右，或根据天气预报，早稻在破口齐穗阶段遇梅雨，持续时间长；晚稻抽穗期遇到降温、阴雨等，即应发出预报，进行防治。

（六）防治方法

防治稻瘟病应以选种抗病良种和科学肥水管理为基础，根据天气和田间病情适期防治叶瘟，常发地区主动出击防治穗颈瘟。

1．选用高产抗病品种

近年来我国各地已选育出大量可供推广的抗病高产良种，各地可因地制宜选用。要注意品种的合理布局，防止单一化种植，并注意品种的轮换、更新。

2．加强栽培管理

合理施用氮肥，多施有机肥，配施磷、钾肥，根据不同地区土壤营养状况，适当施用含硅酸的肥料。合理排灌，以水调肥，促控结合，分蘖后期适度搁田，抽穗期不断水，后期干干湿湿。

3．减少菌源

一是不用带菌种子。二是及时处理病稻草。不在秧田附近堆积病稻草，室外堆放的病稻草，春播前应处理完毕。不用病草催芽、捆秧把等。三是进行种子消毒。可用 20%三环唑可湿性粉剂 800～1 000 倍液或 80%乙蒜素（抗菌剂 402）乳油 8 000 倍液浸种 24～48 h。也可用浸丰、咪鲜胺等浸种。

4．田间药剂防治

防治苗瘟或叶瘟要掌握在发病初期用药，及时消灭发病中心。防治穗瘟应在破口至始穗期施第 1 次药，然后根据天气情况在齐穗期施第 2 次药。每亩用 20%

三环唑可湿性粉剂 75～100 g，或 40%稻瘟灵（富士 1 号）乳油 75～100 ml，加水 60～75 kg 喷雾或加水 20 kg 弥雾。此外，还可选用 20%稻瘟酯可湿性粉剂、50%异稻瘟净、13%三环唑春雷霉素、50%四氯苯酞等杀菌剂防治。

二、玉米大斑病

玉米原产于中美洲的危地马拉和墨西哥，我国大约于 15 世纪开始引种，至今已有 460 多年历史。

玉米大斑病是玉米上的重要病害之一，我国自从大面积推广杂交品种以后，发生危害逐年加重。江苏省主要危害春玉米，但有些年份也严重危害夏玉米。

（一）症状

主要危害叶片，也可危害叶鞘和苞叶。通常先从下部叶片开始发病，然后向上部扩展。在叶片上的病斑因品种不同而分为两种类型：①初为椭圆形、黄褐色或青灰色水渍状的小斑点，后沿叶脉扩展成长梭形的大斑，长 5～10 cm，宽 0.5～1 cm，有些甚至达 15～25 cm，边缘暗褐色，中央淡褐色，叶片常早枯，田间湿度大时，病部密生灰黑色霉层（分生孢子梗和分生孢子）；②病斑初为椭圆形小点，后沿叶脉稍微扩展而成褐色坏死条纹，病部霉层不甚明显。

（二）病原

玉米大斑病菌无性世代（*Helminthosporium turcicum* Pass.）属半知菌亚门、丝孢纲，凸脐蠕孢属。分生孢子梗暗褐色，有 2～6 隔膜，不分枝，直立或上部有膝状弯曲，单生或 3～5 根丛生，多从气孔伸出。分生孢子着生在分生孢子梗顶端，褐色，3～8 个分隔，棒状，有的稍弯曲，中央略粗两端渐细（图 5-17）。

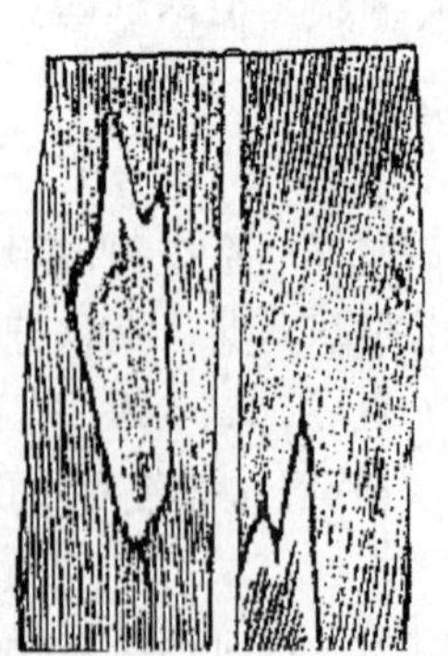
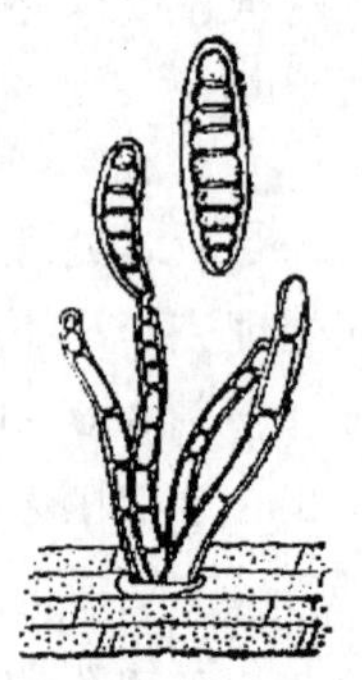

图 5-17　玉米大斑病症状及病原

有性世代属子囊菌，但不常发生。

菌丝发育温度为 10～35℃，孢子形成温度 13～30℃，最适为 20℃，萌发侵入适温为 23～25℃。孢子形成和萌发、侵入都需要高湿度。玉米大斑病菌具有生理分化现象，在我国分为 1 号、2 号和 3 号三个生理小种，但以 1 号小种为主，仅在辽宁、河北发现 2 号小种，云南已有 3 号小种的报道。

（三）病害循环

病菌以菌丝体在病叶组织内和以分生孢子（包括分生孢子形成的厚壁孢子）附着于病残体上越冬，成为翌年初次侵染的来源，在玉米生长季节，越冬孢子和菌丝体恢复活力后产生的分生孢子，借风、雨等传播接触寄主。当遇有适宜的温、湿度时，分生孢子便萌发形成芽管，直接穿透表皮侵入（也能从气孔侵入），引起病害。温度在 25℃时，经 4 h 孢子便能萌发，24～48 h 后侵染点显现病变，4～11 d 即扩展成典型大斑。在潮湿条件下，病部产生的大量分生孢子又随气流传播，进行重复侵染。特别是在春夏玉米混生区，春玉米为夏玉米提供更多的菌源进行多次再侵染。玉米收获后又以菌丝体或分生孢子在病残体上越夏、越冬。

（四）发病条件

1．品种及生育期

品种间的抗病性有显著差异。如国外引进的自交系维尔 156、维尔 42 及杂交种 22、双新 1 号、陕玉 655、桂单 12 号等较易感病，而 C102、H48、吉 63、群单 105 等较抗病。

同一品种不同生育期和不同节位的叶片，对大斑病的抗病性也有明显的差异。一般新生叶较老叶抗病，生长前期较后期抗病。抽雄前发病多限于下部叶片，抽雄后病势往往由下向上急剧发展。

2．气候

玉米大斑病发生轻重各年不同的主要原因是气候条件。一般湿度在 20～35℃，相对湿度达 90%以上，利于孢子形成、萌发和侵入。夏季高温少雨，病情受到抑制。所以，江苏省每年 6、7 月份若阴雨天偏多，春玉米发病可能较重，8、9 月份阴雨天偏多，秋玉米发病可能较重，反之则发病轻。

3．耕作制度

各地调查的资料表明，连作田和靠近村庄附近的地块，由于菌源多，初次侵染和随后的再次侵染发生早而频繁，因此病情往往严重。相反，合理轮作，与棉花、玉米套作，或与大豆、甘薯及其他作物间作的田块，菌源少，初次侵染和再次侵染发生少而迟，危害就较轻。

4．栽培管理

一般地势高、土层深、肥力足、适期早播（春玉米），合理密植，植株生长健壮发病轻；而土壤脊薄、地势低洼、缺肥干旱、过度密植，植株生长不良则发病重。

（五）防治方法

应以选用抗病品种为主，结合农业措施和药剂防治，以控制和减轻危害。

1．选种抗病品种

如金穗 1 号、群单 105、中单 4 号、新双 3 号、陕单 4 号、新单 1 号、吉单 101、丹玉 6 号、苏玉 4 号、黄单 85-1 等。

2．轮作和消灭病残体

实行大面积 1 年轮作，重病田进行秋翻，将病残体深埋土内。结合防治玉米螟，将秸秆及早处理。带有病残体的肥料应充分腐熟。

3．加强栽培管理

施足基肥，增施追肥，注意氮、磷、钾的配合。合理密植，降低田间湿度。提倡与棉花、大豆、花生、甘薯等套种、间种。春玉米适当早播，使生育期提前，尽可能避过后期高湿多雨季节，这对避病增产有一定效果。

4．药剂防治

主要用于育种或试验田自交系的保护，玉米抽雄灌浆期是药剂防治的关键时期。可选用 50%菌核净、异菌脲可湿性粉剂、70%代森锰锌可湿性粉剂、50%退菌特可湿性粉剂或 75%百菌清可湿性粉剂 800～1 000 倍液等药剂。一般在抽雄前第 1 次喷药，以后每隔 7～10 d 喷 1 次，连续喷药 2～3 次。

三、月季黑斑病

月季是我国十大名花之一，同时也是四大切花之一，被称为花中皇后。月季黑斑病是月季普遍发生的一种世界性病害，1815 年瑞典首次报道，1910 年我国首次报道了蔷薇属植物上的这一病害，目前，我国各地均有发生。近年来，江苏、浙江、上海、安徽、北京、天津、辽宁等地为害严重。月季黑斑病主要为害月季的叶片，造成叶片枯黄、早落，削弱树势，花朵小，开花迟，甚至使叶片全部落光，破坏绿化景观，降低切花产量。除月季外，月季黑斑病菌还为害蔷薇、玫瑰等蔷薇属 100 多种植物。

（一）症状

月季黑斑病主要发生在叶片上，也可以为害叶柄、叶脉、嫩梢、嫩枝和花梗等部位。发病初期，叶片正面出现褐色小斑点，逐渐扩展成为圆形、近圆形直径2～12 mm黑色病斑，病斑边缘呈放射状，这是该病的典型症状。发病后期，病斑中央变为灰白色，其上着生许多黑色小颗粒，即病原菌的分生孢子和分生孢子盘。病斑相互连接使叶片变黄、脱落，严重时整株叶片全部脱落，造成光秆。嫩梢及花梗等部位的病斑为紫褐色长随圆形至条状，后变为黑色，病斑稍下陷（图5-18）。

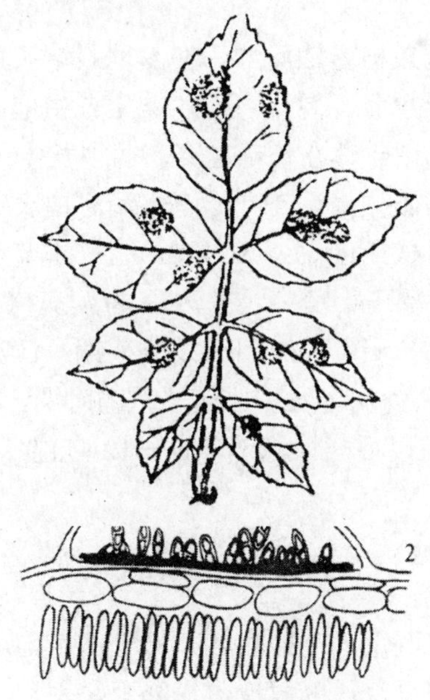

1. 症状　2. 分生孢子盘和分生孢子

图5-18　月季黑斑病

（二）病原

月季黑斑病的病原菌常见的无性阶段主要为蔷薇盘二孢菌（*Marssonina rosae* Lind），属半知菌亚门、腔孢菌纲、黑盘孢目、盘二孢属。另外，蔷薇放线孢菌（*Actinonema rosae* Fr.）也是月季黑斑病的一种病原菌，属半知菌亚门、腔孢菌纲、黑盘孢自、放线孢属。蔷薇盘二孢菌分生孢子盘垫状、圆形，生于角质层下，成熟后突破角质层，直径 38.6～102.8 μm；分生孢子梗短柱状，分生孢子无色，双胞，两个细胞大小不同成葫芦形或近椭圆形，分隔处稍缢缩，顶端如喙状，常偏向一侧，大小（5.1～7.7）μm×（19.3～28.3）μm。分生孢子萌发温度范围为10～35℃，最适宜温度20～25℃，在适温下36 h萌发达到高峰，最适pH 7～8。分生孢子生长最适温度为21℃，侵入最适温度为19～21℃。病原菌的有性阶段为蔷薇双壳孢（*Diplocarpon rosae* Wolf），属子囊菌亚门真菌，子囊壳直径100～250 μm，黑褐色；子囊（70～80）μm×150 μm；子囊孢子8个，长椭圆形，双细胞，2细胞大小不等，无色，（20～25）μm×（5～6）μm。我国目前还没有发现有性阶段。

（三）病害循环

病原菌的越冬方式因栽植方法而异。在露地栽培条件下，病原菌以菌丝体在芽鳞、叶痕、枯枝落叶上越冬，翌年春天，产生分生孢子进行初侵染。温室栽培中的病原菌以分生孢子和菌丝体在病部越冬。病害发生最适温度19～21℃。分生孢子由风雨、灌溉水的喷溅传播，在叶面有水滴时由表皮直接侵入，潜伏期一般10～11 d，在22～30℃潜伏期最短为3～4 d。生长季节可以由分生孢子产生多次再侵染。北方地区5—6月开始发病，7—9月为发病盛期；南方地区周年发病，3月下旬至6月中旬，9月下旬至11月为发病盛期；江苏、浙江、上海等地一般4—5月开始发病，5—9月为病害发生比较严重的时期，5—6月和8—9月为病害发生的两个高峰期，10月以后病情稳定，11—12月越冬。

（四）发病条件

1．气象条件

高温高湿则病害发生严重。气温为10～35℃病害均可以发生，最适温度19～21℃。此外，发病与降雨早晚，降雨次数，降雨量密切相关。在潮湿情况下，约26℃叶片上的分生孢子6 h之内可萌发侵入。一般在降雨2周后出现症状。多雨、多雾、多露，雨后闷热发病严重。

2．品种抗病性及生长阶段差异

所有的月秀栽培品种均可受侵染，但抗病性差异明显。茶香、金背大红、金枝玉叶等品种感病；伊丽沙白、黑千层、日晖、伊斯贝尔等品种抗病。一般老叶较抗病，新叶较感病，展开6～14 d的叶片最感病。

3．栽培管理条件

露地栽培密度过大、盆花摆放过于拥挤，易于加重病害。偏施氮肥以及喷灌、浇灌等方式浇水则病害加重。生长不好、刚移栽的植株发病重。光线不足、通风不良、地面残存病枝落叶等均会加重病害的发生。

（五）防治方法

1．清洁田园，降低初侵染来源

结合修剪清除病枝病叶，秋季要彻底清除枯枝落叶，生长季节要及时清除枯枝落叶，集中销毁。可以在月季的休眠期喷洒 1%硫酸铜、200 倍五氯酸钠或 3 波美度的合硫合剂，杀死越冬菌源。

2．加强养护管理

改善环境条件，控制病害发生，控制密度，通风透光。灌水最好采用滴灌、沟灌或沿盆边浇水，切忌喷灌，灌水时间最好是晴天的上午，以便使叶片保持干燥。栽植密度、花盆摆放密度要适宜，以利通风透气。合理施肥，氮、磷、钾配比合理，增施有机肥，磷肥、钾肥、氮肥要适量，使植株生长健壮，提高抗病性。

3．药剂防治

发病初期，可以选用 25%阿米西达胶悬剂 1 000 倍、75%百菌清可湿性粉剂 500～700 倍液、70%甲基托布津可湿性粉剂 500～700 倍液、65%代森锌可湿性粉剂 500 倍液、50%多菌灵可湿性粉剂 500～1 000 倍液或 1%等量式波多液，向月季叶片部位喷雾，7～10 d 喷 1 次，连续 3～4 次。注意采用两种以上药剂进行交替防治，延缓或避免病原菌产生抗药性。

4．选用抗病品种

在生产中选用抗病品种及选用抗病砧木栽培，淘汰观赏效果差的感病品种，同时注意选育抗病性强、观赏性好的品种。

四、梨黑星病

梨黑星病，又称疮痂病、黑霉病，是梨树重要病害之一，我国各梨产区均有发生，特别在种植鸭梨和白梨等高度感病品种的梨区，病害流行频繁，造成重大损失。梨树受黑星病危害严重时，可引起早期落叶、幼果脱落或畸形，不仅影响当年产量和品质，还由于落叶严重而影响树势及翌年产量。

（一）症状

梨黑星病主要为害叶片、果实、新梢、芽、及花序等所有绿色幼嫩组织。其中叶片和果实受害最重，危害期从落花后直到果实近成熟期。病部形成黑色霉斑，似一层煤烟，构成明显的病征。芽最早发病，早春发芽后，从芽鳞片重合处露出的淡绿色部分即可见黑色有光泽的病斑，以后病斑上产生黑霉（分生孢子梗和分生孢子）。被害芽鳞片茸毛较多，严重时芽鳞开裂枯死。

受害叶片初在背面沿主脉和支脉产生圆形、椭圆形或不规则形黄白色病斑，其上产生煤烟状黑色霉层，发病严重时整个叶背面，甚至正面布满黑霉，叶片正面常呈多角形或圆形褪色黄斑。

刚落花后的幼果受害后常不能膨大而脱落。稍大果实受害后，病部停止生长呈木栓化，形成果面凹凸不平、龟裂的畸形果；后期受害的果实则不畸形，但在果面产生大小不等的黑色、凹陷的近圆形病疤，病疤坚硬，表面粗糙，常产生星状开裂，病部均可产生黑霉（图 5-19）。

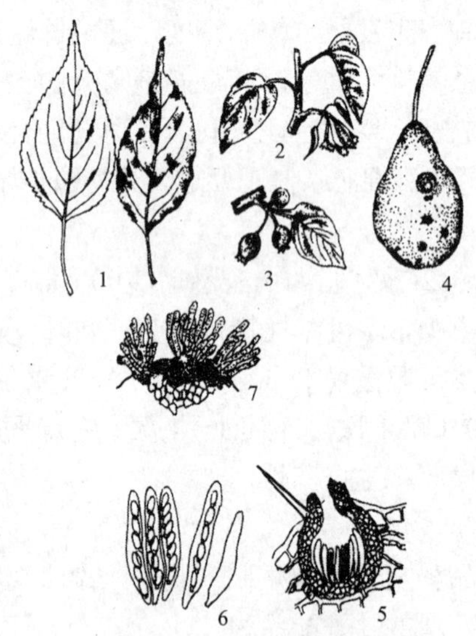

1. 病叶 2. 被害新梢 3. 被害幼果 4. 病果 5. 子囊壳体
6. 子囊及子囊孢子 7. 分生孢子梗子及分生孢子

图 5-19 梨黑星病

（二）病原

梨黑星病菌（*Venturia nashicola* Tanaka et Yamamoto），属子囊菌亚门，腔孢纲，格孢腔目，黑星菌属；无性世代（*Fusicladium* sp.），属半知菌亚门，丝孢纲，丝孢目，黑星孢属。主要危害日本梨和中国梨。有性世代为梨黑星菌（*V. pirina* Aderh.），无性态为梨黑星孢[*F. pyrinum*（Lib.）Fuck.]，主要为害西洋梨。

病菌假囊壳一般在过冬后的落叶上产生，以叶背面居多，散生或聚生，圆球形或扁球形，颈部肥短，黑褐色，孔口常有数根针状黑色刚毛；子囊棍棒状，聚生在假囊壳底部，无色，每个子囊内含 8 个子囊孢子；子囊孢子双孢，上大下小，状如鞋底，黄褐色。分生孢子梗暗褐色，丛生或散生，粗而短，稍弯曲，不分枝。从寄主角质层下伸出，其顶端产生分生孢子。孢子成熟脱落后，在分生孢子梗上留有明显的孢痕。分生孢子淡褐色或橄榄色，卵形或瓜籽形，单孢，少数于萌发前产生1隔膜。病菌生长温度范围为5～28℃，最适温度为21～23℃。一般萌发最快只需要3～5 h。分生孢子萌发的速度与温度有关，适温下，孢子萌发快。温度低，萌发所需时间长。新形成的分生孢子在25℃下经24 h后，萌发率可达95%以上。分生孢子萌发要求的最适宜相对湿度为80%以上。分生孢子耐低温干燥，在自然条件下，残叶上的分生孢子能存活4～7个月，但潮湿时，分生孢子易死亡。

（三）病害循环

病菌主要以分生孢子或菌丝体在芽鳞、病果、枝梢等处越冬。也能以菌丝和成熟的子囊果在落叶上越冬。由于气候条件的差异，不同地区之间或同一地区不同年份之间病菌越冬方式不完全相同。在江苏病菌以菌丝在病梢或芽内越冬为主。病菌的分生孢子和子囊孢子主要通过风雨传播，孢子萌发后可直接侵入，潜育期为14～25 d。展叶后5～6 d的叶片受侵染后潜育期最短，以后随着叶龄的增长，抗性不断增强。潜育期也延长，展叶后1个月以上的叶片不受感染。梨黑星病在江苏一般于落花后不久（4月下旬至5月上旬）即可发现症状，但一般不严重，而到6月底7月初雨季则大量传播蔓延，重复侵染，8月份病害成灾，一直危害到落叶。

（四）发病条件

1. 寄主抗病性

梨树的不同品种对黑星病的抗性有明显差异。一般中国梨最为感病，日本梨次之，西洋梨最抗病。在中国梨中又以白梨系统最感病，其次为秋子梨，而沙梨、褐梨和夏梨则较抗病。发病重的品种有鸭梨、秋白梨、京白梨、黄梨、平梨、酥梨等，其次为砀山白皮酥梨、莱阳梨、严州雪梨、黄梨等，而玻梨、蜜梨、香水梨、巴梨、新世纪等品种较抗病。

2. 气候条件

病菌侵入寄主的最低温度为8～10℃，病害流行最适温度为11～20℃，病菌孢子侵入寄主的最低湿度为一次达5 mm以上的降雨量和持续48 h阴雨天。寄主的幼嫩组织最易感染，当新梢木栓化、叶片革质化（展叶后30 d以上）后，则不再受感染。在梨树生长季节，温度可满足病菌侵染和病害发生流行的要求，故降雨的早晚、降雨量的大小及持续时间的长短是左右病害流行的主导因素。春雨早，持续期长，夏季6—7月雨量多，日照不足，空气湿度大，往往引起病害流行。

3．栽培管理

地势低洼、树冠茂密、通风透光不良和湿度较大的梨园，以及肥力不足、树势衰弱的梨树发病重。

（五）防治方法

1．消灭菌源

秋末冬初清扫地面落叶和落果，冬季或早春结合修剪，清除病梢，集中烧毁。发病初期，及时剪除中心病稍和花序，防止病菌扩散蔓延。黄河故道地区从4月上中旬开始察看果园，发现花丛和病梢及时摘除，同时可作为第1次喷药时间的参考。

2．加强果园管理

病害常发区，在建立新果园时，应选择种植园艺性状良好，抗病性较强的优良品种。增施肥料，特别是有机肥。合理修剪，促使树冠内通风透光，降低梨园湿度，创造不利于病菌的繁殖和病害蔓延的果园生态环境条件。

3．喷药保护

黄河故道以南地区，由于黑星病发生较早，应在梨树接近开花前和落花70%左右时各喷1次药，以保护花序、嫩梢和新叶。以后根据降雨情况和药剂残效期，每隔15～20 d喷药1次，共喷药4～5次。以保护叶片、新梢和果实。以后视天气情况和病情确定喷药次数和时期，一般在5月中旬至6月中旬、6月底至7月上旬以及8月上旬各喷药1次。可选用1∶2∶（200～240）波尔多液、70%代森锰锌可湿性粉剂600～800倍液、10%世高水溶性颗粒剂3 000倍液、25%戊唑醇可湿性粉剂8 000～10 000倍液、福星乳油8 000～10 000倍液等。对波尔多液敏感、易产生药害的品种，可改用30%双苯三唑醇乳油，有效成分浓度为37.5 mg/L。

★工作步骤

1．病害的诊断

植物斑点型真菌病害的诊断，一般根据所形成斑点的形状、大小、颜色，是否有无轮纹、下陷等病状特征以及可能出现的霉层、颗粒物等病征特征，结合具体某种植物上可能发生的斑点型病害的种类进行综合诊断判定。

对于依靠症状无法作出准确诊断的斑点型病害，可取病部的霉层、颗粒物等进行显微检查，根据分生孢子及其子实体的形态特征进行诊断鉴定。

2．病害综合治理方案的制定

对于大宗栽培作物斑点病的防治，选育和尽可能利用抗性品种是一个重要的基础控病措施。

植物斑点型病害的病原菌一般都是弱寄生菌，因此设法提高植株长势，增强抗病力，对控制病害的发生将起到很好的作用。

植物斑点型病原菌一般都是通过气流传播，再侵染都很频繁，控制侵染源的作用不太大，但及时清除病残体需作为植物安全生产的一项基础措施。

需加强对植物斑点病的预防性保护和针对性治疗。对有些植物多种斑点病混发的状况，可选用保护性杀菌剂和广谱性内吸治疗剂；对于单一或部分重发的斑点病害，可施用专用治疗剂，如治理稻瘟病的三环唑药剂。

任务5 植物种传系统侵染性真菌病害

【学习目标】

1．掌握植物种传性真菌病害的诊断方法。
2．掌握植物种传性真菌病害的主要防治措施。
3．了解植物种传性真菌病害发病过程及发病影响因子。

【任务分析】

植物种传系统侵染性真菌病害与一般病害类型在病原菌的传播方式、侵染与发病等方面有着明显的差异，因而导致在防治时间、对象、方式等也有其显著特点。对于有这类病害的栽培植物，必须掌握这类病害的特点，采取相应有效治理对策，才能达到良好的治理效果。

★基础知识

植物种传系统侵染性真菌病害是指一类以种子为唯一或主要传播方式，其他传播方式作用不大，病菌侵入期至发病期时间较长，且侵染点与发病点常不在同一处的一类病害，如水稻恶苗病、小麦黑穗病等病害。

植物种传系统侵染性真菌病害的病原菌在种子内部或表面越冬越夏，种子萌发时即浸入植株生长点，在寄主的几乎整个生育期内扩展，直到寄主生长期快结束时才表现症状。种子是这一类病害发生及治理的关键，做好种子除菌处理即可得到有效治理。

稻曲病

稻曲病又称假黑穗病、绿黑穗病、青粉病、谷花病，俗称“丰产果”，国内主要分布于长江中下游、西南、华南等地，通常在中晚稻上发生。近年来在江苏发病较重，尤其在杂交稻和粗秆大穗型品种上发生严重。该病为害穗部，造成部分谷粒发病，一般每穗有病粒 1～5 粒，严重的可达 20～30 粒。稻曲病发生后不仅影响水稻产量，降低结实率和千粒重，而且病菌含有对人畜有害的毒素，其附着在谷粒上污染稻米，严重影响品质。人畜食用这种稻米较多时会发生慢性中毒，影响人畜健康。

（一）症状

水稻开花后至乳熟期发生，病菌侵入谷粒后，在颖壳内部形成菌丝块，破坏米粒。以后菌丝块逐渐长大，使颖壳合缝处稍微张开，露出淡黄绿色的小凸起，即为病菌的孢子座。孢子座逐渐发育膨大，最后包裹全粒，色泽转为墨绿色，表面发生龟裂，布满墨绿色粉末，即为病菌的厚垣孢子。有些病粒孢子座内可形成菌核，在厚垣孢子散落时出现于病粒表面，成熟后脱落。

（二）病原

病原物无性态为稻绿核菌[*Ustilaginoidea virens*（Cooke） Takahashi]，属半知菌亚门、绿核菌属；有性态为稻麦角菌（*Claviceps oryzae-sativae* Has.），属子囊菌亚门、麦角菌属。

病菌厚垣孢子侧生于菌丝上，球形或椭圆形，墨绿色，表面有瘤状凸起。厚垣孢子萌发后产生短小、单生或分枝、有分隔的菌丝状分生孢子梗，梗端着生数个卵圆形或椭圆形、单胞的分生孢子。孢子座中的黄色部分常可形成 1～4 粒菌核。菌核扁平，长椭圆形，初为白色，后变黑色，长 2～20 mm，成熟时易脱落。落入土中的菌核，翌年产生数个肉质、具有长柄的子座，子座顶端球形或帽状，其内环生数个瓶形子囊壳。子囊圆筒形，内并列 8 个无色、丝状、单胞的子囊孢子（图 5-20）。

菌丝生长最适温度为 28～30℃，低于 13℃或高于 35℃时生长速度明显减缓。菌核萌发产生子实体的最适温度为 26～28℃。

病菌除侵染水稻外，还可侵染玉米、药用野稻等植物。有人认为马唐杂草也是此菌中间寄主。

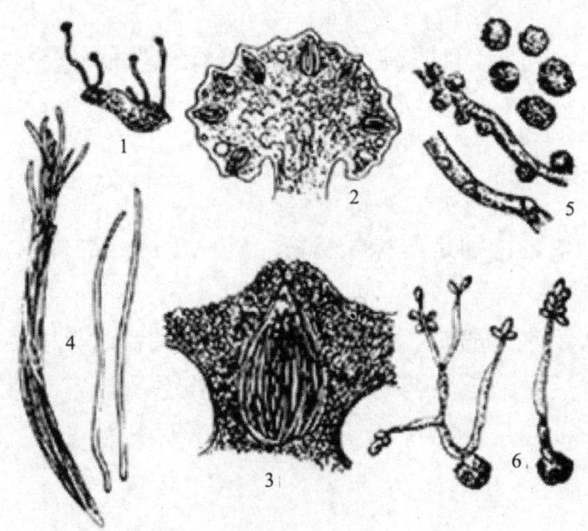

1. 菌核萌发出子座 2. 子座顶部纵剖面 3. 子座内的子囊壳纵剖面 4. 子囊及子囊孢子
5. 厚垣孢子及其着生在菌丝上的状态 6. 厚垣孢子萌发

图 5-20 稻曲病菌

（三）病害循环

病菌以落入土中的菌核和附着在种子表面或落入土中的厚垣孢子越冬。翌年菌核萌发产生子座，子座内形成子囊壳和子囊孢子，厚垣孢子萌发产生分生孢子。子囊孢子和分生孢子随风雨传播，主要在孕穗末期至抽穗期侵染花器及幼颖，引起谷粒发病。气流、雨水是田间传播的主要方式，土壤中菌核、厚垣孢子借灌溉水传播，带菌种子的调运则是主要的远距离传播方式。病害症状一般在抽穗后10～12 d始见，20～25 d为发病高峰，30～35 d基本稳定。

（四）发病条件

1．品种抗病性

水稻品种间抗病性差异较大，一般穗大粒多、密穗型及晚熟品种发病重。中晚稻一般抽穗早的发病较轻，抽穗迟的发病重。粳稻、糯稻发病重，籼稻发病较轻。

2．气候条件

水稻孕穗至抽穗期适温、多雨、日照少有利发病。沿海和丘陵山区雾大、露重，病害往往较重。

3．栽培管理

氮肥施用过多、过迟，抽穗后植株过于嫩绿，发病较重。长期深灌，田水落干过迟也会加重发病。

（五）病情预测

对感病品种田块，特别是稻株长势好、叶色浓绿、群体大，往年病重的田块，应确定为防治对象田。

在孕穗后期即距水稻破口期 5～7 d 为防治的关键时期（田间可按照剑叶叶枕露出 30%～50%为指标确定用药时间），气象预报孕穗扬花期阴雨日多，应发出防治预报。对感病品种，后期嫩绿田块及抽穗扬花期阴雨天气多时，间隔 5～7 d，需再进行第 2 次用药。

（六）防治方法

防治稻曲病应采取以种植抗耐病品种为基础，减少菌源等措施为辅，适期喷药预防为关键的综合防治措施。

1．农业防治

选用抗耐病品种。选用无病稻种，不在病田留种。加强肥水管理，增施磷、钾肥，防止迟施、偏施氮肥，后期湿润灌溉。

2．清除菌源与种子处理

发病时摘除并销毁病粒，秋收后深耕翻埋病菌。播种前先用泥水或盐水选种，消除病粒，再用 50%多菌灵可湿性粉剂 1 000 倍液或 4.2%浸丰乳油 3 000～5 000 倍液浸种 24～48 h。

3．药剂防治

每亩用 5%井冈霉素水剂 300～350 ml，或 2.5%纹曲宁水剂 300～350 ml，或 10%真林悬浮剂 120～150 g，加水 20 kg 机动弥雾或加水 50～60 kg 手动喷雾。也可选用井冈霉素为主的增效复配剂。

★工作步骤

1．病害的诊断

植物种传系统侵染性真菌病害可根据各具体病害的典型症状特征进行诊断判定。但这类病害的诊断对当季病害的治理已无任何意义，只能作为一种提醒，如果有发病，这样的种子在下一个生长季节要使用的话，必须要进行有效治理。

2．病害综合治理方案的制订

种子是这类病害发生的关键，因此治理必须抓住种子这个环节。一般有两种治理对策：一是选用无病田种子；二是对于可能带菌的植物种子，采用物理、化学手段进行除菌处理。

★自我评价

评价项目	技术要求	分值	评分细则	个人（组）自评分
主要真菌病害识别	掌握常见真菌病害种类	40分	能识别真菌病害	
病原鉴别	掌握常见病原真菌种类	40分	能识别真菌病害病原代表属20分；熟练使用显微镜10分；能正确绘制病原真菌形态图10分	
参与、完成任务态度	全程参与、分工协作好、个人态度认真	20分	全程参与并完成个人分工可得10分；协同、认真、较好完成全组任务个人可得10分	
合计				

项目 6　主要植物原核生物病害

任务 1　植物主要细菌性病害的综合防治

【学习目标】

1．熟练掌握识别植物主要细菌性病害的病状、病症技巧。

2．熟练掌握植物主要细菌性病害的诊断技术。

3. 具备安全环保意识，能根据植物细菌性病害发生情况制定合理的防治方案，熟悉运用各种防治措施。

【任务分析】

本任务是植物病害综合防治的必备基础之一。主要通过进一步熟悉植物主要细菌性病害的危害症状，掌握植物主要细菌性病害的发病条件及发病规律，学会制定相关病害的防治方案，并熟练运用关键的防治技术。

★基础知识

一、水稻白叶枯病的综合防治

水稻白叶枯病（rice bacterial leaf blight）最早于 1884 年在日本福冈县发现，目前世界各大稻区均有发生，已成为亚洲和太平洋稻区的重要病害。在我国，1950 年首先在南京郊区发现此病，后随带病种子的调运，病区不断扩大。目前除新疆外，各省（直辖市、自治区）均有发生，但以华东、华中和华南稻区发生普遍，为害较重。水稻受害后，叶片干枯、瘪谷增多，米质松脆，千粒重降低，一般减产 10%～30%，严重的减产 50%以上，甚至颗粒无收。

水稻白叶枯病主要为害叶片，在叶尖或叶缘产生黄绿色或暗绿色斑点，然后沿叶缘或中脉上下扩展，形成条斑，病组织枯死后呈灰白色。在多肥、植株嫩绿、天气阴雨闷热及品种极易感病的情况下，发病后全叶迅速失水卷曲，呈暗绿色似开水烫伤的青枯状。此为急性型症状，此症状的出现表示田间病害正在急剧发展。在南方稻区，一些感病品种在菌量大或根茎部受伤情况下可出现凋萎型症状。手挤压病株的茎基部，可见大量黄色菌液溢出。高湿时各种症状的病部表面常会溢出露珠状的黄色脓胶团（称菌脓），干后结成鱼籽状小颗粒，易脱落。

水稻白叶枯病原物为薄壁菌门黄单胞杆菌属的稻黄单胞杆菌稻白叶枯病致病变种[*Xanthomonas oryzae* pv. *oryzae*（Ishiyama）Swings]。病菌菌体短杆状，两端钝圆，极生单鞭毛，不形成芽孢或荚膜。在肉汁琼脂培养基上菌落呈蜜黄色，有光泽，中央隆起，边缘整齐，表面光滑。取病原物永久玻片进行显微观察或观察多媒体课件中病原物形态。

病害循环：带菌种子、带病稻草是主要初侵染源。翌年播种期间，一遇雨水，病菌便随水流传播到秧田，主要由叶片水孔或伤口侵入。病苗或带菌苗移栽本田，发展成为中心病株；或病菌随水流流入本田，引起本田稻株发病。新病株上溢出的菌脓，借风雨飞溅或被雨水淋洗后随灌溉水流传播，不断进行再侵染，扩大蔓延。适温（25～30℃）高湿、多露、台风、暴雨、洪涝是病害流行条件。氮肥施用过多、过迟，深水灌溉或稻株受淹，田水串灌漫灌等均会使病害发生加重。一般糯、粳稻比籼稻抗病。孕穗抽穗期最感病。

防治措施：①选用抗病品种。②减少菌源：处理好病草，不用病草扎秧把、覆盖秧田。种子处理可用 10%叶枯净可湿性粉剂 200 倍液浸种 24～48 h；85%强氯精（三氯异氰尿酸）300 倍液浸种 24 h，洗净后再浸种催芽。③培育无病壮秧。④加强肥水管理：合理施肥，后期慎用氮肥，科学管水，不串灌、漫灌和淹苗。⑤药剂防治：秧田期，一般在三叶期和拔秧前 5 d 左右各喷药 1 次；大田期，发现发病中心应立即用药封锁。每亩用 25%噻枯唑（叶枯宁）可湿性粉剂 100～150 g、20%噻菌酮悬浮剂 100～125 g、3%中生菌素可湿性粉剂 100 g、90%克菌壮可湿性粉剂 50 g 等，兑水 50～75 kg 喷雾。

二、十字花科蔬菜软腐病的综合防治

十字花科蔬菜软腐病又称腐烂病、烂疙瘩、烂葫芦等。我国凡是栽培大白菜地区都有发生。是大白菜三大病害之一。软腐病危害期长，在生长、储藏、运输、销售期间都可发生，造成损失。该病除危害十字花科蔬菜外，还为害马铃薯、番茄、辣椒、黄瓜、洋葱、莴苣等蔬菜，造成不同程度的损失。

大白菜软腐病的症状因受害组织和所处环境条件的不同，而略有差异。其发病部位都是从伤口处开始，一般柔软多汁的组织受侵染后，初呈水浸状半透明，后表皮下陷、变褐、病组织随即腐烂、呈黏滑软腐，并发生恶臭，较坚实少汁的组织受侵染后病斑多呈水渍状，先淡褐色后变为褐色，逐渐腐烂，但最后病部组织水分蒸发，组织干缩。由于病组织上容易孳生腐生性微生物，这些微生物分解植物细胞蛋白质后，产生奇臭的吲哚，所以发病过程总是伴随着恶臭味。

白菜、甘蓝在田间发病多从包心期开始，发病盛期在莲座期后的结球期。发病初期外叶在烈日下萎蔫，早晚恢复，随病情发展，发病的外叶不再恢复呈干腐状，露出中球，称为脱帮。由于基部腐烂，叶球用脚易踢落，叶柄基部和根茎处的心髓组织完全腐烂，并充满灰黄色黏稠物，臭气四溢，称烂疙瘩。腐烂的病叶在晴暖、干燥的环境下，可以失水干枯变成薄纸状。储藏期发病多从外叶受伤处或病菌在储藏前已潜伏于白菜体内，遇有适宜的环境条件即可发病。若种株栽植过早，遇气温、地温低，浇水量过大，软腐病重。感病的种株不开花或花而不实，影响种子质量（图 6-1）。

1. 症状　2. 病原细菌

图 6-1　大白菜软腐病

大白菜软腐病病原为欧文氏菌属胡萝卜欧文氏杆菌[*Erwinia carotouora* subsp.*carotouora*（Jones）Bergey et al.]。菌体短杆状，周生鞭毛 2～8 根、无荚膜，不产生芽孢，革兰氏染色为阴性反应。在琼脂培养基上菌落为灰白色、近圆形，略呈半透明而有光泽，边缘清晰。

病害循环：软腐病菌主要在留种株、土攘中，堆肥及菜窖附近的病残体上越冬。病菌主要通过昆虫、雨水、灌溉水传播，从伤口或生理裂口侵入寄主。由于病菌的寄主范围较广，所以能从春到秋在田间各种蔬菜上为害，最后传到白菜、甘蓝、萝卜等秋季蔬菜上为害。土壤中残留的病菌可以从大白菜的幼芽和幼苗期的根部侵入。病菌侵入后可向地上部运转一起发病，或以较低的菌量潜伏在植株体内，成为生长后期和储藏期腐烂的主要菌源。大白菜的潜伏带菌现象非常普遍，多数在20%以上。

防治措施：防治白菜软腐病应以加强栽培管理，选用抗病品种和防治害虫为主，结合药剂保护等综合措施，才能收到良好的效果。

（一）选用抗病品种

要开展群众性抗病选种工作，坚持单株选，年年选，并注意品种提纯复壮，以保持和提高品种抗病性。选用耐病品种是减轻病害的最经济有效的措施。目前生产上比较耐软腐病的品种有夏阳、夏丰等。另外，利用较强抗病的杂交1代，如鲁白系列、青杂系列和丰抗70等。

（二）加强栽培管理

1. 选择地势高燥，排灌良好的壤土、砂壤土种植秋菜，避免与茄科和瓜类等轮作，最好与禾本科作物、豆科和葱蒜类作物轮作。

2. 前茬早腾地，及时深翻晒土，可促进病残体腐解，减少菌源。

3. 采用垄作或高畦栽培，以利于排水防涝，减少发病，但盐碱地不宜采用。

4. 适时播种应根据品种特性、气候条件和栽培条件等考虑适宜的播期。

5. 加强肥水管理，增施底肥，及时追肥，基肥足，追肥早，苗期生长健壮，自然裂口少，防治效果较明显。另外地膜覆盖约8 d全日照后揭膜播种能显著降低发病率。控制大白菜含水量，增施钙素也可提高对白菜软腐病的抵抗性。

（三）防治害虫

早期注意防治地下害虫。从幼苗期就应防治黄条跳甲、菜青虫、小菜蛾、猿叶虫和甘蓝蛾等。掌握防治适期，及时喷施乐果、敌敌畏、敌百虫等杀虫剂。

（四）药剂防治

自包心前期（封垄前）加强病情调查，发现病株要立即拔除，并喷药保护，防止病害蔓延。药要喷在近地表的叶柄及短缩茎部。可用 200～300m g/L 农用链霉素（也可用制药厂链霉素下脚料）、抗菌剂“401”500～600 倍液、50%代森铵水剂 1 000～1 200 倍液等喷雾。

三、茄科蔬菜青枯病的综合防治

青枯病又称细菌性枯萎病，是茄科蔬菜重要病害之一。以番茄受害最重，马铃薯、茄子次之，辣椒较轻。此病一般在开花坐果期发生，来势凶猛，发展快，严重时发病率高达 80%～100%，初果期的植株往往成片死亡，造成严重损失。青枯病菌的寄主范围很广，可侵染 33 科的 200 多种植物。

青枯病是一种维管束病害，苗期不表现症状，植株长到 30 cm 高以后开始发病，结果后才开始表现症状，至盛夏时发病最严重。病菌侵害植株的维管束，使茎、根部的维管束尤其是导管部分变褐腐烂。切断病茎，用手挤压，可从断面的变色导管中渗出污白色黏液，是本病的重要特征。据此可与真菌性枯萎病或黄萎病相区别。

发病时，首先顶部叶片萎蔫，接着下部叶片凋萎，中部叶片最迟。病株开始时仅在中午萎蔫，傍晚以后恢复正常。如气温高，土壤干燥，2～3 d 后病株不再恢复而死亡。叶片仍保持绿色，只是色泽稍淡，故称青枯病。在连续降雨或土壤含水量大的条件下，病株可持续一周左右才死亡。病株根部常变褐腐烂，病茎下端表皮粗糙，常发生很多长短不等的不定根。天气潮湿时，病株茎上可出现 1～2 cm 大小、初呈水渍状，后变为褐色的斑块。病叶叶脉有时变黑（图 6-2）。

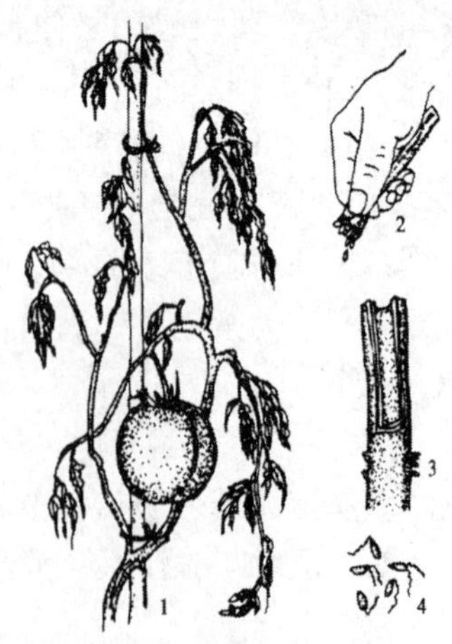

1. 症状　2. 菌脓　3. 病茎剖面示导管呈褐色　4. 病原菌

图 6-2　番茄青枯病

病原物为劳尔氏菌属（*Rastonia solanacearum* 曾为 *Pseudomonas solancacearum*），细菌菌体短杆状，两端圆，极生鞭毛1～3根。在琼脂培养基上形成污白色、暗褐色乃至黑褐色的圆形或不规则形菌落，表面光滑，有光泽，革兰氏染色阴性反应。茄科劳尔氏菌分布地域广，寄主植物种类多，根据寄主范围将其分为5个生理小种。我国的番茄青枯病主要为1号小种。

病害循环：病菌主要随病残体遗留在土壤中越冬。在病残体上营腐生生活，即使没有适当寄主，也能在土壤中存活14个月甚至更长时间。病菌从寄主的根部或茎基部的伤口侵入，在维管束的导管内繁殖，并沿导管向上蔓延，致使导管阻塞。后又进一步破坏导管，侵入邻近的薄壁组织细胞，使之变褐腐烂。整个输导器官被破坏而失去功能，茎、叶因得不到水分的供应而萎蔫。在田间，病害的传播主要通过雨水或灌溉水将病菌带到无病的田块或健康的植株上。此外，农具、昆虫和线虫也能传病。

防治措施：青枯病的防治应以种植抗病品种为基础，改进栽培管理及药剂防治的综合防治措施。

（一）种植抗病品种

一般早熟番茄品种较抗青枯病，国内较抗的品种有秋星（抗青1号）、西安大红、夏星（抗青19）、黄山1号、黄山2号和杂交1代粤星、粤红等品种。利用高抗砧木嫁接，以减少接种品种发病，常用的抗病砧木有“BFNTR”、“兴津BF101”、“LS-89”等。

（二）选择合适的栽培管理技术

（1）轮作换茬，避免与茄科作物及豆科作物连作，可与瓜类、水稻、茭白等作物轮作，防病效果明显。

（2）调节土壤pH，施用适量石灰，使土壤呈微碱性，抑制病菌生长。减少发病，此外增施草木灰或其他钾肥，以硝酸钙代替铵态氮肥也有提高土壤pH的作用。

（3）加强栽培管理，施足基肥，适当增施磷钾肥。培育壮苗，提高植株抗病力。在定植、施肥、中耕时防止伤根。可采用地膜覆盖栽培法，在青枯病流行前半个月或结果盛期停止中耕，避免伤根，以杜绝病菌入侵。采用深沟高畦，促进土壤排水，以利根系发育。适当控制灌水，做到小水勤灌，严禁大水漫灌。喷洒10 mg/L硼酸液作根外追肥，能促进寄主维管束的生长，提高抗病力。

（三）田间药剂防治

在田间一旦发现病株立即拔除，在病穴灌注 4.2%浸丰 1 000 倍液，或农用链霉素 100～150 mg/L 药液或抗菌剂“401” 500 倍液消毒，也可对病穴撒石灰粉消毒，防止病害蔓延。在发病初期喷洒 100～200 mg/L 的农用链霉素，每隔 7～10 d 喷 1 次，连续喷 3～4 次，具有良好的防病效果、用新植霉素 200 mg/L 灌根，每株灌药液 0.5 kg，并结合喷雾，每隔 7～8 d 喷 1 次，连续喷灌 4～5 次；或用 10%双效灵 400 倍液分别灌蔸，每蔸灌药液 1.5 kg，一般防治 2～3 次，每隔 1 周用药 1 次，均有一定的防治效果。

（四）生物防治

一些丧失致病力并能产生细菌素的番茄青枯病菌变异株和一些假单胞菌对茄科劳尔氏菌有一定的抑制作用，在田间试验中对番茄青枯病有较好的防治效果。

★工作步骤

材料及用具：水稻白叶枯、大白菜软腐病、番茄青枯病的新鲜标本，干制标本和病原玻片；显微镜、镊子、挑针、载玻片、盖玻片等相关用具；多媒体教学设备及挂图等。

1．观察水稻白叶枯叶枯型症状

先准备一块干净的载玻片，在其中间滴 1～2 滴无菌水，切取一小块病健交界处组织放入水滴中，盖上盖玻片，在低倍镜视眼中观察，如见混浊的烟雾状物体从病组织中喷出，此为白叶枯的细菌性病原物，生理性枯黄无此现象。或者剪去病叶两端，将下端插在洗干净的湿砂中，保湿 6～12 h，如果叶片上面剪断面有黄色菌脓溢出，则为白叶枯病，生理性枯黄只有清亮的小水珠溢出。取已制病原玻片在显微镜下观察菌体形态或观察多媒体课件中的菌体形态。

2．观察大白菜软腐病发病症状

注意其发病部位，病部的颜色和腐烂情况，并注意有无臭味及黏滑状物质；切取病部组织，观察细菌溢菌现象。取已制病原玻片在显微镜下观察菌体形态或观察多媒体课件中的菌体形态。

3．观察番茄青枯病发病症状

叶片颜色是否变化，重点观察发病番茄的茎部症状，注意茎部维管束是否变成褐色。横切病茎部用手挤压，注意是否有菌脓溢出。取已制病原玻片在显微镜下观察菌体形态或观察多媒体课件中的菌体形态。

★拓展知识

1．水稻细菌性基腐病

病原物为菊欧文氏菌玉米致病变种[*Erwinia chrysanthemi* pv.*zeae*（Sabet）Victoria，Arboleda & Munoz]。一般在水稻分蘖期开始发生。病株基部近土表叶鞘上出现水渍状、淡褐色、梭形或长椭圆形的病斑，并逐渐扩大延长。剥去叶鞘，可见茎基部及根节部变成褐至黑褐色。叶片由下而上褪绿直至枯黄。重病株心叶青卷，根系发黑，极易拔断，有恶臭，挤压时有乳白色菌脓溢出，病株基部茎节上有倒生根，最后全株枯死。轻病株能延续至中、后期，形成枯孕穗或枯白穗。病菌在病稻草，病残体上越冬，带菌种子也可传病。综合治理措施：选用抗病品种；种子处理；健身栽培；化学防治：起秧稍干后，用80% 402水剂1 000倍液蘸秧根1～2 min后再移栽。

2．水稻细菌性褐条病

病原物为丁香假单胞菌（*Pseudomonas syringae* van Hall），变形菌门假单胞菌属成员。主要在秧苗期发生，沿叶脉形成水渍状褐色条斑，边缘清晰，叶鞘上病斑不规则形，黄褐色。病腐烂发臭，常有乳白至淡黄色菌脓溢出。带菌种子是主要初侵染源，当稻种萌发产生第一片真叶时即表现症状。综合治理措施：种子消毒；避免秧田深灌和水淹；发病初期喷施叶枯净可湿性粉剂300倍液。

3．水稻细菌性条斑病

病原物为水稻黄单胞菌稻生致病变种[*Xanthomonas oryzae* pv. *oryzicola*（Fang *et al.*）Swings]。此菌为我国检疫性有害生物。主要为害叶片。水稻幼苗期即可出现症状。叶片上初呈暗绿色水渍状小斑点，后沿叶脉扩展形成暗绿色至黄褐色细条斑，其上有许多露珠状蜜黄色菌脓。病斑对光半透明。综合治理措施：加强植物检疫，不从病区调进有病稻种，建立无病留种田，选用抗病品种。进行种子消毒，及时处理有病稻草。加强管理与施药防治（参照白叶枯病）。

4．花生青枯病

病原物为茄科劳尔氏菌[*Ralstonia solanacearum*（Smith） Yabuuchi *et al.*]，变形菌门劳尔氏菌属成员。从苗期至收获期均可发病，以盛花期发病最严重。典型症状是植株急性凋萎和维管束变成褐色。病株主根尖端变为褐色呈湿腐状，根瘤呈墨绿色。纵剖病株根茎部，可见维管束变浅褐色至黑褐色，直至茎顶和根部。横剖病株根茎部，可见环状排列的维管束呈褐色小点。用手挤压切口处，可见有污白色菌脓溢出。综合治理措施：种植抗病品种，合理轮作（与非寄主作物轮作），加强栽培管理。

5．核果类细菌性穿孔病

病原物为野油菜黄单胞菌致病变种[*Xanthomonas campestris* pv. *pruni*（Smith）Dye]，变形菌门黄单胞菌属成员。主要为害桃、李、杏、梅和樱桃等果树的幼嫩组织。受害叶片病斑圆形或者不规则形，病斑中央常干枯脱落形成穿孔，病斑多时，叶片破碎。受害枝梢形成溃疡斑。受害果实形成圆形、边缘油渍状的紫褐色病斑，病果很快脱落。综合治理措施：选用抗病品种；开春前彻底清除并集中烧毁枯枝、落叶和落果，喷药保护，发病期可喷 402 抗菌剂、农用链霉素或硫酸锌石灰液（硫酸锌∶石灰∶水=0.5∶2∶120）。

6．柑橘黄龙病

又叫黄梢病，是国内植物检疫对象。病原物为亚洲韧皮部杆菌（*Liberobacter asiaticum* Jagoueix），变形菌门韧皮部杆菌属成员。此病害全年均可发生，以夏、秋梢受害普遍，春梢次之。初期典型症状是在浓绿的树冠中出现 1～2 或多条黄化的枝梢，其叶片均匀黄化或呈黄绿相间的斑驳状黄化。当年发病的黄梢一般到秋末时叶片陆续全部脱落。翌年春天，这些病梢萌芽多而早，形成的新梢短而纤弱，新梢叶片老熟时，叶片停止转绿变黄，表现为缺锌、缺锰的症状。病害可以从一个主枝扩展到另一个主枝，最后引起全部枝梢发病。最后，黄化枝条的叶片凋落，枝梢逐渐枯死，直至全株枯死。综合治理措施：实施检疫（严禁将病区的苗木或接穗向新区、无病区调运，以保护无病区和新区）；建立无病苗圃，培育无病苗木；建立无病新果园；改造病果园。

7．鸢尾细菌性软腐病

病原菌为胡萝卜软腐欧文氏菌胡萝卜致病变种[*Erwinia carotovora* pv. *carotovora*（Jones）Bergey]和海芋欧文氏菌[*E. aroideae*（Townsend）Holl.]，属于欧氏杆菌属的细菌。该菌寄主范围很广，除鸢尾外，还为害仙客来、马蹄莲、火炬花、风信子、百合及郁金香等多种园林植物。发病初期，叶片尖端开始出现水渍状条纹，逐渐黄化、干枯。根颈部位发生水渍状较多，球茎组织发生糊状腐烂，初为灰白色，后呈灰褐色，有时留下一完整的外皮。腐败的球茎或根状茎伴有恶臭气味，是诊断此病的重要依据。综合防治措施：栽培管理（选择健康无病球茎或根状茎作繁殖材料；保持田间排水良好，通风流畅）；土壤消毒。病害严重的土壤可用 0.5%～1%福尔马林 10 g/m^2 进行消毒后再种植；药剂防治。发病前期或初期，每 10 d 左右喷洒 1 次农用链霉素或新植霉素 1 000 倍液等重点喷施病株及其周围叶片土壤，能控制病害蔓延；控制害虫。

任务2 植物主要植原体病害的综合防治

【学习目标】

1．熟练掌握识别植物主要植原体病害的病状、病症技巧。

2．熟练掌握植物主要植原体病害的诊断技术。

3.具备安全环保意识，能根据植物植原体病害发生情况制定合理的防治方案，熟悉运用各种防治措施。

【任务分析】

本任务是植物病害综合防治的必备基础之一。主要通过进一步熟悉植物主要植原体病害的危害症状，掌握植物主要植原体病害的发病条件及发病规律，学会制定相关病害的防治方案，并熟练运用关键的防治技术。

一、桑矮缩病的综合防治

又名桑疯病，在我国，此病主要分布在华东、西北及华南各省蚕区，重病桑园发病率常在60%～90%，桑叶减产50%以上，严重影响春叶和夏叶的产量及品质，成为桑区生产上的严重威胁。

桑矮缩病有三种症状类型，即黄化型、矮缩型、花叶型。黄化型俗称“猫耳朵”、“塔桑”等以夏伐后6—8月份发病最重。重病株叶瘦小似猫耳朵，不断萌发腋芽，细枝成簇丛生，似帚状。一般先由单枝发病，后向全株扩展。矮缩型又称“隐桑”、“龙头桑”等。病重株枝条细瘦徒长，病叶小，最后全株枯死。花叶型主要发生在春季和晚秋，初发病时在叶片侧脉出现浅绿至黄绿色斑块，叶脉附近仍绿色，呈现黄绿相间的花叶。叶形不正，叶缘常向叶面卷缩，有的裂叶一半无缺刻。叶背脉侧易生小瘤状突起，细脉褐变，病枝细，节间短，腋芽早发。

桑黄化型矮缩病和矮缩型矮缩病的病原物为植原体（*Phytoplasma* spp.），厚壁菌门植原体属成员。植原体存在于桑韧皮部筛管细胞中。

病害循环：黄化型矮缩病植原体和矮缩型矮缩病植原体在染病桑树内越冬，可通过嫁接传染，也可通过拟菱纹叶蝉和凹缘菱纹叶蝉传播。病株是本病当地主要传染源，带毒苗木是本病远距离传播的传染源，而田间则由叶蝉等昆虫传播扩散。花叶型矮缩病病原在树体内越冬，主要通过病苗、病接穗、病砧木等传播蔓延，其中嫁接传病作用最为严重，传毒率为80%左右。

综合治理措施：

1．加强检疫

严禁从病区调运苗木、砧木和接穗到新区和无病区；经常检查苗圃，及时彻底清除苗木。

2．建立无病苗木培育基地

选择净地，培育无病苗木。

3．选用抗病品种

湖桑 7 号、育 2 号、蚕专 4 号较抗黄化型矮缩病。湖桑 197、桐乡青等抗矮缩型矮缩病。湖桑 197 号、旱青桑、伦 40 号等品种较抗花叶型矮缩病。

4．加强栽培管理

①科学采伐；②合理采叶；③增施肥料；④清洁桑园；⑤切刀消毒。

5．彻底挖除病株

6 月份，夏伐以后重发新枝时，及时彻底挖除并销毁病株，以清除侵染源。发病株率高于 30%的桑园应考虑刨除旧病树，然后重栽。

6．化学防治

①治虫防病：消灭媒介昆虫，切断传病途径。重点抓好三次防治，第一次在 4 月中下旬，防治第一代刚孵化的若虫；第二次在桑树夏伐后，防治第一代成虫；第三次在 9—10 月份，中秋蚕期结束时，杀灭第三代和第四代成虫。应选择对家蚕安全的药剂。常用的药剂有 20%的噻嗪酮可湿性粉剂或者是 5%吡虫啉乳油。②药剂防治：对带病苗木可用 2 000 单位/ml 土霉素液，浸苗根 4 h，可使病苗脱毒；带病接穗可用 55℃的 0.1%硫代硫酸钠处理 10 min，可使病穗脱毒。于春季或者夏伐后桑芽萌发刚显症时，用 100 单位的硫尿嘧啶对病树枝条、芽叶喷雾治疗，间隔 10 d 再喷一次，防效较好。

二、泡桐丛枝病的综合防治

泡桐丛枝病在我国发生普遍，在江苏、安徽、上海、浙江、江西、河南、河北、陕西、四川等地均属于比较常见的泡桐病害，影响树势和树干的生长量以及树形，降低观赏性，幼苗和幼树受害严重时，当年即枯死。

泡桐丛枝病的枝、叶、干、根、花都能表现症状。泡桐丛枝病的典型症状为丛枝型，病害开始多发生于个别枝条上，病枝上的腋芽和不定芽大量萌发，抽出许多纤细柔弱的小枝，节间变短，叶序紊乱，叶片小而黄，并有不明显的花叶状，有时叶片产生皱缩。病枝上的小枝又可以抽出小枝，簇生成团，小枝越来越细，叶片越来越小。小枝多直立，丛生的病枝常于秋季落叶，呈扫帚状。小枝冬季枯死，次年又发生更多的小枝，胸径 15 cm 粗的泡桐连年发病可导致全株死亡。病苗翌春发芽早，顶梢多枯死。大树病害发展较慢，影响也较小。较老的感病植株除严重者外，常可见到有的病株多年仅在一侧枝条上表现病状，而另一侧则保持健康状态。泡桐丛枝病的另一种症状为变枝叶型。病株上花器变型，即柱头或花柄变成小枝，花瓣变成小叶状，花器成簇生小丛枝状，病株的根系有时亦呈现丛生状。作为城市绿化树时影响树冠和开花期的绿化效果（图 6-3）。

图 6-3 泡桐丛枝病（仿董元）

泡桐丛枝病的病原菌为植原体 *Phytoplasma*，曾称为类菌原体、菌质体、类菌质体 MLO，圆形或椭圆形，质粒大小 100～820 nm，存在于泡桐韧皮部筛管细胞中，通过筛板移动，系统侵染，能扩及整个植株。

病害循环：植原体大量存在于韧皮部输导组织的筛管内，也可以在二年生或多年生的植物苦苣菜、雏菊、飞蓬、大车前等上越冬。烟草盲蝽、茶翅蝽和小绿叶蝉是传播泡桐丛枝病害的介体昆虫。中国拟菱纹叶蝉吸食枣疯病病原以后，在泡桐实生苗上，传毒 14 个月后，可以发病。病原菌主要通过筛板孔，而侵染全株。秋季随树液流向根部，春季又随树液流向树体上部。带病的种根和苗木的调运是病害远程传播的重要途径。每年 7—8 月份发病重。

防治措施：

1．培育无病苗木

严格选用无病植株作采种和采根母株；不用平茬苗和留根苗。采用种子繁殖，培育实生苗。选用无病母树供采种和采根用，注意从实生苗根部采根。采根后，种根用 40～50℃温水浸种根 30 min 或用 1 000 单位/ml 土霉素碱浸根 12 h 后，取出晾干 2 d 再育苗，可减少幼苗发病。

2．修除及环剥病枝

春季当树液向上回升之前，对病枝进行环状剥皮，方法是在病枝基部，将韧皮部环状剥除，宽度为环剥部位直径的 1/3～1/2，以不愈合为度，但不要修除，秋季当病害停止发生后，树液向根部回流之前，彻底修除病枝，治疗效果可稳定在 90%左右。修除病丛枝的最佳树龄为 4～6 年，对 1～2 级病株修除病枝效果最佳。

3．加强养护管理，控制发病中心

加强栽培管理，适时施肥浇水，增施磷钾肥和硼肥，及时防治病虫害，促进苗木健壮生长。及时检查苗圃和幼林地，发现病株，刨除烧毁。

4．药剂治疗

可用四环素类的抗菌素注入幼苗或幼树的髓心内。对幼苗注入 1 万～2 万单位/ml 的盐酸四环素、土霉素碱或 2%～5%硼酸钠 15～30 ml，用树干注射机髓心注射或根吸即有明显的治疗效果。大树则需在干基部或丛枝基部打洞，将针管插入边材木质部，将药液徐徐注入，用量因树木大小而异。此法对轻病株效果较好，重病株则易复发。也可以采用磺胺片药剂处理苗木根系后栽植，效果较好。

5．防治介体昆虫

春夏季节，用药剂防治传病的烟草盲蝽、茶翅蝽和小绿叶蝉等介体昆虫，减少传播媒介，控制病害发生。

★工作步骤

材料及用具：桑矮缩病、泡桐丛枝病的新鲜标本，干制标本和病原玻片；显微镜、镊子、挑针、载玻片、盖玻片等相关用具；多媒体教学设备及挂图等。

1．观察桑矮缩病的症状

根据新鲜标本症状判断是黄化型、矮缩型还是花叶型。观察多媒体课件中的菌体形态。

2．观察泡桐丛枝病的症状

典型症状：叶变小而革质化，腋芽萌发，节间缩短，形成丛枝，花器返祖，花变叶变绿色，生长发育受阻，整个植株矮化等。观察多媒体课件中的菌体形态。

★拓展知识

枣疯病

病株花器变成营养器官，花梗延长4～5倍，萼片、花瓣和雄蕊均变成小叶，雌蕊全部转变为小枝。一年生发育枝的正芽和多年生的隐芽又萌生，大部分发育成发育枝。新生的发育枝的芽又萌生成小枝，如此逐级生枝，构成丛生枝。病枝纤细，节间缩短，病株叶小，黄化，无光泽，脆硬。枣枝一旦发病，翌年很少结果。主根不定芽往往大量萌发，长出短疯枝。病枣树是枣疯病的主要侵染源，病害通过苗木的调运传播，田间主要通过凹缘菱纹叶蝉、橙带菱纹叶蝉和中国拟菱纹叶蝉等 3 种叶蝉传播。叶蝉摄入植原体后就终生携带病原物，持续传染许多枣树。

防治措施：①防止病害传入无病区和和新区；清除病株；②防治传病叶蝉；③培育无病苗木，选用抗病的酸枣和具有枣仁的抗病大枣等作砧木；④接穗可用盐酸四环素浸泡0.5～1.0 h，轻病树用四环素注射，有一定的疗效。

★拓展训练

植物细菌性病害的诊断可分几步进行：第一，对病害标样的初步诊断。根据外观特征和初步镜检有无喷菌确定是否为细菌病害，是系统性或局部性病害。第二，对标样进行诊断检验，如革兰氏染色、血清学反应、噬菌体技术等，确定是由何属何种病原细菌引致的病害。第三，按照科赫氏法则测定该细菌的致病性。

★工作步骤

一、细菌病害初步诊断

1．肉眼检查

病害的症状类型常与病原细菌的种类有一定的关系。例如：腐烂症状绝大多数是由欧氏杆菌引起的；萎蔫症状大多数是由茄青枯假单胞杆菌和棒形杆菌所致；地上部茎、叶出现斑点或是局部组织坏死，大多是由假单胞菌和黄单胞菌引起的；瘤肿畸形症状，主要是由土壤杆菌危害所致。

2．镜检

镜检病组织切口有无喷菌现象是确诊细菌病害最常用的方法。经镜检确认有喷菌现象，属细菌病害后可取样分离。

二、细菌的分离和培养

1．材料的选择

选择新近发病的典型症状植株、器官或者组织，洗尽，晾干，取病健交界部位（3～5）mm×（3～5）mm 小块作为分离材料。

2．材料的消毒

将分离的植物材料置于已灭菌的小容器中，先用 70%酒精漂洗 2～3 s，迅速倒去酒精，紧接着用 0.1%砷汞溶液消毒（注意消毒时间因被消毒材料及消毒剂的不同而有所差异）。将已经过表面消毒和无菌水冲洗的植物组织移入无菌水中，用已灭过菌的玻璃棒将植物组织研碎，静置 30～60 min。让细菌从病组织中释放或者游离出来，成为细菌悬浮液。

3．分离

常用的分离方法有划线分离法和稀释分离法。

划线分离法：预先准备好已灭菌的牛肉汁葡萄糖培养基，倒入培养皿中制成平板，每皿 10～12 ml，最好先在 37℃烘箱中存放 4～6 h，将平板冷凝水干燥掉。接下来按照无菌操作要求，用灭菌接种饵挑取样本浸液一饵，移放在平板的一侧来回划线 4～5 次，旋转培养皿 45°角，再用接种饵在上次划线的末端痕迹上自左至右来回划线 5～6 次。同样，再旋转培养皿 45°角，再从第二次划线的末端痕迹再次划线。注意最后两次划线痕迹不能和第一次划线痕迹相交叉，以保证分离效果。划好线的平板翻转后在 26～28℃恒温箱中培养，定时观察细菌菌落的生长情况。

稀释分离法：每个样本准备 3～4 个已灭菌培养皿，先在培养皿盖上注明 1、2、3 号，先在培养皿中加入 3～5 滴无菌水。用灭菌的接种饵挑取细菌样本液 3 饵，移入到第一个皿内的无菌水中，充分混匀。然后用接种饵再从第一个皿中移 3 饵到第二个皿中充分搅匀，再从第二个皿中移出 3 饵到第三皿中的无菌水中。充分搅匀后倒入融化并冷却到 45℃左右的琼脂培养基约 10 ml，充分摇匀然后冷却成平板。凝固后在培养皿底部分别用记号笔写上分离材料、日期和稀释倍数。

4．细菌培养和观察

将培养皿倒过来（板底朝上）搁置恒温培养箱 26～28℃中适温培养 24～48 h 后观察结果。若分离成功，在平板上出现的菌落形状和大小比较一致，即使出现几种不同形状的菌落，终有一种是主要的。如果菌落类型很多，且不分主次，很可能并没有分离到目标病原细菌，应考虑重新分离。

三、致病性试验

成功地从病组织中分离得到纯培养之后，首先应该按照科赫氏法则进行接种试验。回接试验可用敏感寄主的幼苗作为接种植物，也可在寄主植物的离体茎、叶、果上接种，当出现典型症状时，即表明其具有致病性。

四、进一步诊断

在完成初步诊断并确认是细菌性病害以后，为了明确病原菌的种类，需要作进一步的鉴定性诊断。一般先鉴定到属（革兰氏染色、鞭毛染色、选择性或者鉴别培养基上的培养性状），然后进一步鉴定到种（生理生化反应、致病性试验、血清反应、噬菌体反应等）。

★自我评价

评价项目	技术要求	分值	评分细则	个人（组）自评分
植物细菌性病害初步诊断	掌握常见作物细菌性病害症状特点	20分	区分几种常见细菌性植物病害的症状10分；成功镜检见到喷菌现象10分	
细菌的分离与培养	掌握植物细菌性病害标本病原物分离、初培养与鉴定方法	60分	样品的处理10分；细菌的分离与培养30分；病原物进一步鉴定20分	
参与、完成任务态度	全程参与、分工协作好、个人态度认真	20分	全程参与并完成个人分工可得10分；协同、认真、较好完成全组任务个人可得10分	
合计				

项目 7　主要植物病毒性病害

任务 1　植物主要病毒性病害的综合防治

【学习目标】

1．熟练掌握植物病毒性病害的病状、病征的种类。

2．初步掌握识别病毒性病害的病状、病征的技巧。

3．熟练掌握植物病毒性病害的诊断技术。

4．初步掌握植物病毒性病害综合防治技术。

【任务分析】

本任务是植物病害综合防治的必备基础之一。主要通过进一步熟悉植物主要病毒性病害的危害症状，掌握植物主要病毒性病害的发病条件及发病规律，学会制定相关病害的防治方案，并熟练运用关键的防治技术。

★基础知识

一、水稻条纹叶枯病的综合防治

水稻条纹叶枯病主要分布于东亚温带地区的日本、朝鲜和中国等地，在我国的江苏、浙江、上海、云南、北京、辽宁、山东等 16 个省市均有发生。在江苏，20 世纪 80 年代至 90 年代前期，多处于零星发生状态，90 年代后期在部分地区迅速上升，尤其是从 1999 年开始，发生危害逐年加重，成为江苏水稻生产上最为重要的病害之一。2004—2005 年在全省大暴发，发病面积占水稻种植总面积的 70%以上，自然病株率达 50%～70%，高的超过 90%，部分地区失治田块甚至绝收改种。

1．症状

水稻苗期、分蘖至拔节期、孕穗期都可发病显症。早期（苗期）发病株先是在心叶上出现褪绿黄白斑，后扩展成与叶脉平行的黄色条纹，条纹间仍保持绿色；以后合并成大片，病叶一半或大半变成黄白色；其后，新生的心叶逐渐发黄卷曲，呈纸捻状弯曲下垂的“假枯心”。这在糯、粳稻和部分高秆籼稻田中尤其明显，多数籼稻心叶发病后不卷曲下垂，部分粳稻病株在发病中后期有老叶发红的现象。苗期显症发病，常常导致枯死。分蘖期发病，先在心叶下一叶基部出现褪绿黄斑，后扩展形成不规则黄白色条斑，老叶不显病。籼稻品种不枯心，糯稻品种半数表现枯心。病株分蘖常减少，重病株多数整株死亡。拔节后发病，在剑叶下部出现黄绿色条纹，各类型稻均不枯心，但抽穗畸形，结实很少。病毒病引起的枯心苗无蛀孔，无虫粪，不易拔起，且田间分布随机、无中心，以此可与螟虫为害造成的枯心苗相区别。

2．病原

病原物为水稻条纹病毒（Rice stripe virus，RSV），属纤细病毒属。病毒粒体为环状或丝状，病毒核酸为 4 条 RNA 单链，可形成分枝的丝状或杆状超级结构。病叶和带毒虫体内的病毒稀释限点为 10^{-3}～10^{-4}，钝化温度为 55℃，3 min。在−20℃下提纯的病毒样品可保持侵染性 1 个月，病叶和带毒虫体内的病毒可保持侵染性 8 个月。

病毒主要由灰飞虱传播。灰飞虱在病株上一般需吸食 30 min 后才能获毒（少数个体只需 3～10 min），获毒后要经过一段循回期才能传毒。循回期 4～23 d，平均为 8.3 d。通过循回期后，带毒灰飞虱可连续传毒 30～40 d，但也有间隙传毒现象。病毒可经卵传递，到第 6 年的第 40 代仍有较高的传毒率。

病毒侵染禾本科的水稻、小麦、大麦、燕麦、玉米、粟、黍、看麦娘、狗尾草等 50 多种植物。但除水稻外，其他寄主在病害循环中作用不大。

3．病害循环

病毒主要在越冬的灰飞虱若虫体内越冬，部分在大麦、小麦和杂草病株内越冬，成为翌年发病的初侵染源。3 月下旬至 4 月中旬越冬灰飞虱若虫羽化后迁入麦田及禾本科杂草中产卵繁殖，部分侵入附近秧田为害。5 月下旬到 6 月上旬 1 代成虫羽化后，随麦子成熟和收割，大量迁入秧田和早播直播稻大田为害和传播病毒。10～15 d 后（一般在 6 月中旬至 7 月初）在秧田、早栽中晚稻大田及早播直播稻田出现第 1 次显症高峰。以后，因 2 代、3 代灰飞虱成若虫传毒为害分别在 7 月中下旬和 8 月中下旬出现第 2、第 3 个发病高峰。4 代灰飞虱成若虫虽能传毒，但一般不形成发病高峰（在抽穗末期如遇气温下降则可能出现第 4 显症高峰）。5 代若虫 9 月上中旬孵化，6 代若虫 10 月上中旬孵化，水稻成熟后带毒灰飞虱若虫（第 5 代迟孵化若虫和第 6 代若虫）迁入田边禾本科杂草和麦田中为害、越冬。

4. 发病条件

(1) 耕作制度

以小麦为前作的单季晚粳稻发病重。近几年江苏因种植业结构调整，传毒昆虫灰飞虱桥梁寄主增多；稻田与麦田少免耕面积的扩大，特别是稻田套播麦、麦田套播稻技术的扩大推广，使灰飞虱生存条件改善，这是稻条纹叶枯病在江苏迅速上升的原因之一。此外，早播田重于迟播田，稻田周围杂草丛生病害发生重。

(2) 水稻抗病性

通常杂交稻和籼稻比较抗病，粳稻、糯稻较感病。水稻在苗期到分蘖期易感病。叶龄长潜育期也较长，随植株生长抗性逐渐增强。近几年江苏水稻生产上感病品种大量种植，且品种单一，因而对条纹叶枯病流行十分有利。

(3) 气候条件

秋冬季温度偏高、春季降水偏少，有利于灰飞虱的存活和繁殖，虫口多发病重。如江苏近几年连续暖冬的气候，有利灰飞虱越冬，1 代发生量加大。

(4) 灰飞虱带毒虫量

灰飞虱虫量大、带毒率高，并且灰飞虱传毒高峰期与水稻感病生育期吻合程度高，则发病重。

5. 病情预测

稻条纹叶枯病发生程度预测：根据灰飞虱带毒率测定（采用江苏省农科院植保所研制的“斑点免疫法”即 ELISA 法）结果、田间灰飞虱发育进度与发生量调查结果，结合水稻品种抗感性，作出水稻条纹叶枯病发生趋势预报。一般灰飞虱带毒率大于 3%，1 代灰飞虱迁入高峰期与秧苗期比较吻合，品种又较感病，水稻条纹叶枯病流行的可能性就较大。

稻条纹叶枯病普查：可分别于 1～3 代灰飞虱传毒危害田间病情稳定后进行，通常在虫量高峰后 20 d 左右进行调查，选择不同类型田块各 5～10 块，每块田对角线 5 点取样，秧田每点查 0.22 m^2，本田每点查 10 穴，记载病穴率、病株率，隔 7 d 再查 1 次，加权平均计算条纹叶枯病发病情况。

6. 防治方法

防治稻条纹叶枯病，应在采取“品种抗病、栽培避病”的农业措施基础上，坚持“切断毒链、治虫防病”的药剂防治策略，治麦田保稻田、治秧田保大田、治前期保后期，最大限度地控制灰飞虱传毒危害，经济有效地控制病害发生。

(1) 农业防治

推广抗耐病品种：如常优粳 1 号、镇稻 99、盐稻 8 号、徐稻 3 号、扬粳 9538、丰优香占等品种对条纹叶枯病的抗（耐）病性较好，可因地制宜推广种植。重病区应压缩感病粳稻品种种植面积，适当扩大抗病杂交籼稻品种种植面积。明确主栽品种，杜绝插花种植，实行连片种植。

适当推迟播栽期：结合塑盘育秧、工厂化育秧和机插秧、抛栽稻、直播稻等轻型栽培措施的推广，减少常规水（旱）育秧，从而推迟水稻播栽期，避开灰飞虱由麦田迁入秧田和早栽大田的时机，降低传毒概率。如苏南、沿江等有条件的地区将播期推迟到5月20日以后，可避开1代灰飞虱迁入高峰，将移栽期推迟到6月20日前后，可减轻2代发生数量。条纹叶枯病发生严重的地区要尽量压缩麦套稻的种植面积。

优化茬口与布局：里下河、江淮稻区控制大麦茬、冬闲田等茬口较早的水稻播种面积。重发地区可进行水稻与灰飞虱非寄主作物如棉花、大豆、薯芋、蔬菜、瓜类的轮作换茬。

集中育苗、培育壮秧：秧田选址应尽量远离麦田，避免麦田建畦进行旱育秧方式育苗，以减少1代成虫迁入传毒。秧田尽量集中成片。科学施肥，适当控制氮肥用量，培育老健秧苗，增强植株抗逆性和抗病性。

防除杂草、清洁田园：加强农田与“四边”杂草防除，恶化灰飞虱生存环境，减少传毒虫源。并尽早拔除病苗，既可以减少田间毒源，防止病情进一步加重，又可以促健株分蘖，让出空间与养分。

（2）物理防治

防虫网、无纺布笼罩秧苗、秧（大）田周围设置防虫板等物理方法可有效阻止灰飞虱迁入，保护秧苗免受灰飞虱传毒危害。如在水稻落谷后，选用20目以上的无色防虫网，用高度为50 cm左右的支架支撑，覆盖在秧田上，可阻断灰飞虱接触秧苗，防止吸食传毒。

（3）化学防治

通过治虫来防治传毒，要选用速效性好的药剂与持效期长的药剂混用。具体措施如下：

抓好麦田灰飞虱防治：结合小麦穗期病虫总体防治，在麦田1代灰飞虱低龄若虫高峰期(4月底至5月初)，用吡虫啉加氰戊菊酯或高效氯氰菊酯等对水喷雾，或用敌敌畏撒毒土(80%敌敌畏乳油200～250 ml拌干细土25～30 kg撒施于麦田，选晴热天上午施药)。因小麦生长量较大，施药时应适当增加用药量和用水量。

全面开展药剂浸种：结合水稻种传病害的防治，选用吡虫啉或锐劲特等内吸性强的药剂浸种，控制早期迁入秧田的灰飞虱传毒危害。将干稻种倒入使百克或其他种子处理剂与 10%吡虫啉可湿性粉剂 500～1 000 倍液或 25%先净悬浮剂1 500～2 000 倍液或5%锐劲特悬浮剂800～1 000倍液中浸种48 h,然后进行催芽落谷。

狠抓秧田期灰飞虱防治：在灰飞虱 1 代成虫迁入秧田盛期（秧苗露青后），立即选用持效性好的农药如吡虫啉或锐劲特与速效性强的农药如敌敌畏、混灭威、异丙威、速灭威等进行混用，隔 3～5 d 根据虫情再防治 1～2 次。移栽前 2～3 d 用好送嫁药（起身药），做到带药移栽。每亩用量为 10%吡虫啉可湿性粉剂 40～60 g、5%锐劲特悬浮剂 40～50 ml，或 5%锐劲特悬浮剂 30 ml 加 10%吡虫啉可湿性粉剂 30 g，或 20%异丙威（叶蝉散）乳油 150～200 ml。

注重本田期灰飞虱防治：在 2 代、3 代灰飞虱卵孵高峰至低龄若虫高峰期进行防治，防治 2 代灰飞虱若虫应在移栽后 5～7 d 开始用药，间隔 5～7 d 进行第 2 次防治。分蘖期和孕穗期应加强 3 代灰飞虱若虫防治。使用药剂与秧田期相同。

防治灰飞虱要尽量做到统一、集中、连片，以保证防治效果。还要注意药剂交替使用，以延缓其对吡虫啉、锐劲特等药剂产生抗药性。

二、油菜病毒病的综合防治

油菜病毒病又名花叶病。我国各油菜产区均有发生，其中南方东油菜区比北方春油菜区发病重。长江流域冬油菜产区一般发病率可达 10%～30%，流行年份高达 70%以上。单株产量损失达 30%～90%，平均 65%；含油量降低 1.7%～13.0%，平均 7.0%。此外，感病油菜抗逆能力降低，易受冻害，易感染菌核病和霜霉病等其他病害。

1．症状

不同类型油菜上的症状差异很大。

（1）甘蓝型油菜

叶片症状有黄斑型、枯斑型和花叶型 3 种。

黄斑型：先在叶面产生淡黄或橙黄色、圆形或不规则形病斑，大小为 1～5 mm，以后在病斑中央出现一个大小为 0.5～1.0 mm 的黄褐色枯点。

枯斑型：叶正面产生直径为 0.5～3.0 mm 淡褐色至褐色枯斑，中心有一黑点。枯斑周围略退绿。枯斑型还有另一种表现，即在叶片上散生若干直径为 0.5～1.0 mm 的黑褐色小枯斑。

花叶型：主要表现在新生叶上，与白菜型油菜上症状相似。支脉表现脉明，叶片出现黄绿相间的花叶，有时出现疱斑，皱缩。茎秆上产生长短不等的黑褐色条斑，条斑上下蔓延后成长条枯斑，有时可从茎下部扩展至顶部，病斑后期纵裂。重病株条斑蔓延连片后，常致植株部分或全株枯死；病稍轻者，仍能抽薹、开花，但株型常矮化，薹茎缩短，花果丛集，角果短小甚至扭曲畸形，或似鸡爪状，上有细小的黑色斑点，结实不良或不能结实。

（2）白菜型和芥菜型油菜

典型症状是在苗期产生脉明和花叶，叶片皱缩。重病株常在越冬期间死亡，病较轻者虽可以越冬，但株型矮化，或不能开花结实，或虽能开花结角果，但角果密集、畸形、籽粒少而不充实，甚至在成熟前枯死。

2．病原

病原物主要为芜菁花叶病毒（TuMV）、黄瓜花叶病毒（CMV）和烟草花叶病毒（TMV），分别属于马铃薯 Y 病毒属、黄瓜花叶病毒属和烟草花叶病毒属。其中，江苏省主要为 TuMV（占 80%左右）和 CMV，TMV 引起发病的较少，主要发生在华北和广东。国外报道的病原物尚有花椰菜花叶病毒（CaMV）和甜菜黄化病毒（BYV）等 16 种。

TuMV：病毒粒体线条状；钝化温度为 55～65℃，稀释限点为 1∶（7×10^3），体外存活期为 3～6 d；可由汁液传播或蚜虫作非持久性传毒；在普通烟和千日红上表现为枯斑，心叶上表现透明斑；寄主有芜菁、萝卜、油菜、白菜、芥菜和甘蓝等十字花科及菊科、茄科、藜科和苋科等植物。我国油菜上已发现 TuMV–CR1 至 CR12 等 12 个株系。

CMV：病毒粒体球形；钝化温度为 55～60℃，稀释限点为 1∶（1～3）$\times10^3$，体外存活期为 2～5 d；可通过汁液传播或由蚜虫作非持久性传毒；在普通烟、心叶烟和黄瓜上均表现花叶症状；寄主范围很广，能侵染葫芦科、茄科、豆科、十字花科、悬参科和藜科和苋科等 40 科 130 多种植物。

3．病害循环

TuMV 和 CMV 主要由蚜虫作非持久性传毒，病毒汁液也可传病。传毒蚜虫主要有萝卜蚜、桃蚜和甘蓝蚜等数种。蚜虫获毒、持毒和传毒时间都很短。在病株上吸食约 5 min 即可获毒，在健株上吸食不足 1 min 即可传病，但吸毒后经 20～30 min 后，即丧失传毒力。

冬油菜区病毒在十字花科蔬菜、自生油菜及一些杂草上越夏。秋季首先传播至早播的萝卜、大白菜和小白菜等十字花科蔬菜上，再传入油菜地。油菜子叶期至抽薹期均可感病。子叶至 5 叶期为易感期。潜育期一般为 7～30 d，日均温 20～25℃时为 7～10 d，13℃时为 10～20 d，5℃以下或 30℃以上病毒不易侵染或表现隐症。油菜出苗后约一个月（5 叶期前后）出现病苗。冬季病毒在病株体内越冬。春季旬均温达到 10℃以上时，感病植株逐渐显症。一般在终花期前后达到发病高峰。在春油菜区和夏油菜区，油菜苗期病毒主要来自十字花科蔬菜留种株。

4．发病条件

油菜成株期病毒病的流行主要取决于苗期感病程度。油菜品种、播种期、传毒蚜虫和毒源数量及气候条件是直接影响病害流行的主要因素。

（1）品种

各种类型油菜品种间的抗病性差异十分显著，但绝大多数属于低抗或感病品种，高抗品种较少。

（2）播种期

冬油菜区油菜角果发育期病毒病发生率随播种期延迟而降低，主要由于 8—12 月平均气温下降影响油菜苗期传毒蚜虫数量，从而使发病减轻。播种期与病害的关系还受年度、品种等因素影响。重病年和种植感病品种，病害受播种期影响最大。

（3）传毒蚜虫

在油菜苗期，TuMV 和 CMV 通常由带毒有翅成蚜传播。传播蚜虫主要有萝卜蚜、桃蚜和甘蓝蚜。这 3 种蚜虫的迁飞高峰，北方冬油菜区出现在 8—9 月，长江流域地区在 10 月，华南地区及云南等地在 10—11 月。油菜角果发育期的发病株率与苗期迁飞蚜虫总量呈正相关。

（4）毒源数量

秋季较油菜早播的十字花科蔬菜是油菜病毒的重要毒源作物。冬油菜区的主要毒源作物是萝卜和白菜，云南高原地区的甘蓝类蔬菜以及各地的早播油菜也是重要的毒源作物。毒源作物面积大小是造成地区间病害流行程度差异的重要原因，毒源作物发病率往往与油菜发病率呈正相关，田块发病率高低与油菜距毒源作物的距离呈负相关。

（5）气候条件

苗期发病程度还取决于气温和降雨量。冬油菜区秋季月均温达到 15～20℃（北方地方在 9 月，长江流域地区在 10 月，华南地区在 11 月，云南等地 1—10 月）时，最有利于蚜虫迁飞传毒、病毒增殖和病害显症。

降雨量影响蚜虫的迁飞，而迁飞蚜虫数量及其活动能力与油菜发病呈正相关。因此，当毒源和感病品种等条件具备的情况下，降雨量是决定油菜病毒能否流行的关键因素。油菜苗期的降雨量与苗期发病率呈负相关，长江流域 4 月份降雨量在 20 mm 以下的年份病害大发生，31～49 mm 的年份病害发生程度为中等，80 mm 以上的年份病害发生轻。

5．防治方法

采用选育与推广抗病品种、减少侵染源、加强栽培管理提高植株抗性等综合防治措施，防治关键是预防苗期感病。

（1）选用抗病品种

各类型油菜中，品种间抗性差异显著，具有较多耐病品种，可因地制宜地选用抗病或耐病品种种植。

（2）适当推迟播期

根据预测预报，预期病害大流行年份可推迟播种 10～15 d，可以起到避病作用。

（3）治蚜防病

在油菜出苗前至幼苗五叶期间，加强对油菜地附近十字花科蔬菜蚜虫的防治，可大量减少有翅蚜向油菜地的迁飞量。在油菜地边设置黄板，诱杀蚜虫，或在油菜播种后，用银灰，乳白或黑色膜覆盖油菜行间；或用色膜挂在油菜地，均可起到驱避蚜虫的作用。

三、番茄病毒病的综合防治

番茄病毒病在全国各地都有发生。各地区的发病率不同，轻者减产 5%～15%，重者可高达 50%～80%，局部田块甚至绝收。近年来，各地加强了抗病品种的选育和推广应用，病害在一定程度上有所控制。但由于病毒种类的不同或株系的分化，仍有不少地区病害还是较重。因此，防治病毒病仍是番茄生产上的一项重要措施。

1．症状

番茄病毒病症状表现有多种，常见的主要有以下 3 种类型。

（1）花叶型

最常见的症状类型。受害轻的在幼嫩叶片上出现深绿与浅绿相间的斑驳，呈现花叶状。受害重的植株稍有矮化，叶片凹凸不平，扭曲畸形。下部多卷叶，新叶与嫩叶上花叶症状明显，叶片变长变窄。可导致大量落花、落蕾，果实少而小，着色不匀，多呈花脸型。

（2）条斑型

在植株叶脉、叶柄及茎秆上出现许多初为暗褐色油渍状下陷的短条斑，后短条斑相互愈合成长条斑，颜色变为深褐色，变色部分仅限于表层组织。果实畸形，其上有稍凹陷的褐色木栓化坏死条斑或枯斑。病株常提前枯死，导致绝收。

（3）蕨叶型

初期顶芽幼叶细长，叶片狭小，叶肉组织退化，仅剩下主脉。病株伴有丛生、簇生、矮缩症状。下部叶片边缘上卷成管状。发病早的植株不能正常结果（图 7-1）。

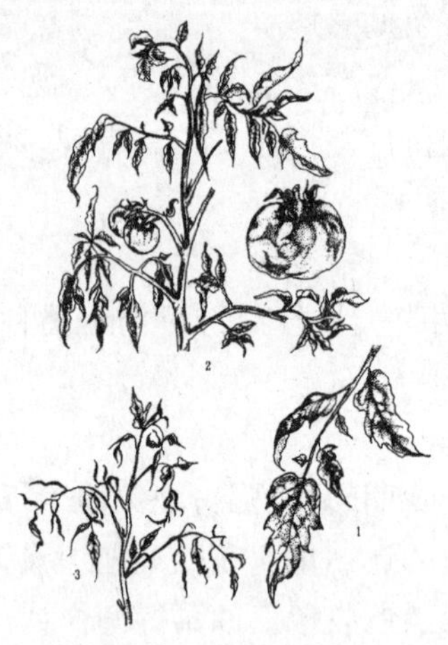

1. 花叶病 2. 条斑病 3. 蕨叶病

图 7-1 番茄病毒病

2. 病原

（1）烟草花叶病毒（Tobacco mosaic virus，TMV）

病毒颗粒呈杆状，大小为 280～15 nm。钝化温度为 90～93℃，稀释限点 1∶（10^4～10^6）倍，体外保毒期长，有的可达 30 年以上。在指示植物普通烟上表现系统花叶，心叶烟和曼陀罗为局部枯斑，不危害黄瓜。在寄主细胞内能形成不定形的内含体。TMV 可随病株残体遗留在土壤中越冬，但主要由汁液接触传染，种子亦可带病。在番茄上 TMV 有轻花叶株系、重花叶株系和条斑株系等多种。该病毒的寄主范围广泛，能侵染 36 科 200 多种植物，是一种抗性最强的植物病毒。

（2）黄瓜花叶病毒（Cucumber mosaic virus，CMV）

病毒颗粒体为多面体球状，直径 28～30 nm。钝化温度 50～70℃，稀释限点 1∶10^4 倍，体外存活期 2～8 d。在指示植物心叶烟和曼陀罗上表现为系统花叶、畸形与蕨叶，在蚕豆和苋色黎上产生局部坏死斑。可以由 60 多种蚜虫非持久性传毒，主要是桃蚜、萝卜蚜、棉蚜和甘蓝蚜等，19 种植物可种传，至少 10 种菟丝子属植物可传毒，容易汁液接种传毒。寄主范围极广，约有 100 种植物。

3. 病害循环

两种病毒都有较广的寄主范围。在蔬菜产区，植物种类多，茬口复杂，病毒病终年发生，因此毒源广泛。烟草花叶病毒还可附着于种子表面，造成种子带菌。病毒病可以通过机械接触传播。在移栽、整枝、打杈、中耕、除草等农事操作中带毒，带毒者和健株接触时，会造成微伤口，病毒则通过这种微伤口侵入健株。

频繁的农事活动使病毒病不断扩大蔓延。由黄瓜花叶病毒引起的病毒病，除了上述机械接触传播外，更重要的是蚜虫传播。蚜虫传播方式为非持久性传毒，传毒效率高。蚜虫只要在病株上取食很短时间，口针就会带毒，带毒蚜虫在健株上取食，即可将病毒传给健康植株。带毒蚜虫在田间辗转取食，病害迅速扩大蔓延。不同地区由于气候条件、栽培制度等因素存在明显差异，番茄病毒病的发病盛期也不尽相同。总的规律是，长江流域以北地区，6 月中旬至 7 月下旬为第一个发病高峰期，9 月下旬至 11 月份为第二个高峰期，这一地区春季露地番茄面积大，秋季保护地番茄面积小。因此，以第一个发病高峰为重要；长江流域以南各省，由于茬口多，番茄播种时间拉得很长，发病高峰从 5 月中旬一直持续到 9 月中旬。

4．发病条件

番茄病毒病的发生轻重主要受品种抗性、气候条件和栽培管理措施影响。

（1）品种抗性

番茄品种抗病性存在明显差异。在番茄品种中，强力米寿、荷兰 5 号等品种比较抗花叶病。北京早红发病较重。红牛心、粉红甜肉等番茄品种条斑病发病重。

（2）气候条件

气候条件影响番茄的生长发育，影响传毒蚜虫的发生与扩散，也影响病害发生的迟早和轻重。一般温度达 20℃时，病害开始发生，25℃时，病害进入盛发期。春番茄定植前出现倒春寒或连续阴雨，推迟播期或定植后连续阴雨，由于气温偏低，光照弱，致使植株生长迟缓，抗病性降低，发病重。高温干旱有利于蚜虫的繁殖和有翅蚜的迁飞，加速了病毒病的传播蔓延，因此，高温干旱年份病毒病发生重。

（3）栽培管理

老菜区发病比新菜区重。因老菜区番茄的前茬多为辣椒、大白菜、黄瓜、菜豆等作物，毒源丰富，蚜害严重，病毒病发生早而重。新菜区，植物种类相对单一，毒源少，蚜虫量少，病害轻。播种期和定植期，肥水管理等措施也可影响植株的抗病性。因此，科学种植、适时排灌，配方施肥，增施有机肥，促使植株健壮生长，可减轻病害，反之则重。

5．防治

选育和利用抗病品种，消灭毒源和传毒介体，加强栽培管理提高植株抗性是最关键的防病措施。

（1）选用抗病品种

目前番茄已选育出许多抗病品种或杂交 1 代在防病增产中起到了很大作用，如佳粉系列（佳粉 10、15）、苏抗系列（苏抗 4、5、7、8 号）、早丰、加工品种有红玛瑙140、中杂9号、霞粉、西粉1号、早魁等品种。

（2）消灭毒源和传毒介体

种子处理：播前用清水浸种3～4 h，然后在10%磷酸钠溶液中浸种30 min，取出后用清水冲洗干净催芽播种。

栽培管理：适时播种，培育壮苗，及时早栽、加强管理，促使早发，提高植株抗病力。农事操作时，要剔除病苗，在分苗、定植、整枝、打杈、绑蔓后，及时用肥皂或10%磷酸钠消毒，避免人为传播病毒。

清洁田园，及时去除病残体和田间杂草，避免和茄科作物特别是番茄连作。

避蚜、治蚜防病：根据蚜虫对银灰色的负趋性和黄色的正趋性，采用银灰色膜做成 8～10 cm 的银灰条拉在架上，利用银灰膜的反光作用驱蚜防病和黄板诱杀。及早喷药减少蚜虫传毒，从苗床开始，就应及时喷药治蚜，在蚜虫迁飞盛期尤其要及时消灭蚜虫，减少CMV的初浸染和再浸染。

药剂防治：育苗期和定植后喷洒50%乐果乳油 1 000～1 500 倍液 2～3 次。在蚜虫迁飞盛期喷洒10%吡虫啉可湿性粉剂150～300 ml，对水600 L喷洒。在发病初期可选用植病灵、NS-83增抗剂、病毒毖克等药剂作为辅助防治措施。

弱毒疫苗的利用：利用弱毒株系N14防治春保护地番茄病毒病，应用卫星病毒S52防治春露地及秋番茄病毒病均有较好效果。

★工作步骤

目的要求：识别几种植物病毒性病害的主要症状及病原物形态。

材料及用具：稻条纹叶枯病、油菜病毒病、番茄病毒病等主要病害的新鲜标本，干制、浸渍或玻片标本；多媒体教学设备及课件、挂图等。

1. 内容及方法

（1）观察稻条纹叶枯病病株，叶片上有无黄色条纹？是否形成了“假枯心”？

（2）观察油菜病毒病的症状特征，注意甘蓝型油菜的黄斑型、枯斑型、花叶型病毒病的系统表现特点和不同表现型。

（3） 观察番茄病毒病的症状特征，症状有3种类型：花叶型、条斑型、蕨叶型。花叶型叶片上表现有花叶、斑驳、叶片变小、植株矮小等症状；条斑型茎秆上形成深褐色，下陷的油浸状坏死条斑；蕨叶型叶片形成细小、线状似蕨叶，植株矮小，复叶节间缩短，呈丛枝状。观察病害标本注意叶片、茎秆、果实受害的特点，掌握3种类型的区别和识别要点。病原由多种病毒引起。

（4）可结合多媒体教学课件进行观察。

2．作业

调查当地作物蔬菜等主要病毒性病害发生发展情况，以小组为单位，用目测踏查法和五点取样法进行发生情况普查，并采集制作病害标本，带回室内进行种类鉴定。

（1）列表描述病毒性病害的症状特点。

（2）绘制作物、蔬菜2～3种病毒性病害病症形态图。

（3）整理调查统计表，描述病毒性病害的发生情况，并提出防治意见。

★拓展知识

1．大豆病毒病

较重要的有花叶病（SMV）和顶枯病（TRSV）。大豆花叶病，病株矮化，叶片皱缩并呈现出褪绿花叶，叶缘下卷，有时沿叶脉两侧有许多深绿色凸起，种子上出现褐斑或黑斑。大豆顶枯病病株在植株开花后，茎顶部向下弯曲成钩状，顶端嫩叶、芽和茎变褐干枯。极易脱落，髓部变褐色。发病规律：SMV由汁液摩擦传染和蚜虫传染，也可由种子带毒传染。TRSV汁液摩擦传染为主，种子带毒传染也很高。高温干旱，发病重。

防治要点：适期早播，选用无病种子，早期治虫，及时拔除病株，清除田间杂草，均可减轻发病。

2．苹果花脸病

果实开始着色时表现症状，在果面出现近圆形的黄绿色斑块，到果实成熟时也不着色，果面出现红黄相间的“花脸”状，着色部分稍隆起，不着色部分凹陷，病果小，品质差。这种类型常见于海棠、沙果等品种。锈果花脸混合型，病果着色前多在果顶部或果面出现锈斑，着色膈在无锈斑处出现不着色的斑块，表现为锈斑和花脸的复合症状。这种类型常见于元帅系、赤阳等品种。

发病原因：①土肥管理不当：果农不重视苹果地下管理，极少有深翻改土等土壤改良措施；且在施肥过程中，往往只施氮、磷、钾复合肥，有机肥施入少甚至不施，部分果农甚至错误地认为鲜粪、生肥就是有机肥，还有的是误施含氯肥料，最终导致果园土壤酸化、板结、养分吸收利用差，各种营养元素不平衡，树体衰弱，病毒病发生严重。②负载量过重：挂果过多，树体负载量过重；采摘不及时，对树体营养补充不足；采果后秋季不施月科肥，而是等到第二年春天再施。这些措施都会造成树体营养亏空，严重削弱树势，抗冻抗寒能力差，病毒病发生严重。

传播途径：①嫁接传播：病接穗及砧木嫁接传播；②汁液传播：病健根的自然接触；在病树上用过的刀、剪、锯等工具也可传染。

防治方法：①药剂防治；②其他防治措施：a．栽培无病毒苗；b．增强果树树体抗性；c．合理负载、合理修剪，消除大小年现象；d．修剪时，应先剪健树再剪病树，并定时用大蒜擦拭剪刀消毒杀菌，以减少农事操作传播。苹果病毒病是全株性的系统侵染病害，终生带毒，持久受害，且潜伏期长，所以苹果病毒病的防治要坚持多次，多年连续防治的理念，才会减轻病情，降低危害。要做到早发现、早隔离、早治疗，综合防治。

3．玉米粗缩病

玉米粗缩病是由玉米粗缩病毒（MRDV）引起的一种玉米病毒病。MRDV 属于植物呼肠弧病毒组，是一种具双层衣壳的双链 RNA 球形病毒，由灰飞虱以持久性方式传播。玉米粗缩病是我国北方玉米生产区流行的重要病害。玉米整个生育期都可感染发病，以苗期受害最重，5～6 片叶即可显症，开始在心叶基部及中脉两侧产生透明的油浸状褪绿虚线条点，逐渐扩及整个叶片。病苗浓绿，叶片僵直，宽短而厚，心叶不能正常展开，病株生长迟缓、矮化叶片背部叶脉上产生蜡白色隆起条纹，用手触摸有明显的粗糙感植株叶片宽短僵直，叶色浓绿，节间粗短，顶叶簇生状如君子兰。叶背、叶鞘及苞叶的叶脉上具有粗细不一的蜡白色条状凸起，有明显的粗糙感。至 9～10 叶期，病株矮化现象更为明显，上部节间短缩粗肿，顶部叶片簇生，病株高度不到健株一半，多数不能抽穗结实，个别雄穗虽能抽出，但分枝极少，没有花粉。果穗畸形，花丝极少，植株严重矮化，雄穗退化，雌穗畸形，严重时不能结实。

防治方法：在玉米粗缩病的防治上，要坚持以农业防治为主、化学防治为辅的综合防治方针，其核心是控制毒源、减少虫源、避开危害。

农业防治：①加强监测和预报；②要根据本地条件，选用抗性相对较好的品种，同时要注意合理布局，避免单一抗源品种的大面积种植；③调整播期；④清除杂草；⑤加强田间管理。

化学防治：①药剂拌种。用内吸杀虫剂对玉米种子进行包衣和拌种，可以有效防治苗期灰飞虱，减轻粗缩病的传播；②喷药杀虫。玉米苗期出现粗缩病的地块，要及时拔除病株，并根据灰飞虱虫情预测情况及时用 25%扑虱灵 50 g/亩，在玉米 5 叶期左右，每隔 5 d 喷一次，连喷 2～3 次，同时用 40%病毒 A500 倍液或 5.5%植病灵 800 倍液喷洒防治病毒病。对于个别苗前应用土壤处理除草剂效果差的地块，可在玉米行间定行喷灭生性除草剂 20%克芜踪，每亩 550 ml，兑水 30 kg，要注意不要喷到玉米植株上，克芜踪对杂草具有速杀性，喷药后 52 h 杂草能全部枯死，可减少灰飞虱的活动空间，田边地头可喷45%农达水剂，但在玉米行间尽量不用，以免对玉米造成药害。玉米粗缩病具有毁灭性，一旦发生了就很难治愈，在病株上喷上某种药剂就使它恢复正常是不现实的，但只要做到农业防治和化学防治相结合，环环紧扣，就一定能够控制其危害蔓延。

4．小麦丛矮病

小麦丛矮病主要为害小麦，由北方禾谷花叶病毒引起。小麦、大麦等是病毒主要越冬寄主。套作麦田有利灰飞虱迁飞繁殖，发病重；冬麦早播发病重；邻近草坡、杂草丛生麦田病重；夏秋多雨、冬暖春寒年份发病重。染病植株上部叶片有黄绿相间条纹，分蘖增多，植株矮缩，呈丛矮状。冬小麦播后20 d即可显症，最初症状心叶有黄白色相间断续的虚线条，后发展为不均匀黄绿条纹，分蘖明显增多。冬前染病株大部分不能越冬而死亡，轻病株返青后分蘖继续增多，生长细弱，叶部仍有黄绿相间条纹，病株矮化。一般不能拔节和抽穗。冬前未显症和早春感病的植株在返青期和拔节期陆续显症，心叶有条纹，与冬前显症病株比，叶色较浓绿，茎秆稍粗壮，拔节后染病植株只有上部叶片显条纹，能抽穗的籽粒秕瘦。北方禾谷花叶病毒，Wheatrosettevirus 属弹状病毒组。病毒粒体杆状，病毒质粒主要分布在细胞质内，常单个或多个，成层或簇状包在内质网膜内。在传毒介体灰飞虱唾液腺中病毒质粒只有核衣壳而无外膜。病毒汁液体外保毒期2～3 d，稀释限点10～100倍。丛矮病潜育期因温度不同而异，一般6～20 d。小麦丛矮病毒不经汁液、种子和土壤传播，主要由灰飞虱[*Laodelphax striatellus*（Fallén）]传毒。灰飞虱吸食后，需经一段循回期才能传毒。日均温26.7℃，平均10～15 d，20℃时平均15.5 d。1～2龄若虫易得毒，而成虫传毒能力最强。最短获毒期12 h，最短传毒时间20 min。获毒率及传毒率随吸食时间延长而提高。一旦获毒可终生带毒，但不经卵传递。病毒随带毒若虫且在其体内越冬。冬麦区灰飞虱秋季从带病毒的越夏寄主上大量迁飞至麦田为害，造成早播秋苗发病。越冬带毒若虫在杂草根际或土缝中越冬，是翌年毒源，次年迁回麦苗为害。小麦成熟后，灰飞虱迁飞至自生麦苗、水稻等禾本科植物上越夏。

防治方法：①清除杂草、消灭毒源。②小麦平作，合理安排套作，避免与禾本科植物套作。③精耕细作、消灭灰飞虱生存环境，压低毒源、虫源。适期连片播种，避免早播。麦田冬灌水保苗，减少灰飞虱越冬。小麦返青期早施肥水提高成穗率。④药剂防治用种子量0.3%的60%甲拌磷拌种堆闷12 h，防效显著。出苗后喷药保护，包括田边杂草也要喷洒，压低虫源，可选用40%氧化乐果乳油、50%马拉硫磷乳油或50%对硫磷乳油1 000～1 500倍液，也可用25%扑虱灵（噻嗪酮、优乐得）可湿性粉剂750～1 000倍液。小麦返青盛期也要及时防治灰飞虱，压低虫源。

5．黄瓜花叶病毒

黄瓜花叶病毒（CMV）是一种非常严重的病毒病害，病毒可以到达除生长点以外的任何部位。黄瓜花叶病毒是寄主范围最多、分布最广、最具经济重要性的植物病毒之一。全世界所有烟草种植区均有该病毒的分布和危害。世界上分布在英国、德国、丹麦、俄罗斯、印度、日本、韩国、希腊、罗马尼亚、匈牙利、捷克、保加利亚、巴西、爱尔兰、摩尔多厄、瑞典、芬兰、波兰等地区以及中国台湾地区。苗期染病子叶变黄枯萎，幼叶呈深绿与淡绿相间的花叶状，同时发病叶片出现不同程度的皱缩、畸形。成株染病新叶呈黄绿相间的花叶状，病叶小且皱缩，叶片变厚，严重时叶片反卷；茎部节间缩短，茎畸形，严重时病株叶片枯萎；瓜条呈现深绿及浅绿相间的花色，表面凹凸不平，瓜条畸形。重病株簇生小叶，不结瓜，致萎缩枯死。该病从苗期到大田期均可发生，发病初期叶脉呈半透明状，几天后就出现浓淡不均的典型花叶。病叶形成黄绿或深绿的泡斑，叶片扭曲畸形，叶尖细长呈鼠尾状，叶基伸长，侧翼变窄变薄甚至完全消失，发病早的植株明显矮缩。病株根系发育不良。在田间普通花叶病与黄瓜花叶病很相似，难以区别，需要作血清学及电镜鉴定。

6．烟草花叶病毒

烟草花叶病毒（Tobacco mosaic virus，TMV）是一种单链 RNA 病毒，专门感染植物，尤其是烟草及其他茄科植物，能使这些受感染的叶片看来斑驳污损，因此得名（mosaic 为马赛克，也就是拼贴之意）。19 世纪末期人们已知有某种威胁烟草作物生存的疾病，但直到 1930 年才确知此病毒的存在。是烟草花叶病等的病原体，属于 Tobamovirus 群。烟草花叶病和番茄花叶病早为一般所了解。叶上出现花叶症状，生长陷于不良状态，叶常呈畸形。伊凡诺夫斯基（D. I. Iwanowski）于 1892 年首次证明了这个病害是由滤过性病原体即病毒所引起的。斯坦利（W. M. Stanley）认为病原体是蛋白质并于 1935 年首先从病叶榨汁中分离到病毒状结晶，其了解到这个蛋白质还含有核酸，并肯定病原就是这个病毒。该病毒极其稳定，因在病叶内能大量地增殖，所以从 1 L 病叶榨汁中可提纯 2 g 结晶。病毒质粒是长 300 nm、直径 15 nm 的棒状体，有一条分子量为 2×10^6Da 的单链（+）RNA。核酸被 2 130 个分子量为 17 530 Da 的蛋白质亚基所包裹。作为病原体的寄主范围是很广的，现已知对单子叶植物 22 科中的 198 种植物具有寄生性。被感染过的烟草俗称聋烟、疯烟、青花、油头。烟草植株染病后，幼嫩叶片侧脉及支脉组织呈半透明状，即明脉。叶脉两侧叶肉组织渐呈淡绿色。病毒在叶片组织内大量增殖，使部分叶肉细胞增大或增多，出现叶片薄厚不匀，颜色黄绿相间，呈花叶状。后花叶斑驳程度加大，并现大面积深褐色坏死斑，中下部老叶尤甚，发病重的叶片皱缩、畸形、扭曲。早期发病的植株节间缩短，严重矮化，生长缓慢，不能正常开花结实，并易脱落，能发育的荫果小而皱缩，种子量少且小，多不能发芽。

7．灰飞虱（*Laodelphax striatellus*）

属于同翅目飞虱科灰飞虱属，主要分布区域，南自海南岛，北至黑龙江，东自台湾地区和东部沿海各地，西至新疆均有发生，以长江中下游和华北地区发生较多。由于寄主是各种草坪禾草及水稻、麦类、玉米、稗等禾本科植物，所以对农业危害很大。

危害特点：成、若虫均以口器刺吸水稻汁液为害，一般群集于稻丛中上部叶片，近年发现部分稻区水稻穗部受害亦较严重，虫口大时，稻株汁液大量丧失而枯黄，同时因大量蜜露洒落附近叶片或穗子上而孳生霉菌，但较少出现类似褐飞虱和白背飞虱的“虱烧”、“冒穿”等症状。灰飞虱是传播条纹叶枯病等多种水稻病毒病的媒介，所造成的危害常大于直接吸食危害，被害株表现为相应的病害特征。为害作物多为水稻、大麦、小麦、取食看麦娘、游草、稗草、双穗雀稗。近年来，对玉米的危害正呈逐步上升的趋势。

发病现状：在北方地区1年发生4～5代。华北地区越冬若虫于4月中旬至5月中旬羽化，迁向草坪产卵繁殖，第1代若虫于5月中旬至6月大量孵化，5月下旬至6月中旬羽化，第2代若虫于6月中旬至7月中旬孵化，并于6月下旬至7月下旬羽化为成虫，第3代于7月至8月上中旬羽化，第4代若虫在8月中旬至11月孵化，9月上旬至10月上旬羽化，有部分则以3、4龄若虫进入越冬状态，第5代若虫在10月上旬至11月下旬孵化，并进入越冬期，全年以9月初的第4代若虫密度最大，大部分地区多以第3、第4龄和少量第5龄若虫在田边、沟边杂草中越冬。灰飞虱属于温带地区的害虫，耐低温能力较强，对高温适应性较差，其生长发育的适宜温度在28℃左右，冬季低温对其越冬若虫影响不大，在辽宁盘锦地区亦能安全越冬，不会大量死亡，在−3℃且持续时间较长时才产生麻痹冻倒现象，但除部分致死外，其余仍能复苏。当气温超过 2℃无风天晴时，又能爬至寄主茎叶部取食并继续发育，在田间喜通透性良好的环境，栖息于植物植株的部位较高，并常向田边移动集中，因此，田边虫量多，成虫翅型变化较稳定，越冬代以短翅型居多，其余各代以长翅型居多，雄虫除越冬外，其余各代几乎均为长翅型成虫。成虫喜在生长嫩绿、高大茂密的地块产卵。雌虫产卵量一般数十粒，越冬代最多，可达500粒左右，每个卵块的卵粒数，由1～2粒至10余粒，大多为5～6粒，能传播黑条矮缩病、条纹叶枯病、小麦丛矮病、玉米粗短病及条纹矮缩病等多种病毒病。如果植物被这种灰飞虱啃咬过了，植物会被感染，后期可能会在植物内产生灰飞虱幼虫，继续啃咬植物。

防治方法：①农业防治：选用抗（耐）虫水稻品种，进行科学肥水管理，创造不利于白背飞虱孳生繁殖的生态条件。②生物防治。③化学防治：根据水稻品种类型和飞虱发生情况，采取重点防治主害代低龄若虫高峰期的防治对策，如果成虫迁入量特别大而集中的年份和地区，采取防治迁入高峰期成虫和主害代低龄若虫高峰期相结合的对策。防治药剂：70%吡虫啉（高搏），20%吡蚜酮，0.5%藜芦碱可湿性粉剂，90%敌敌畏等常规防治。

★自我评价

评价项目	技术要求	分值	评分细则	个人（组）自评分
植物病毒性病害初步诊断	掌握常见植物病毒性病害症状特点	40 分	植物病毒性病害症状、病状、病征的概念 10 分 植物病毒性病害病状、病征的类别 10 分 识别、描述植物病毒性病害病状、病征 20 分	
标本采集、制作和初步鉴定	初步掌握植物病毒性病害采集、制作和初步鉴定方法与步骤	40 分	采集、制作植物病毒性病害标本 20 分；识别区分病害症状类型 20 分	
参与、完成任务态度	全程参与、分工协作好、个人态度认真	20 分	全程参与并完成个人分工可得 10 分；协同、认真、较好完成全组任务个人可得 10 分	
合计				

项目 8　主要植物线虫病害

任务 1　植物主要线虫病害的综合防治

【学习目标】

1．熟练掌握识别植物主要线虫病害的病状、病症技巧。

2．熟练掌握植物主要线虫病害的诊断技术。

3．具备安全环保意识，能根据植物线虫病害发生情况制定合理的防治方案，熟悉运用各种防治措施。

【任务分析】

线虫属于动物界，线虫门。多数腐生在土壤和水中。寄生植物的线虫称为植物病原线虫。线虫可以引起许多重要的植物病害。本任务主要通过进一步熟悉植物主要线虫病害的危害症状，掌握植物主要线虫病害的发病条件及发病规律，学会制定相关病害的防治方案，并熟练运用关键的防治技术。

★基础知识

一、大豆胞囊线虫病的综合防治

大豆胞囊线虫病又称黄萎病，俗称“火龙秧子”，全世界大豆产区均有发生，具有毁灭性。该病目前是我国大豆发生最为普遍、危害最大的一种病害，主要分布于东北、华北及河南、安徽、江苏、山东等地，尤其是黑龙江、吉林等省的西部干旱地区发生普遍。一般减产 10%～20%，严重时可达到 30%～50%，重病田绝收。

大豆整个生育期均可受害，受害植株地上部分和地下部分均可表现症状。一般在开花前后植株地上部的症状最明显，表现为生长发育不良，植株明显矮化，瘦弱，叶片发黄早落，花芽少，不能结荚或结荚很少，似缺水，缺氮状。幼苗生长25～35 d后，用铁铲将其根挖出，轻轻抖落根上的土，可以看到根上附有许多针尖大小的白色颗粒，用指甲压挤，不留渣滓，这便是胞囊线虫的雌成虫，雌成虫死亡之后表皮呈黄褐色，便是胞囊，易于从根上脱落进入土壤。病株根部表皮常被雌虫胀破而容易被其他腐生性微生物侵染而引起根系腐烂，使植株早枯。

大豆胞囊线虫病的病原为大豆胞囊线虫（*Heterodera glycines* Ichinohe），垫刃目异皮线虫属成员。大豆胞囊线虫生活史包括卵、幼虫和成虫3个阶段。①成虫：雌雄异形。雄虫蠕虫形，头尾钝圆，尾端略向腹侧弯曲。雌虫柠檬形，头颈部较尖，初为黄色至黄白色，老熟时体壁加厚，淡褐色，成为胞囊。一个胞囊内平均有200多粒卵。②幼虫：分4龄，第3次蜕皮后变为成虫。1龄幼虫蜷曲在卵中发育，孵化出的幼虫为2龄幼虫，蠕虫形，侵入寄主根组织后在皮层中发育。③卵：蚕茧状，向一侧微弯。根据其对国际鉴别品种寄生能力的不同，可以分为不同的生理小种，其中3号小种和4号小种是分布最广，出现频率最高的优势生理小种。

病害循环：病原线虫主要是以胞囊在田间土壤中越冬，也可在粪肥中以及混杂于种子中的土粒内越冬，随着种子的调运而远距离传播。田间近距离传播主要是通过耕作时土壤的移动、农机具和人、畜黏附以及灌溉水和雨水传带含胞囊的土壤或混有胞囊的粪肥。越冬胞囊是翌年的初侵染源。病株根上形成的胞囊成熟后脱落进入土壤，经传播开始下一轮生活史或进入越冬态。大豆胞囊线虫每年发生的代数因各地土温不同而异，一般认为东北为3～4代，上海为10代左右。同一地区世代重叠现象明显。

防治措施：①加强检疫、保护无病区。②农业防治：轮作是最行之有效的防病措施。轮作年限不能少于3年，轮作5年以上防病增产效果显著。可实行大豆与玉米、小麦、棉花、马铃薯等非寄主作物轮作，有条件的地区可实行水旱轮作。加强水肥管理，增施肥料，提高土壤肥力。干旱时适当灌溉，促进大豆生长，可减轻发病。种植诱捕植物，有效减少土壤内大豆胞囊线虫数量。土地休闲，通过饥饿的方法来抑制线虫数量。③化学防治：用3%克线磷5 kg拌土后穴施，均有一定效果。其他可选的药剂有丙线磷、氯唑磷等。④选用抗病品种：目前我国各地育成的抗病、耐病大豆品种有抗线4号、抗线5号、泗豆11号等。这些抗病、耐病品种大多数是黑色种皮类型，产量低，品质差，因此不宜在没有胞囊线虫发生的田块和年份种植。⑤生物防治：后垣轮枝菌（*Verticillium chlamydosporium*）、淡紫拟青霉（*Paecilomyces lilacinus*）、明尼苏达被毛孢（*Hirsutella minnesotensis*）是一类重要的植物线虫寄生真菌，对大豆胞囊线虫有较高的寄生率，可以用于线虫防治。

二、松材线虫病的综合防治

松材线虫病，又称松树萎蔫病，分布于美国、加拿大、墨西哥、法国、葡萄牙、尼日利亚、韩国、日本及中国等多个国家，是为害极大的一种毁灭性森林病害。1982 年，我国在江苏南京中山陵的黑松上首次发现，现已迅速蔓延到江苏、浙江、安徽、广东、山东、湖北、上海等 7 省（市）及香港和台湾地区的部分松林，累计枯死松树 2 000 多万株，对我国松林资源、自然景观和生态环境造成了严重破坏。松材线虫病传播之迅猛，病树死亡速度之快，实属罕见。该病已被列入我国森林病虫害之首。已知感病的松树多达 24 种，除危害松属树种外，也危害落叶松、云杉、冷杉等非松属的树种。

松材线虫病的显著特征是被侵染的松树针叶失绿，并逐渐黄萎枯死，变红褐色，最终全株迅速枯萎死亡，但针叶长时间不脱落，有时直至翌年夏季才脱落。从针叶开始变色至全株死亡约 30 d。外部症状的表现，首先是树脂分泌减少至完全停止分泌，蒸腾作用下降，继而边材水分迅速降低。病树大多在当年 9 月至 10 上中旬即死亡。

松材线虫病的病原菌是松材线虫[*Bursaphelenchus xylophnlus*（Stenier et Buhrer）]，属线虫纲、垫刃目、滑刃科、伞滑刃属。成虫体细长，雌成虫体长 960～1 310 μm，雄成虫体长 910～1 190 μm。口针细长，中食道卵圆形，食道线细长，叶状，盖于肠背面。幼虫似成虫，3 龄幼虫体长 713 μm。松材线虫的成虫交尾后，每雌虫产卵约 100 粒。发育过程经过卵、幼虫和成虫 3 个阶段，完成 1 代所需的时间与温度有关。温度 20℃为 6 d，在 25℃时为 4 d。

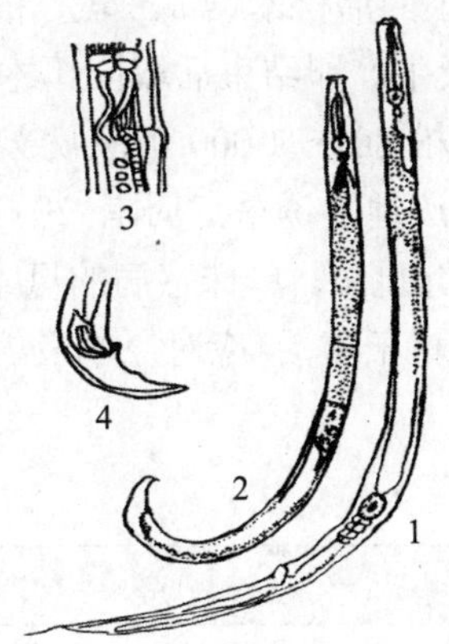

1. 雌成虫 2. 雄成虫 3. 雌虫阴门 4. 雄虫尾部

图 8-1 松材线虫病

病害循环：松材线虫的传播媒介主要是松褐天牛（*Monochamus alternatus*），每头天牛成虫体上平均带有上万条线虫。每年 5—7 月，当松褐天牛的成虫飞往松树嫩梢上取食，进行补充营养和产卵时，线虫即从天牛咬食的树皮伤口处侵入树体内，在树脂管内开始增殖，并向其他部位扩散，连续以 4～6 天 1 代的速度大量繁殖。8—9 月高温季节，被侵染的松树开始出现症状，并迅速枯死。秋后天牛幼虫侵入松树木质部，并在蛹室内越冬。此时，线虫也停止繁殖，直至次春，3 龄幼虫大量聚集在天牛的蛹室和蛀道周围越冬。次年 5 月天牛羽化飞出，虫体上潜伏的线虫被携带到健康的松树上侵入为害。松材线虫还可随采伐的病树原木及其制品，远距离传播到无病区。

防治措施：①加强检疫和监测力度：严禁将疫区内的病死木材及其制品外运和输入无病区。对病死树采用择伐措施，现砍现烧，尽量减少因人为造成病死木外流，控制天牛向外、向远处迁飞。加强产地检疫和调运检查力度，必要时划定疫区，并对外公布。对确诊为松材线虫病致死的松林松树采取以降低松墨天牛虫口密度为目的的卫生砍伐，按技术标准伐除病死株，伐桩低于 10 cm，枝丫全部集中烧毁，病松木材统一运至造纸厂打浆用或用他法销毁。在有松林分布的所有地区，实施检疫封锁，严禁疫木及其木质包装材料的非法经营和流通。②生态控制：以人工的办法，环绕风景区，用其他林种取代可能传染松材线虫病的松树，形成一个半径 4 km 范围内没有一棵松树的生物隔离带，阻断松材线虫病向风景区自然传播的途径。③生物防治：6—7 月，对松林施放白僵菌粉，即用白僵菌粉对水 50 倍对松林喷雾防治初龄及寄生在松树皮下的媒介昆虫，1 hm^2 用粉 7.5～15 kg。松墨天牛是松材线虫病的媒介昆虫，在其羽化盛期的 6—8 月，可设置饵木诱杀。方法是：将中等大小的活松木锯成 3 段，搭成三角架，堆高 1.5 m，1 hm^2 林地设 2～5 堆，待 9 月份天牛产卵结束后取回饵木集中烧毁。④药剂防治。对感病的成片松林，用 50%杀螟松 800～1 000 倍液喷雾，每半月 1 次，连续 3 次，并用此浓度药液在重病区和伐迹地及诱杀点周围 20～30 m 范围内喷雾灭杀松墨天牛，防止漏网及二次感染媒介昆虫。单株感病的风景松林、古松树、用 2%阿维菌素颗粒剂或 50%杀螟松注射树干防治。应对原木及板材进行化学或物理方法处理，用溴甲烷 40～60 g/m^3 熏蒸。

★工作步骤

材料及用具：大豆胞囊线虫病、松材线虫病的新鲜标本，干制标本和病原玻片；显微镜、镊子、挑针、载玻片、盖玻片等相关用具；多媒体教学设备及挂图等。

1．观察大豆胞囊线虫病典型标本或观看课件，认识植物线虫病害的症状。通常表现为植株生长矮小，花前成片萎黄，嫩荚萎缩，荚少，粒小，地下部分支根少，细根增多，形成须根团，上长有浅黄白色柠檬形的雌虫和黑褐色的胞囊易于识别。观察大豆胞囊线虫的雌虫形态。

2．观看松材线虫病课件，认识松材线虫病的典型症状。观察松材线虫的形态，雌雄成虫均为蠕虫形。

★拓展知识

1．花生根结线虫病

病原物为北方根结线虫（*Meloidogyme hapla* Chitwood）和花生根结线虫[*M. aremaria*（Neal.）Chitwood]等，垫刃目根结线虫属成员。主要为害花生根部。线虫侵染根尖使其膨大成根结，初为白色，后变成黄褐色。反复侵染后使根部变成乱丝状的须根团。病原线虫以卵和幼虫在土壤中和病残体的根结内越冬。

综合治理措施：对未发病的地区实施植物检疫，严防病害传入；与禾本科作物或者甘薯等轮作 2～3 年；收获后清除田间病残体；每公顷沟施 18.0～22.5 kg 的 15%灭涕威颗粒剂或 60.0～75.0 kg 的 30%克百威颗粒剂。

2．水稻干尖线虫病

病原物为贝西滑刃线虫（*Aphelenchoides besseyi* Christie）。主要为害叶片和稻穗，幼苗 4～5 叶时出现干尖。孕穗期后表现最明显，多在剑叶或以下 2～3 叶叶尖 1～8 cm 处呈淡黄色或黄褐色的半透明状，以后捻曲成灰白色干尖。病健交界处有 1 条褐色界纹。病株一般能正常抽穗，但生长衰弱、矮小，上部叶片短窄，穗短，粒少，秕谷多，千粒重下降。有的病株不显症，但稻穗带有线虫。以幼虫或成虫潜伏在谷粒的颖壳和米粒间越冬。借种子传播。线虫在水稻生育期繁殖 1～2 代，通过水流传播。

综合防治措施：严防带病稻种调运，不从病区调种。种子处理可用 16%恶线清可湿性粉剂 15 g，对水 4～5 kg，浸稻种 4～5 kg，或用 4.2%浸丰乳油 2 ml，兑水 8 kg，浸稻种 6 kg，浸种时间为 72 h，然后催芽播种。50%杀螟丹可溶性粉剂 4 g，或 95%杀螟丹可溶性粉剂 2 g，兑水 16 kg，浸稻种 10 kg，浸种时间为 48 h，捞出后清水冲洗，再催芽。

3．小麦粒线虫病

病原物为小麦粒线虫[*Anguina tritici*（Steinb.）Fillip. & Stekn.]，垫刃目粒线虫

属成员。苗期，株形矮小，叶鞘松散，叶片横生，皱褶而卷缩，失去正常绿色，严重时萎缩枯死。孕穗后，茎秆肥肿、弯曲、节间缩短，植株短小，剑叶畸形，色微黄。受害株能抽穗，但穗短、色深、颖壳张开，病粒（虫瘿）近圆形、深绿至褐色，坚硬，剖开麦粒，内部充满白色絮状物（线虫）。以虫瘿混杂于种子中越夏，播种后幼虫经 10 余天进入土中，从幼苗芽鞘间入侵，在生长点附近营外寄生生活，并刺激叶片组织造成畸形症状。幼穗分化后，侵入花器营内寄生生活。小麦收获后，在种子中休眠，条件适宜时可存活 7～9 年。综合防治措施：建立无病留种田，种子处理（清水、20%盐水、26%硫酸铵水选种，甲基异柳磷拌闷种）；利用充分腐熟的有机肥。

4. 水仙茎线虫病

病原为甘薯茎线虫[*Ditylenchus dipsaci*（Kuhn） Filipjev]，属线虫纲、垫刃目、茎线虫属。水仙茎线虫主要为害水仙鳞茎，叶、花茎也可受害，被侵染的鳞茎可全部或局部腐烂。将鳞茎横向切开，通常可以看到横断面上有 1 至数个褐色环，有时在鳞茎底盘处，偶尔在颈部能出现大量乳白色的线虫绒。生长中的水仙植株受害后，叶片出现淡黄褐色长病斑，病叶短缩，扭曲呈畸形。茎线虫可以在鳞茎内连续繁殖，也可迁入土壤内越冬，通过感病鳞茎、病土、灌溉水及雨水进行传播，田间园艺操作和工具的污染均可传病。综合防治措施：严格执行检疫措施，杜绝带病种球输出和传入无病区，以防止病害蔓延；清除感染的植株和鳞茎，挑选无病鳞茎作种球；将种球放在 43℃温水中浸泡 3～4 h 或在 43℃温水中加 0.5%福尔马林浸泡 3～4 h；用 1.8%阿维菌素乳油 5 000～8 000 倍液或 10%克线磷（Nemacur）根施 10～20 g/m^2，防治效果很好。也可以用溴甲烷熏蒸处理土壤。

5. 仙客来根结线虫

病原为南方根结线虫（*Meloidogyne incognita* Chitwood.）。该线虫侵害仙客来球茎及根系的侧根和支根，在球茎上形成大的瘤状物，直径可达 1～2 cm。侧根和支根上的瘤较小，一般单生。根瘤初为淡黄色，表皮光滑，以后变为褐色，表皮粗糙。若切开根瘤，则在剖面上可见有发亮的白色点粒，此为梨形的雌虫体。地上部分植株矮小，叶色发黄，严重时，叶片枯死。带菌土壤是最主要的侵染来源。线虫可通过水流、肥料、种苗等方式进行传播。

综合防治措施：①轮作：与禾本科植物进行 2～3 年轮作，可以同大葱、韭菜、辣椒、大蒜等进行轮作，可降低土壤中线虫基数；②种植前 10～15 d，可选用 80%二溴氯丙烷乳油或20%二溴氯丙烷颗粒剂或40%克线磷乳剂等药剂2 kg 对水 35～50 L，进行土壤处理；③及时对苗木及其周围土壤进行检查，防止病株传病，对重病株应立即拔除并烧毁，并对土壤用甲醛消毒。

★拓展训练

植物线虫病害的初步鉴定可分几步进行：

（1）田间症状观察，观察主要症状

①全株性症状（植株生长衰弱矮小，发育缓慢，叶色变淡，甚至萎黄，类似缺肥、营养不良的现象，这往往是根部受到线虫危害所致）；②局部性症状（由于线虫取食时寄主细胞受到线虫唾液中多种酶的刺激和破坏作用，常引起各种异常变化，如瘿瘤、丛根及茎叶扭曲）。

（2）植物线虫病害的实验室病原鉴定

①植物线虫的常规分离鉴定。对于一些常见的外部特征明显的线虫病害，可以根据症状观察直接做出诊断，如胞囊线虫在寄主根上有白色或褐色小米粒大小的胞囊，而根结线虫的白色苹果型雌虫存在于寄主的根结内。但大多数病害没有明显的特异性症状，容易与生理性及其他传染性病害混淆，需要采集有明显症状的标本或根系及根周围土壤，通过对线虫的分离及鉴定做出准确的诊断。②超微观察。③植物线虫的生化及分子分类鉴定。

（3）线虫的人工接种

不同的线虫，人工接种的方法不同。证明仅仅由线虫侵染引起的病害，采用线虫单独接种；要证明线虫和其他病原物的复合作用，需要采用线虫与其他病原物混合接种。

★自我评价

评价项目	技术要求	分值	评分细则	个人（组）自评分
植物线虫病害初步诊断	掌握常见作物线虫病害症状特点	20分	区分常见植物线虫病害的症状10分；成功找到虫瘿10分	
病原线虫临时玻片的制定	掌握植物线虫病害的观察方法，能够找到病原线虫并制成临时玻片	60分	样品的处理10分；线虫的分离30分；病原物进一步鉴定20分	
参与、完成任务态度	全程参与、分工协作好、个人态度认真	20分	全程参与并完成个人分工可得10分；协同、认真、较好完成全组任务个人可得10分	
合计				

项目 9　高等寄生植物

任务 1　主要寄生植物的综合防治

【学习目标】

1. 熟练掌握识别主要寄生植物的危害症状。

2. 具备安全环保意识，能根据寄生植物发生情况制定合理的防治方案，熟悉运用各种防治措施。

【任务分析】

寄生性种子植物是一类特殊的病原物，同时也是一种重要的田园有害植物。本任务通过进一步熟悉主要高等寄生性种子植物的危害症状，掌握主要寄生性种子植物的发病条件及发病规律，学会制定相关病害的防治方案，并熟练运用关键的防治技术。

★基础知识

寄生性种子植物都是双子叶植物，有 12 个科，其中最重要的是桑寄生科、旋花科和列当科。桑寄生科的植物都是半寄生的灌木，危害热带和亚热带林木。旋花科的菟丝子和列当科的列当则是农业生产上重要的全寄生种子植物。菟丝子和列当与寄主会争夺各种生活物质，对寄主危害很大，如寄生物群体数量很大，则危害更明显，轻的引起寄生植物的萎蔫或生活力衰退，产量降低等，有的提早落叶，春天萌动较迟，寄主受害严重时，可全部被毁造成绝产。

一、菟丝子（*Cuscuta* spp.）

菟丝子属于菟丝子科，菟丝子属的双子叶草本寄生性种子植物，危害园林花卉苗木的菟丝子包括日本菟丝子和中华菟丝子两种。菟丝子的寄主范围较广，可寄生于豆科、茄科、番茄科、无患子科等许多科的木本和草本植物，其根已经退化，叶片退化成鳞片状，茎为黄色丝状物，纤细，肉质，绕于寄生植物的茎部，以吸器与寄主的维管束系统相连，不仅吸收寄主的养分和水分，还造成寄主输导组织的机械性障碍、其缠绕寄主上的丝状体能够不断伸长，蔓延。菟丝子以种子繁殖和传播，花小、白色或淡红色，簇生，果为蒴果，成熟开裂，种子2～4枚。

菟丝子种子成熟后落入土中，休眠越冬后，翌年3—6月份温湿度适宜时萌发，幼苗胚根伸入土中，胚芽伸出土面，形成丝状的菟丝，在空中来回旋转，遇到适宜寄主就缠绕在上面，在接触处形成吸根伸入寄主。吸根进入寄主组织后，部分组织分化为导管和筛管，分别与寄主的导管和筛管相连，自寄主吸取养分和水分。当寄生关系建立后，菟丝子就和它的地下部分脱离，茎继续生长并不断分枝，以致覆盖整个树冠，一般夏末开花，秋季陆续结果，成熟后蒴果破裂，散出种子，落地越冬。

防治措施：①清洁种子，严禁从外地调运带有菟丝子种子的种苗或其他植物产品，是最基本的防治措施。粪肥经高温处理，使菟丝子种子腐烂而失去萌发能力。合理轮作和间作也有一定效果。菟丝子一般不寄生禾本科作物，如玉米、高粱、谷子等，这些作物和大豆轮作或者间作，可减轻菟丝子的发生与危害。②发生早期进行手工拉丝防除较容易，寄主受害也较轻，受害严重的田块应及早连同寄主一起销毁。③利用鲁保1号菟丝子盘长孢状刺盘孢的培养物防治大豆菟丝子。

二、列当（*Orobanche* spp.）

列当是一年生草本植物，属列当科，共有14个属130余种。我国主要有埃及列当和向日葵列当两种，以埃及列当危害最大。列当寄生于瓜类、向日葵、豆类、花生、番茄、辣椒、马铃薯、蚕豆等作物。茎高30～40 cm，茎肉质、单生或少数分枝，黄白至紫褐色，直立。叶片退化为鳞片，根退化为吸器。花两性、穗状花序，花冠筒状，蓝紫色。果为蒴果，种子很小，状如葵花籽，表面有网状花纹。每个蒴果有种子2 000粒左右，种子生活力很强，可保持10年。种子成熟后落入土中，萌发成线状幼芽，接触到寄主根部时以吸根侵入寄主吸取营养。

防治措施：①列当一旦定植，无数种子散落到田间很难清除。无病区一定要实行严格的检疫。②针对列当从出土到开花只有10～15 d时间，可采用手工拔除或喷洒除草剂杀灭列当。③也可种植诱发植物来刺激土中列当种子萌发，从而加快降低列当种子的密度。

三、桑寄生（Loranthus parasitica）

桑寄生分布广泛，在园林中的一些古树上时有发生，是树上生树，多寄生于寄主主干或侧枝的基部和中部。桑寄生为常绿小灌木。根出条发达，枝叶繁茂。叶椭圆形，纸质，对生，幼叶两面密被黄褐色星状短茸毛。聚伞花序，浆果椭圆形，亦被短茸毛。

桑寄生危害产生圆锥形的初生吸根，后发育成不定根状的次生吸根，并相互愈合成片状或掌状。吸根片纵向伸入寄主木质部，并在末端分生出许多细小吸根，与寄主输导组织相连，从中吸取水分和无机盐，桑寄生对寄主引起缓慢的破坏，使老树加速衰弱。桑寄生由鸟类啄食桑寄生种子传播。

防治措施：①人工砍除是最有效的防治措施。在砍除时，将以长有寄生物枝从的病枝全部砍去，还需将外部根出条、内部吸根延伸所及部分一并砍除，才能起到应有的效果。冬季是较好的砍除季节。②可用硫酸铜、氯代苯、氨基醋酸和2,4-D 等进行化学防除。

★工作步骤

材料及用具：大豆菟丝子、列当、桑寄生的新鲜标本，干制标本和浸渍标本；显微镜、镊子、挑针等相关用具；多媒体教学设备及挂图等。

1. 观察比较菟丝子、列当和桑寄生，注意哪些具有绿色叶片？哪些叶片完全退化？观察它们从寄主吸收营养物质的吸器结构。

2. 观看课件比较菟丝子、列当和桑寄生寄生植物之后，寄主植物的被危害症状。

★拓展知识

田园有害植物是农业生态系统中的一个组成成分。它泛指农田、园林、草地、丘陵、山地、河谷等在内的非栽培的植物。它不是栽培植物，也不是野生植物，但它有栽培植物的某些习性，常与栽培植物混生在一起，通常又保持野生的本性，即通常所指的杂草。

据联合国粮农组织报道，全世界有杂草 5 万种，其中，农田杂草为 8 000 种，而为害主要粮食作物的杂草约 250 种。据全国植保总站调查，我国农田杂草有 580 种，隶属 77 个科。其中旱田杂草 451 种，对农作物危害严重的全国性杂草有 120

种，地区性杂草有135种。田园有害植物主要类别有田园杂草、寄生性种子植物、外来入侵有害植物等。

1．田园杂草

杂草一般均是在某一生态环境下适应了的与农作物伴生的植物，在长时间的生态适应过程中，杂草形成了自由的、特殊的竞争力，不断繁衍，从而形成了特有的群体优势。

我国幅员辽阔，杂草种类繁多，不同地域杂草种类差异很大，不同农作物田间其杂草优势种也各不相同，同一农作物不同栽培方式杂草种类也有差异。

小麦主要受野燕麦、看麦娘、牛繁缕、猪殃殃及其他禾本科和阔叶草危害；旱粮主要受马塘、牛筋草、稗、千金子、狗尾草、双穗雀稗、狗牙根等禾本科杂草和藜、蓼、苋等阔叶杂草危害；棉花主要受马塘、牛筋草、稗、千金子、狗尾草、双穗雀稗、狗牙根等禾本科杂草和鳢肠、婆婆纳、灰绿藜、铁苋菜、苘麻等阔叶杂草以及香附子为代表的莎草科杂草危害；大豆受藜、藜、苋、稗、苍耳及禾本科杂草的危害。

（1）常见旱地杂草

桑科（葎草）；蓼科（萹蓄、水蓼、酸模、叶蓼、扛板归、红蓼、羊蹄、齿果酸模）；藜科（藜、灰绿藜、小藜、地肤、碱蓬）；苋科（空心莲子草、反枝苋、凹头苋、刺苋）；番杏科（粟米草）；马齿苋科（马齿苋）；石竹科（簇生卷耳、繁缕、牛繁缕、蚤缀、王不留行）；罂粟科（紫堇）；十字花科（荠、遏蓝菜、播娘蒿、独行菜、离蕊菜、焊菜）；蔷薇科（蛇莓）；豆科（鸡眼草、天蓝苜蓿、救荒野豌豆，白车轴草）；酢浆草科（酢浆草）；牻牛儿苗科（野老鹳草）；大戟科（铁苋菜、地锦、泽漆）；葡萄科（乌敛梅）；锦葵科（苘麻、野西瓜苗）；堇菜科（紫花地丁）；伞形科（野胡萝卜、窃衣）；萝藦科（萝藦）；旋花科（打碗花，田旋花）；紫草科（麦家公、附地菜）；马鞭草科（马鞭草）；唇形科（香薷、夏至草、益母草）；茄科（龙葵、酸浆、通泉草）；玄参科（婆婆纳）；车前科（车前）；茜草科（猪殃殃、茜草）；菊科（黄花蒿、猪毛蒿、鬼针草、刺儿菜、小白酒草、鳢肠、苦苣菜、飞廉、一年蓬、山苦荬、泥胡菜、蒲公英）；禾本科（野燕麦、看麦娘、茼草、雀麦、虎尾草、马塘、狗牙根、毒麦、牛筋草、狗尾草、千金子、白茅、早熟禾、芦苇、双穗雀稗、大画眉草）；莎草科（香附子）；鸭跖草科（鸭跖草）；木贼科（问荆）。

（2）常见水田杂草

毛茛科（茴茴蒜、石龙芮、毛茛）；千屈菜科（节节菜、耳叶水苋）；柳叶菜科（丁香蓼）；伞形科（水芹）；玄参科（陌上菜、水苦荬）；眼子菜科（眼子菜、菹草）；泽泻科（泽泻、长瓣慈姑、矮慈姑）；水鳖科（黑藻）；禾本科（稗）；莎草科（异型莎草、牛毛毡、水莎草、萤蔺、扁秆藨草）；雨久花科（鸭舌草）；浮萍科（紫萍）；蘋科（蘋）。

2．外来入侵有害植物

在外来入侵植物中，杂草居首位。如：紫茎泽兰、飞机草、薇甘菊、水葫芦、空心莲子草、大米草、豚草、毒麦和加拿大一枝黄花。其中水葫芦、水花生、飞机草、紫茎泽兰、薇甘菊和大米草正在我国许多地区大量繁殖和蔓延，已成为恶性杂草并发展到难以控制的程度。

外来有害植物的入侵主要是引种而传入我国的，包括有意引种和无意引种。有意引种是指人类有意实行的引种，将某个物种有目的地转移到其自然分布范围及扩散潜力以外（这种引种可以是授权的或是未授权的）。如作为牧草或是饲料。作为观赏植物、药用植物、改善环境植物、食物、麻类作物等。无意引种是指某个物种利用人类或是人类传送系统作为媒介，扩散到其自然分布范围以外的地方，从而形成非有意的引入。很多外来入侵生物是随人类活动而无意传入的。通常是随人及其产品通过飞机、轮船、火车、汽车等交通工具，作为偷渡者或“搭便车”被引入新的环境。

除交通工具之外，建设开发、军队转移、快件服务、信函邮寄等也会无意引入外来物种。但有的入侵物种并不是指通过一种途径传入，可能通过两种或者多种途径交叉传入，在时间上并非只有一次传入，可能是两次或多次传入。多途径、多次传入加大了外来植物定植和扩散的可能性。当务之急是要建立起预警评估体系。第一，建立外来物种的档案，密切跟踪一些外来物种的行踪。第二，建立一个完善的对外来物种科学评估的体系，分析对本地物种及物种多样性、自然生态和社会经济等造成的影响。第三，要建立起对外来物种的防范体系，如海关、动植物检疫、环保、农林牧业等都要加强防范。进一步加强边境海关检疫和阻截作用，阻止新的入侵物种入境，加强入境的各种交通工具和旅游者携带的行李以及各种货物的检查，防止无意带来外来生物。第四，要建立起法律体系，提高全民生态安全意识。第五，加强国际合作和案例的调查研究，借鉴外国经验和参与国际合作。

★自我评价

评价项目	技术要求	分值	评分细则	个人（组）自评分
高等寄生植物观察、识别	掌握高等寄生植物种类	40分	区分常见高等寄生植物	
其他有害植物（杂草、外来入侵植物）	掌握杂草、外来入侵植物种类	40分	识别常见杂草、外来入侵植物	
参与、完成任务态度	全程参与、分工协作好、个人态度认真	20分	全程参与并完成个人分工可得10分；协同、认真、较好完成全组任务个人可得10分	
合计				

附录 1

中国常用的 130 种杀菌剂

序号	有效成分	防治对象	病害	用药量 ai/（g/hm^2）	注意事项	含量	剂型
1	戊唑醇	苹果树	斑点落叶病、轮纹病	61.4～86 mg/kg；3 000～4 000 倍液	1. 安全间隔期：黄瓜建议为 5 d、水稻为 35 d、苹果和梨为 21 d、大白菜为 14 d；2. 每季最多施用次数黄瓜和水稻 3 次，苹果和梨树 4 次，大白菜 2 次；3. 用药时应穿戴防护衣物，禁止吸烟、饮食；4. 避免药剂直接接触到皮肤及眼睛；5. 施药后用肥皂和足量清水彻底清洗手和面部以及其他可能接触药液的身体部位；6.本品对鱼类等水生生物危险，远离水产养殖区施药，禁止在河塘等水体中清洗施药器具；7. 用药后的空包装应妥善安置于安全场所；8. 孕妇及哺乳期妇女禁止接触本品	430 g/L	悬浮剂
		大白菜	黑斑病	125～150			
		黄瓜	白粉病	96.75～116.1			
		梨树	黑星病	108.5～143.3			
		水稻	稻曲病	64.6～96.75			
2	稻瘟灵	水稻	稻瘟病	399～600	1. 安全间隔期：收获前 28 d。每季最多使用 2 次。按照规定用量将本农药均匀喷洒。2. 不可同石硫合剂、波尔多液等碱性药剂（物质）混合使用。3. 施药时须戴口罩和手套，以免吸进药液或皮肤接触大量药剂。喷药后要用肥皂洗净脸、手和脚等露在外面的皮肤，并且要漱口。4. 将本剂放置安全地点，施药器械不得在水塘内清洗，避免对藻类和鱼类的危害。使用过的容器放置安全地点，对空包装物加以填埋或焚烧。5. 由于对水生生物有一定影响，水产养殖区及周围禁用。6. 孕妇及哺乳期妇女应避免接触和使用此药。7. 建议与不同作用机制的杀菌剂轮换使用	30%	乳油

序号	有效成分	防治对象	病害	用药量 ai/（g/hm^2）	注意事项	含量	剂型
3	噁霉灵	甜菜	立枯病	280～490 g/100 kg 种子（拌种）	1. 操作者应穿戴防护面具和手套，以免吸入和触及皮肤。2. 注意避免误服。万一误服时，应饮大量水，催吐，保持安静，并立即请医生治疗。3. 施药后用肥皂把露外的脸，手和腿洗干净，并用水漱口。4. 剩余的药剂不要倒进水田、湖泊、河川里。5. 装此药剂的容器不能用来装其他东西。应采取焚烧或掩埋等方法，加以妥善处理。6. 用过的容器应妥善处理，不可做他用，也不可随意丢弃。7. 避免孕妇及哺乳期的妇女接触	70%	可湿性粉剂
4	氟酰胺	水稻	立枯病	0.9～1.8 g/m^2		15%	水剂
			纹枯病	300～375	1. 每季作物最多使用次数 2 次，安全间隔期 21 d。2. 按规定用量将本药剂用水稀释后均匀喷洒，药液配成后立即使用。3. 本剂随属低毒农药，但配制和喷药时需戴口罩和手套，注意勿吸入体内或大量黏上药粉，施药后洗净衣物和手、脸。4. 不可与波尔多液、石灰硫黄合剂及其他碱性农药等物质混合使用。5. 对蚕有毒，请不要在蚕室、桑园附近禁用。6 .孕妇及哺乳期妇女应避免接触和使用此药。7. 用过的容器应妥善处理，不可做他用，也不可随意丢弃	20%	可湿性粉剂

序号	有效成分	防治对象	病害	用药量 ai/（g/hm^2）	注意事项	含量	剂型
5	代森锰锌	番茄	早疫病	1 560～2 520	1. 本品适用效果与喷药质量密切相关，配药时要搅拌均匀；喷雾均匀周到。2. 喷药要及时，在发病前和发病初期喷药，病菌主要借雨水萌发侵染，雨前喷药防病效果好，本品耐雨水冲刷，可在雨前喷用。3. 根据病发情况、作物生长发育情况、天气等因素决定用药次数并掌握好喷药间隔期。高温多雨湿度大时，作物易感病，喷药间隔期应缩短，每 7～10 d 喷一次，干旱少雨时，喷药间隔期可适当延长。4. 本品在黄瓜作物上的安全间隔期（采收前间期）为 15 d，最多用药次数为 3 次。5. 本品在西瓜作物上的安全间隔期（采收前间期）为 21 d，最多用药次数为 3 次。6. 本品在甜椒作物上的安全间隔期（采收前间期）为 14 d，最多使用 3 次。7. 本品在番茄作物上的安全间隔期（采收前间期）为 15 d，最多用药次数为 3 次。8. 本品在苹果作物上的安全间隔期（采收前间期）为 10 d，最多用药次数为 3 次。9. 本品在柑橘作物上的安全间隔期（采收前间期）为 21 d，最多用药次数为 3 次。10. 本品在梨树作物上的安全间隔期（采收前间期）为 10 d，最多用药次数为 3 次。11. 本品在葡萄作物上的安全间隔期（采收前间期）为 28 d。12. 本品在荔枝树作物上的安全间隔期（采收前间期）为 10 d，最多用药次数为 3 次。13. 本品在花生作物上的安全间隔期（采收前间期）为 7 d，最多用药次数为 3 次。14. 本品在马铃薯作物上的安全间隔期（采收前间期）为 3 d，最多用药次数为 3 次。15. 本品在烟草作物上的安全间隔期（采收前间期）为 21 d，最多用药次数为 2 次。16. 使用本品时应穿戴适当的防护服及用具（见图形标识），	80%	可湿性粉剂
		柑橘树	炭疽病	400～600 倍液			
		花生	叶斑病	720～900			
		黄瓜	霜霉病	2 040～3 000			
		梨树	黑星病	800～1 333.3 mg/kg			
		荔枝	霜疫霉病	1 333.3～2 000 mg/kg			
		马铃薯	晚疫病	1 440～2 160			
		苹果树	轮纹病、炭疽病、斑点落叶	1 000～1 333.3 mg/kg			
		葡萄	白腐病、黑痘病、霜霉病	600～800 倍液、1 800～2 520			
		甜椒	疫病	2 000～2 400			
		西瓜	炭疽病	1 995～3 000			
		烟草	赤星病	1 400～1 920			

序号	有效成分	防治对象	病害	用药量 ai/（g/hm^2）	注意事项	含量	剂型
5	代森锰锌	烟草	赤星病	1 400～1 920	避免吸入药粉或药液。施药期间不可吃东西和饮水。施药后应及时洗手和洗脸及暴露部位皮肤。17.本品对鱼类有中等毒性，应远离水产养殖区施药，禁止在河塘等水体清洗施药器具，不要污染水体，应避免药液流入湖泊，河流或鱼塘中污染水源。18. 用过的容器应妥善处理，不可做他用，也不可随意丢弃。19. 请严格按照标签说明使用，如需业务和技术上的支持，请立即与本公司上海客户服务中心联系。20. 孕妇、哺乳期妇女及过敏者禁用。使用中有任何不良反应请及时就医	80%	可湿性粉剂
6	代森锌	番茄	早疫病		1. 安全间隔期及每季最多使用次数：花生 25 d，每季最多使用 3 次；马铃薯 25 d，每季最多使用 1 次；烟草 21 d 以上，每季最多使用 3 次。2. 配药时要二次稀释，禁止与铜制剂或碱性农药混用。3. 病菌主要借雨水萌发侵染，雨前喷药防病效果好，可在雨前喷用，降雨量超过 100 mm 以上应适量补喷。要合理掌握喷药间隔期，在高温多雨湿度大的情况下，作物易感病，喷药间隔期应缩短，每 7～10 d 喷一次，干旱少雨季节则可适当延长。4. 清洗喷药器械或弃置废料时，切忌污染水源。空容器不可挪作他用。清洗容器及喷雾器的洗涤水不可流入鱼塘、河道。5. 使用时应穿戴好防护用品，穿防护服、戴手套、口罩等。严禁吸烟和饮食，不得迎风施药，避免直接接触药液，防止由口鼻吸入，施药后应清洗手、脸及身体被污染部分和衣服。6. 孕妇及哺乳期妇女禁止接触本品	80%	可湿性粉剂
		观赏作物	炭疽病、锈病、叶斑病	1 143～1 600 mg/kg			
		花生	叶斑病	750～960			
		烟草	炭疽病、立枯病	960～1 200			
		马铃薯	早疫病、晚疫病	960～1 200			

序号	有效成分	防治对象	病害	用药量 ai/（g/hm^2）	注意事项	含量	剂型
7	丙环唑	小麦	白粉病、根腐病、锈病、纹枯病	124.5	1.请按照农药安全使用准则使用本品。避免药液接触皮肤、眼睛和污染衣物。切勿在施药现场抽烟或饮食。在饮水、进食或抽烟前，应先洗手、洗脸。2.配药时，应戴手套、面罩或护目镜，穿靴子、长袖衣和长裤。3.喷施时，应穿长袖衣、长裤和靴子。4.喷药后，立即洗澡，并更换和清洗工作服。5.使用过的空包装，用清水冲洗三次后妥善处理，切勿重复使用或改作其他用途。所有施药器具，用后应立即用清水或适当的洗涤剂清洗。6.本品对鱼和水生生物有毒，勿将制剂及其废液弃于池塘、沟渠和湖泊等，以免污染水源。7.未用完的制剂应放在原包装内密封保存。切勿将本品装入饮、食容器中。8.制造厂敬告用户：严格按照推荐方法使用、操作和储藏本品。使用时应接受当地农业技术部门的指导	250 g/L	乳油
		香蕉	叶斑病	250～500 mg/kg			
8	噻菌灵	柑橘	绿霉病、青霉病	833～1250 mg/kg	1.请按照农药安全使用准则使用本品。在处理过程中，避免药液接触皮肤、眼睛和污染衣物，避免吸入雾滴。切勿在施药现场抽烟或饮食。在饮水、进食或抽烟前，应先洗手、洗脸。2.配药和用药时，应戴防渗手套，穿长袖衣、长裤和靴子。3.用药后，彻底清洗防护用具，洗澡，并更换和清洗工作服。4.使用过的空包装，用清水冲洗三次后妥善处理，切勿重复使用或改作其他用途。所有施药器具，用后应立即用清水或适当的洗涤剂清洗。5.本品对水生生物有毒，勿将制剂及其废液弃于池塘、沟渠和湖泊等，以免污染水源。6.未用完的制剂应放在原包装内保存，切勿将本品装入饮、食容器中。7.制造厂敬告用户：严格按照推荐方法使用、操作和储藏本品。使用时应接受当地农业技术部门的指导。8.过敏者禁用，使用中有任何不良反应请及时就医	500 g/L	悬浮剂
		蘑菇	褐腐病	0.5～0.75 g/m^2			

序号	有效成分	防治对象	病害	用药量 ai/（g/hm^2）	注意事项	含量	剂型
9	多菌灵	花生	秧倒病	750	1. 本品安全间隔期分别为：苹果树 28 d、柑橘树 30 d、葡萄 21 d、西瓜 14 d、香蕉 35 d，小麦 20 d；水稻 30 d；花生 20 d；油菜 41 d。农作物每个周期的最多使用次数分别为：苹果树 3 次、柑橘树 3 次、葡萄 2 次、西瓜 3 次、香蕉 3 次，小麦 2 次，水稻 2 次；花生 3 次，油菜 2 次。2. 开启包装物及施药时施药人员穿戴防护服装、防护靴、口罩及手套等防护用品。避免与口眼及皮肤接触；喷药时不要吸烟或饮食，工作完毕后，应清洗手及裸露的皮肤。3. 与杀虫剂、杀螨剂配合使用时，要随用随配，不能与铜制剂及碱性农药等物质混用。4. 使用后的包装物应焚烧、深埋。5. 远离水产养殖区用药，禁止在河塘等水体中清洗施药器具；避免药液污染水源地。6. 建议与其他作用机制不同的杀菌剂轮换使用，以延缓抗性产生。7. 孕妇及哺乳期妇女禁止接触本品	25%	可湿性粉剂
		麦类	赤霉病	750			
		棉花	苗期病害	500 g/100 kg 种子			
10	喹啉铜	黄瓜	霜霉病	300～405	1. 安全间隔期：3 d，每季作物最多使用 3 次。2. 施用时应注意穿戴防护衣物；使用时，请勿吸烟及饮食；施用后及时清洗外露的皮肤、用过的器具和污染的衣物。3. 本剂对水生生物毒性高，操作使用时请不要将药液、器械清洗液倒入江河，以免污染水源。禁止在水田使用，注意对水生生物的影响。4. 建议选择不同机制的杀菌剂，轮换使用，缓解抗性产生。5. 孕妇和哺乳期妇女禁止接触。6. 过敏者禁用，使用中有任何不良反应请及时就医。7. 使用后容器需集中深埋处理，或交由专门收集处理部门	33.50%	悬浮剂

序号	有效成分	防治对象	病害	用药量 ai/（g/hm^2）	注意事项	含量	剂型
11	多抗霉素	茶树	茶饼病	100 单位液	1. 本品在番茄和黄瓜上的安全间隔期为 2 d，每季最多使用次数为 3 次；在苹果和梨树上的安全间隔期为 7 d，每季最多使用 3 次。2. 本品不能与碱性药物等物质混用。建议与其他作用机制不同的杀菌剂轮换使用，以延缓抗性产生。3. 施药时应按农药使用规则进行操作，穿戴防护服、口罩和手套，避免吸入药液。施药期间禁止吃东西或饮水，施药后应及时洗脸、洗手。4. 未使用完的废液不能随意倾倒，以免污染水域。5. 药液随配随用，喷药 3 h 内若遇雨应再补喷	3.00%	可湿性粉剂
		番茄	赤星病、晚疫病	200 单位液			
		花卉	白粉病、霜霉病	150～200 单位液			
		黄瓜	白发病、霜霉病	150～200 单位液			
		梨树	黑斑病、灰斑病	50～200 单位液			
		棉花	褐斑病、立枯病	100～200 单位液			
		苹果树	黑斑病、灰斑病	50～200 单位液			
		人参	黑斑病	100～200 单位液			
		水稻	白粉病、纹枯病	100～200 单位液			
		甜菜	褐斑病、立枯病	100～200 单位液			
		小麦	白粉病、纹枯病	100～200 单位液			
		烟草	赤星病、晚疫病	100～200 单位液			

序号	有效成分	防治对象	病害	用药量 ai/（g/hm^2）	注意事项	含量	剂型
12	氟啶胺	白菜	根肿病	2 000～2 500	1. 使用本剂前要充分摇匀。药液及其废液不得污染各类水域、土壤等环境。2. 喷药时请将药液均匀地喷雾到植株全部叶片的正反面，以保证药效。3. 大白菜上土壤喷施时应将大块土壤打碎以保证药效，并且不要施药于大白菜苗床上。4. 对瓜类作物有药害，瓜田禁止使用，施药时注意不要将药液飞散到瓜田。5. 不要随意与肥料、其他农药等混用。如果必须和其他产品混用，务必在当地植保技术部门的指导下进行安全性试验，确认安全后方可使用。6. 施药时，要穿戴作业服，施药后注意要立即清洗手足脸并换下作业服。7. 有过敏病史者，应禁止施药及禁止进入施药地。8. 不宜在温室使用本药剂。9. 本药剂对鱼及水生动物有毒，应避免将药液飞散、流入鱼塘、河流及湖泊，不得在以上水域清洗喷药工具。10. 孕妇及儿童禁止接触该药剂。使用前请仔细阅读标签，严格按照本标签规定的使用技术和使用方法、注意事项等所有内容单独使用本品	500 g/L	悬浮剂
		辣椒	炭疽病、疫病	187.5～250			
		马铃薯	早疫病、晚疫病	187.5～250			
13	噻呋酰胺	马铃薯	黑痣病	252～432	1. 产品在水稻作物上使用的推荐安全间隔期为 7 d，每个作物周期的最多使用次数为 1 次。本品在马铃薯作物上使用，于马铃薯芽殖时使用 1 次，每次最多施 1 次。2. 使用本品时应穿戴适当的防护服及用具，避免吸入药液。施药期间不可吃东西或饮水。施药后应及时洗手和洗脸。药液及其废液不得污染各类水域、土壤等环境。3. 本品对鱼类等水生生物有中等毒性，应远离水产养殖区施药，禁止在河塘等水体清洗施药器具，不要污染水体，应避免药液流入湖泊，河流或鱼塘中污染水源。4. 请严格按照标签说明使用。如果要将本产品用于出口农产品，请参照相应进口国的相关标准使用。5. 建议与其他作用机制不同的杀菌剂轮换使用。6. 用过的容器应妥善处理，不可做他用，也不可随意丢弃。7. 孕妇及哺乳期妇女禁止接触本品	240 g/L	悬浮剂
		水稻	纹枯病	45.3～81.5			

序号	有效成分	防治对象	病害	用药量 ai/（g/hm^2）	注意事项	含量	剂型
14	粉唑醇	小麦	锈病	60～90	1. 使用前请仔细阅读产品标签，并严格按规定使用；或在当地农技植保部门指导下科学合理使用本农药。药液及其废液不得污染各类水域、土壤等环境。2. 安全间隔期：小麦为 28 d，每季作物最多使用 2 次。3. 接触本剂应遵守农药安全使用操作规程，穿戴好防护衣物，工作时禁止吸烟和进食。工作结束后，应用肥皂和清水洗脸、手和裸露部位。4. 施药后剩余的药液、清洗施药器具废液和空容器要妥善处理，可烧毁或深埋，不得留作他用，不能污染环境。水产养殖区、河塘等水体附近慎用，禁止在河塘等水域清洗施药器具。5. 孕妇及哺乳期妇女请勿接触本品。6. 建议与其他作用机制杀菌剂交替使用，以延缓抗生产生	25%	悬浮剂
15	咯菌腈	观赏菊花	灰霉病	83.3～125	1. 请按照农药安全使用准则使用本品。避免药液接触皮肤、眼睛和污染衣物，避免吸入雾滴。切勿在施药现场抽烟或饮食。在饮水、进食或抽烟前，应先洗手、洗脸。2. 配药时，应戴防渗手套。3. 施药时，应穿长袖衣、长裤和靴子，戴帽子。4. 施药后，彻底清洗防护用具，洗澡，并更换和清洗工作服。5. 施药后 12 h 内，请勿进入施药区域。6. 使用过的空包装，用清水冲洗 3 次后妥善处理，切勿重复使用或改作其他用途。所有施药器具，用后应立即用清水或适当的洗涤剂清洗。7. 切勿将本品及其废液弃于池塘、河溪和湖泊等，禁止在河塘等水域清洗施药器具。以免污染水源。8. 未用完的制剂应放在原包装内密封保存，切勿将本品置于饮、食容器内。9. 孕妇及哺乳期妇女禁止接触。制造厂敬告用户：严格按照推荐方法使用、操作和储藏本品。使用时应接受当地相关技术部门的指导	50%	可湿性粉剂

序号	有效成分	防治对象	病害	用药量 ai/（g/hm^2）	注意事项	含量	剂型
16	棉隆	草莓	线虫	30～40 g/m^2	1. 施药前应仔细阅读产品说明并严格按使用方法操作。本品属低毒产品，应严格按农药安全操作规程时行操作，施药时，应穿戴好防护用品，工作结束后要冲洗，如发现泄漏应集中包装物中未使用完的药剂，应收集并统一处理和存放。2. 本剂为土壤消毒剂，不可兑水喷施于任何作物上。3. 为避免处理后土壤第二次感染线虫病菌，基肥一定要在施药前加入并避免通过鞋衣服或劳动工具将棚外未消毒的土块或杂物带入而引起再次感染。4. 本药剂对鱼有毒，禁止将剩余药剂或洗涤工具流入鱼塘	98%	微粒剂
		番茄	线虫	29.4～44.1 g/m^2			
17	烯酰吗啉	黄瓜	霜霉病	225～300	1. 本产品的安全间隔期为 3 d，每季最多使用次数为 3 次，勿在安全间隔期内进行采收。2. 施药时应注意安全防护，配戴防护面罩，戴防毒口罩，穿操作服、防护胶靴、胶手套等防护用品，工作中不准吸烟、饮水和进食，不要用手直接擦拭面部，并在上风处配药喷药。3. 施药前请搅拌均匀，充分溶解，不能与强碱制剂混用。4. 本品对蜜蜂、鱼类等水生生物、家蚕有毒，施药期间应避免对周围蜂群的影响，开花植物花期、蚕室和桑园附近禁用。远离水产养殖区施药，禁止在河塘等水体中清洗施药器具。使用过的容器应妥善处理，不可做他用，也不可随意丢弃。5. 避免孕妇及哺乳期妇女接触	10%	水乳剂
18	嘧霉胺	番茄	灰霉病	375～562.5	1. 安全间隔期：番茄和黄瓜 3 d；葡萄 7 d；2. 每季最多施用次数：番茄、黄瓜为 2 次，葡萄为 3 次；3. 在保护地使用时，避免高温条件下用药，药后注意通风；4. 施药时要穿戴防护用具、手套、面罩，避免使药液溅到眼睛和皮肤上，避免口鼻吸入，施药后用肥皂洗手、洗脸；	400 g/L	悬浮剂
		黄瓜	灰霉病	375～562.5			

序号	有效成分	防治对象	病害	用药量 ai/（g/hm^2）	注意事项	含量	剂型
18	嘧霉胺	黄瓜	灰霉病	375～562.5	5. 本品对鱼类等水生生物有毒，远离水产养殖区施药，禁止在河塘等水体中清洗施药器具；6. 用过的空包装应妥善处理，不可做他用，也不可随意丢弃。7. 孕妇及哺乳期妇女禁止接触本品	400 g/L	悬浮剂
19	抑霉唑	柑橘	青霉病、绿霉病	250～500 mg/kg	1. 在柑橘上使用后 14 d 方可上市销售，每季最多使用一次。2. 避免药物触及眼睛和皮肤，若意外触及，立即用清水冲洗。3. 本品不能与碱性物质混用。4. 本品对鱼类等水生生物有毒，远离水产养殖区施药，禁止在河塘等水体中清洗施药器具。5. 施药时要穿戴防护用具、手套、面罩，避免使药液溅到眼睛和皮肤上，避免口鼻吸入，施药后用肥皂洗手、洗脸。6. 建议与不同作用机制的杀菌剂轮换使用。7. 供处理的柑橘应该是健康，无病、无机械磨损的新鲜果实	22.20%	乳油
20	稻瘟酰胺	水稻	稻瘟病	157.5～225	1. 产品在水稻作物上使用的安全间隔期为 21 d，每个作物周期最多使用 3 次。2. 使用本品应采取相应的安全防护措施，穿防护服，戴防护手套、口罩等，避免皮肤接触及口鼻吸入。使用中不可吸烟、饮水及吃东西，使用后及时清洗手、脸等暴露部位皮肤并更换衣物。3. 本品对鱼等水生生物有毒，药液及其废液不得污染各类水域、土壤等环境，远离水产养殖区施药，禁止在河塘等水体中清洗施药器具。4. 本品对蜜蜂具风险性，施药期间应避免对周围蜂群的不利影响，开花作物花期禁用。5. 未用完的药剂应放回原包装内，用过的容器应妥善处理，不可作他用，也不可随意丢弃。6. 建议与其他作用机制不同的杀菌剂轮换使用，以延缓抗性产生。7. 避免孕妇及哺乳期妇女接触本品	20%	悬浮剂

序号	有效成分	防治对象	病害	用药量 ai/（g/hm^2）	注意事项	含量	剂型
21	噁霜灵（噁霜·锰锌）	黄瓜	霜霉病	1 650～1 950	1. 请按照农药安全使用准则使用本品。避免药液接触皮肤、眼睛和污染衣物，避免吸入雾滴。切勿在施药现场抽烟或饮食。在饮水、进食和抽烟前，应先洗手、洗脸。2. 配药时，应戴防渗手套。3. 施药时，应穿长袖衣、长裤和靴子。4. 施药后，彻底清洗防护用具，洗澡，并更换和清洗工作服。5. 使用过的空包装，用清水冲洗3次后妥善处理，切勿重复使用或改作其他用途。所有施药器具，用后应立即用清水或适当的洗涤剂清洗。6. 远离水产养殖区用药，禁止在河塘等水体中清洗施药器具；避免药液污染水源地。7. 未用完的制剂应放在原包装内密封保存。8. 避免和碱性农药混用，可与大部分农药混用。建议混用前先在小范围内做安全性试验。9. 制造厂敬告用户：严格按照推荐方法使用、操作和储藏本品。使用时应接受当地农业技术部门的指导	64%	可湿性粉剂
		烟草	黑胫病	1 950～2 400			
22	硫黄	橡胶树	白粉病	10 237.5～13 650	1.正常使用技术条件下本品对土壤、环境危害小，使用方便。2.使用本品时应穿戴防护服和手套，避免吸入药液。施药期间不可吃东西和饮水。施药后应及时洗手和洗脸。3.本品着火应急措施：遇小火用沙土闷熄。遇大火可用雾状水灭火。切勿将水流直接射至熔融物，以免引起严重的流淌火灾或引起剧烈的沸溅。4.避免药剂污染水源。5.不宜与硫酸铜等金属盐药剂混用。6.硫黄对黄瓜、大豆、马铃薯、桃、李、梨树、葡萄等敏感，施药时避免药液漂移到上述作物上	91%	粉剂

序号	有效成分	防治对象	病害	用药量 ai/（g/hm^2）	注意事项	含量	剂型
23	烯肟菌胺	黄瓜	白粉病	40～80	1. 在黄瓜上使用的安全间隔期 7 d，每季最多使用 2 次。在小麦上使用的安全间隔期 30 d，每季最多使用 3 次。2. 应与其他作用机制的杀菌剂交替使用。3. 远离水产养殖区施药，禁止在河塘等水体中清洗施药器具。4. 在开启包装物和使用过程中要注意防护，穿防护服，配戴防护手套、口罩等。工作期间不可吃东西或饮水，工作结束后应立即洗手、脸等裸露部位。5. 用过的容器应妥善处理，不可作他用，也不可随意丢弃	5%	乳油
		小麦	白粉病	40～80			
24	烯唑醇	小麦	白粉病	60～120	1. 安全间隔期：梨树为 21 d，每季作物最多使用 3 次；小麦为 21 d，每季作物最多使用 2 次。2. 建议与作用机制不同的杀菌剂轮换使用。3. 接触本剂应遵守农药安全使用操作规程，穿戴好防护衣物。工作时禁止吸烟和进食。工作结束后，应用肥皂和清水洗脸、手和裸露部位。4. 本品不宜和碱性农药混施。5. 远离水产养殖区施药，禁止在河塘清洗施药器具。6. 用过的容器应妥善处理，不可做他用，也不可随意丢弃。药物应密封存放，随用随配。7. 避免孕妇及哺乳期妇女接触	13%	可湿性粉剂
		梨树	黑星病	31～42			
25	井冈霉素 A	水稻	纹枯病	52.5～75	1. 接触本品应按照农药安全使用规定，做好防护措施，如戴好口罩、手套等。避免与皮肤、眼睛接触，防止由口鼻吸入。不得吸烟、进食、饮水，施药后立即洗手、洗脸。2. 本品切忌与碱性物质混用。3. 有效期内如有吸潮结块现象，溶解后不影响药效。4. 不得在河塘等水域清洗施药器具	5%	可湿性粉剂

序号	有效成分	防治对象	病害	用药量 ai/（g/hm^2）	注意事项	含量	剂型
26	克菌丹	草莓	灰霉病	833.3～1 250 mg/kg	1. 本品不能与碱性农药混用；与含锌离子的叶面肥混用时有些作物较敏感，应先试验、后使用。2. 红提葡萄果穗对克菌丹敏感，不推荐直接对果穗用药。可以在巨峰、藤稔、玫瑰香及酒葡萄上使用。其他葡萄品种上使用，请咨询相关技术人员或生产厂商。3. 葡萄上不能与有机磷杀虫剂混用，也不能与激素及含激素叶面肥混用。4. 在推荐剂量下使用，对登记作物安全，对蜂、鸟、鱼、家蚕安全。5. 施药时穿防护衣、戴口罩，避免皮肤接触，避免溅入眼睛内，避免吸和。6. 用过的包装材料不可挪做他用，应焚烧或深埋、或交给当地环保部门统一处理；清洗施药器械要远离水源，不能随意倾倒残余药液，避免污染水源环境。7. 如果将本品用于出口产品，请参照进口国的相关标准使用。8. 孕妇及哺乳期妇女禁止接触本品	50%	可湿性粉剂
		黄瓜	炭疽病	937.5～1 406.25			
		番茄	叶霉病、早疫病	937.5～1 406.25			
		辣椒	炭疽病	937.5～1 406.25			
		梨树	黑心病	714～1 000 mg/kg			
		苹果树	轮纹病	625～1 250 mg/kg			
		葡萄	霜霉病	833～1 250 mg/kg			
27	十三吗啉	橡胶树	红根病	15～22.5	1. 施药时必须穿戴防护衣或保护设施。2. 施药后用肥皂及清水全面彻底清洗脸及其他皮肤裸露部位。3. 避免药剂接触皮肤和眼睛。4. 远离水产养殖区用药，禁止在河塘等水体中清洗施药器具；避免药液污染水源地。5. 建议与其他作用机制不同的杀菌剂轮换使用，以延缓抗性产生。6. 用过的容器应清洗 3 次，然后用做再生材料，或埋藏或焚烧	750 g/L	乳油
28	三乙膦酸铝	棉花	疫病	1 410～2 820	1. 本品安全间隔期为 4 d，每个作物周期的最多使用次数为 3 次。2. 本品不得与酸性和碱性物质混用，以免分解失效。3. 使用本品时应穿戴防护服和手套，避免皮肤沾染和吸入。施药时不得饮食。施药后应及时洗手、洗脸并换洗衣物。4. 本品易吸潮结块，贮存时应密封保存，如遇结块不影响使用效果。5. 本品对鱼有毒，应远离水产养殖区施药，禁止在河塘等水体中清洗施药器具。桑园、蚕室附近慎用。6. 孕妇及哺乳期妇女不得接触本品	40%	可湿性粉剂
		蔬菜	霜霉病	1 410～2 820			

序号	有效成分	防治对象	病害	用药量 ai/（g/hm^2）	注意事项	含量	剂型
29	氯溴异氰尿酸	大白菜	软腐病	375～450	1.产品在黄瓜作物上使用的安全间隔期为 3 d，每个作物周期的最多使用次数为 3 次。在水稻作物上使用的安全间隔期为 7 d，每个作物周期的最多使用次数为 3 次。在白菜作物上使用的安全间隔期为 3 d，每个作物周期的最多使用次数为 3 次。2. 不能与碱性物质和有机物混合使用。3. 使用本品时应穿戴防护服和手套，避免接触药剂。施药期间不可吃东西或饮水。施药后应及时洗手和洗脸。4. 蜜源作物、蚕室、桑园及鸟放养区附近禁用。不得污染各类水域，远离水产养殖区施药，禁止在河塘等水体中清洗施药器具。5. 用过的容器应妥善处理，不可作他用，也不可随意丢弃	50%	可溶粉剂
30	精甲霜灵	大豆	根腐病	12～28 g/100 kg 种子	1. 请按照农药安全使用准则使用本品。避免药液接触皮肤、眼睛和污染衣物，避免吸入。切勿在施药现场抽烟或饮食。在饮水、进食和抽烟前，应先洗手、洗脸。2.配药和种子处理应在通风处进行。配药时，操作人员应戴防渗手套、护眼镜或防护面罩和帽子，穿长袖衣、长裤和靴子；种子处理时，应戴防渗手套和帽子，穿长袖衣、长裤和靴子。3. 施药后，彻底清洗防护用具，洗澡，并更换和清洗工作服。4. 处理过的种子必须放置在有明显标签的容器内。勿与食物、饲料放在一起，不得饲喂禽畜，更不得用来加工饲料或食品。5. 播种后必须覆土，严禁畜禽进入。6. 使用过的空包装，用清水冲洗 3 次后妥善处理，切勿重复使用或改作其他用途。所有施药器具，用后应立即用清水或适当的洗涤剂清洗。7. 勿将本品及其废液弃于池塘、河溪、湖泊等，以免污染水源。8. 未用完的制剂应放在原包装内密封保存；切勿将本品置于饮、食容器内	350 g/L	种子处理乳剂
		花生	霜霉病	12～28 g/100 kg 种子			
		棉花	猝倒病	12～28 g/100 kg 种子			
		水稻	烂秧病	5.25～8.75 g/100 kg 种子			
		向日葵	霜霉病	35～105 g/100 kg 种子			

序号	有效成分	防治对象	病害	用药量 ai/（g/hm^2）	注意事项	含量	剂型
31	萎锈灵（萎锈·福美双）	大豆	根腐病	140～200 g/100 kg 种子	1. 用药前应仔细阅读标签，按照标签的建议使用和处置产品。2. 本品药液和经本品包衣的种子不要长时间在阳光下暴晒，以免降低药效。不能与未处理的种子混放。3. 经本品包衣后的种子一般可直接包装，在配制药液用水量大和北方低温季节包衣等情况下，包衣后的种子需要吹干或晾干。经本品包衣后的种子，在包装袋上按规定标明，并妥善存放，以免误食误用。4. 虽然未经稀释的药液不会发生沉淀，但在分装或使用本品前，仍需先将药液摇匀。5. 品质差、生活力低、破损率高或含水量高于国家标准的种子不宜进行包衣处理。6. 经本品处理过的种子，不能用作食物或饲料。在本品包衣种子播种后 6 周内，不要在该播种区域放养牲畜。7. 使用过的包装及废弃物应作集中焚烧处理，避免其污染地下水，沟渠等水源。8. 使用本品时应穿戴防护服和手套，避免吸入药液。施药期间不可吃东西或饮水。施药后应及时洗手和洗脸及暴露部位皮肤上。9. 避免使用在甜玉米、糯玉米和亲本作物上。10. 过敏者禁用，使用中有任何不良反应请及时就医	400 g/L	悬浮剂
		大麦	黑穗病、条纹病	80～120 g/100 kg 种子			
		棉花	立枯病	160～200 g/100 kg 种子			
		水稻	立枯病、恶苗病	120～200 g/100 kg 种子			
		小麦	散黑穗病	108.8～131.2 g/100 kg 种子			
		玉米	丝黑穗病、苗期茎基腐病	160～200 g/100 kg 种子			
32	氰霜唑	番茄	晚疫病	80～100	1. 本剂对藻菌类以外的病害没有防效，如其他病害同时发生，要与其他药剂配合使用。2. 由于作用机理独特，与其他杀菌剂无交互抗性。3. 禁止在河塘等水体中清洗施药器具；避免药液污染水源地。4. 安全间隔期：黄瓜、番茄为 1 d，马铃薯 7 d，葡萄 7 d，荔枝 7 d，西瓜 7 d；每季作物最多使用次数：均为 4 次。5. 为了确保药效，使用时请将药液充分均匀喷雾到植株全部叶片的正反面。6. 为防止抗性产生，请与其他不同作用机制的杀菌剂轮用。7. 使用本品时应穿戴防护服和手套，避免吸入药液。施药期间不可吃东西或饮水。施药后应及时洗手和洗脸。8. 用过的容器应妥善处理，不可作他用，也不可随意丢弃。9. 避免孕妇及哺乳期的妇女接触	100 g/L	悬浮剂
		黄瓜	霜霉病	80～100			
		荔枝树	霜疫霉病	40～50 mg/kg			
		马铃薯	晚疫病	48～60			
		葡萄	霜霉病	40～50 mg/kg			
		西瓜	疫病	80～100			

序号	有效成分	防治对象	病害	用药量 ai/（g/hm^2）	注意事项	含量	剂型
33	氟环唑	苹果树	褐斑病	190～250 mg/kg	1. 避免暴露，施药时必须穿戴防护衣或使用保护措施。2. 施药后用清水及肥皂彻底清洗脸及其他裸露部位。3. 避免吸入有害气体，雾液或粉尘。4. 操作时应远离儿童和家畜。5. 操作时不要污染水面，或灌渠。6. 本品在香蕉上的安全间隔期为 35 d，每季作物最多使用 3 次。7. 孕妇及哺乳期妇女禁止接触本品。8. 使用过药械需清洗 3 遍，在洗涤药械或处置废弃物时不要污染水源	125 g/L	悬浮剂
		水稻	稻曲病、纹枯病	90～112.5			
		香蕉	叶斑病	125～250 mg/kg			
		小麦	锈病	90～112.5			
34	福美双	黄瓜	霜霉病、白粉病	803.6～1 125	1. 本品的安全间隔期为 4 d，每个作物周期的最多使用次数为 3 次。2. 不能与铜、汞制剂及碱性药剂混用或前后紧接使用。建议与其他作用机制不同的杀菌剂轮换使用。3. 本品对鱼类等水生生物有毒，应远离水产养殖区施药，禁止在河塘等水体中清洗施药器具，避免污染水源；不要在开花植物花期施药。4. 使用本品时应戴防护手套、口罩，穿好防护服。施药期间不可吃东西或饮水。施药后应及时洗手和洗脸。5. 用过的容器应妥善处理，不可作他用，也不可随意丢弃	50%	可湿性粉剂
35	甲霜灵	马铃薯	晚疫病	31.25～37.5	1. 本品每季最多使用 1 次，仅限于谷子拌种使用。2. 供处理种子应符合良种要求。3. 为延缓抗性产生，建议与其他不同作用机制的杀菌剂轮换使用。连续使用不得超过 3 年以上。4. 本品不宜与碱物质混用。5. 使用时应穿戴好防护用品，防止药粉进入眼睛、口、鼻，以防刺激黏膜，施药后洗净手、脸和身体被污染部位。如用手播，必须戴防护手套和口罩。6. 处理后的种子不得与未处理种子混放，应尽快使用。7. 孕妇及哺乳期妇女应避免接触此药	25%	悬浮种衣剂

序号	有效成分	防治对象	病害	用药量 ai/（g/hm^2）	注意事项	含量	剂型
36	腈菌唑	黄瓜	白粉病	22.5～30	1. 产品在作物上使用的安全间隔期为 20 d，每个作物周期的最多使用次数为 3 次。2. 不可与铜汞制剂及碱性农药混用，建议与其他不同作用机制的杀菌剂轮换使用。3. 应在发病初期施药，喷药应尽量做到均匀。在嫩梢、开花、幼果期使用浓度不低于 1 500 倍。4. 施药时要做好安全防护，穿戴防护服、口罩、手套、施药期间不得吃东西和饮水，施药后立即用大量清水洗手、洗脸。5. 禁止在河塘等水体中清洗施药器具	5%	乳油
		梨树	黑心病	1 500～2 000 倍液			
		香蕉	叶斑病	1 000～1 500 倍液			
37	多黏类芽孢杆菌	番茄	青枯病	300 倍液或 0.3 g/m^2	1. 本微生物农药（每克中的活菌数量超过 0.1 亿个）在使用前须先用 10 倍左右清水浸泡 2～6 h，再稀释至指定倍数；同时在稀释时和使用前须充分搅拌，以使本生防菌从吸附介质上充分分离（脱附）并均匀分布于水中。2. 本微生物农药在稀释后，虽会有较多吸附介质不溶于水，但吸附介质应和水溶液一道施入土壤中，只会增加防治效果而绝不会影响药效。3. 青枯病等土传病害的防治，应以预防为主，苗期用药，不仅可提高防治效果而且还具有防治苗期病害及壮苗的作用，切勿省略；若病害较重，可在登记范围内加大用药量，效果更佳。4. 施药应选在早晨或傍晚进行，若施药后 24 h 内遇大雨天气，天晴后应补灌一次。5. 土壤潮湿时施药，可适当减少稀释倍数（即提高药液的浓度），以确保药液能全部被植物根部土壤吸收。6. 本微生物农药不宜与杀细菌的化学农药直接混用或同时使用，否则效果可能会有所下降。7. 使用本微生物农药时应穿戴防护服、手套等；施药期间不可吃东西、饮水等；施药后应及时洗手、洗脸等。8. 清洗器具的废水，不能排入河流、池塘等水源；废弃物要妥善处理，不可作他用。9. 避免孕妇及哺乳期妇女接触本品	0.1 亿 CFU/ g	细粒剂
		辣椒	青枯病				
		茄子	青枯病				
		烟草	青枯病				

序号	有效成分	防治对象	病害	用药量 ai/（g/hm^2）	注意事项	含量	剂型
38	异菌脲	番茄	灰霉病	375～750	1. 本品在番茄上使用的安全间隔期 7 d，每季最多使用 3 次。2. 不能与呈碱性的农药等物质混用，以免分解失效。3. 建议与其他作用机制不同的杀菌剂轮换使用，以延缓抗性产生。4. 远离水产养殖区施药，禁止在河塘等水体中清洗施药器具，避免污染水源。5. 使用本品时应穿戴防护服和手套，避免吸入药液。施药期间不可吃东西或饮水。施药后应及时洗手和洗脸。6. 孕妇及哺乳期妇女避免接触。7. 用过的容器应妥善处理，不可作他用，也不可随意丢弃	50%	可湿性粉剂
39	氟吡菌胺（氟菌·霜霉威）	黄瓜	霜霉病	618.8～773.4	1.安全间隔期：黄瓜为 2 d，番茄为 3 d；每季最多施用次数：3 次。2.用药时应穿戴防护衣物，禁止吸烟、饮食。3.施药后用肥皂和足量清水彻底清洗手和面部以及其他可能接触药液的身体部位。4.用药后的空包装应妥善安置于安全场所。5.禁止在河塘等水体中清洗施药工具。6.建议与不同作用机制杀菌剂轮换使用。7.孕妇及哺乳期妇女禁止接触本品	68%	悬浮剂
		番茄	晚疫病				
40	二氯异氰尿酸钠	黄瓜	霜霉病	562.5～750	1.本品不得与其他杀菌剂混合使用，宜单独使用。2.本品对鱼类等水生生物有毒，远离水产养殖区施药，禁止在河塘等水体中清洗施药器具。3.本品在黄瓜作物上的安全间隔期为 3 d，每季最多使用 3 次。4.使用本品应穿戴防护服和手套，避免吸入药液。施药期间不可吃东西或饮水，施药后应及时洗手和洗脸。5.孕妇和哺乳期妇女避免接触。6.为延缓抗性，建议与其他作用机理农药交替使用。7.用过的容器应妥善处理，不可作他用，也不可随意丢弃	20%	可溶粉剂

序号	有效成分	防治对象	病害	用药量 ai/（g/hm^2）	注意事项	含量	剂型
41	烯丙苯噻唑	水稻	稻瘟病	2 000～4 000	1. 本品用于育秧盘时，需先施药后灌水，处理苗移栽本田后，保水（3～5 cm 水深）秧苗返青；在本田使用时，要用浅水条件(3～5 cm 水深)下均匀撒施，并保水 45 d；2. 砂质田、漏水田和多施未腐熟有机肥田不要使用本品；本品需要在壮苗上使用；3. 预测会有持续低温，抽植苗返青迟缓时，请不要使用本品；4. 养鱼田不要使用本品；5. 本品不要与敌稗同时使用，邻近田块使用也要避免，以防发生药害；6. 本品虽属低毒，使用时仍需严格遵守农药安全使用规定。施药时请戴上口罩、手套、穿着长衣长裤，以防吸入粉末及药粉洒在身上。施药完成后，用肥皂水冲洗手脚、面部，并用清水漱口，更换衣服。7. 安全间隔期为收获前 40 d，每季最多施用 3 次	8%	颗粒剂
		水稻育秧盘	稻瘟病	12～24 g/m^2			
42	碱式硫酸铜	梨树	黑星病	700～1 000 mg/kg	1. 安全间隔期：20 d。每季最多使用 2 次。2. 不宜在早晨有露水或刚下过雨后施药；在高温使用浓度要低。3. 施药时要安全操作，注意防护，要穿防护衣、胶鞋，戴防毒口罩、防护手套、防护镜等；在操作期间，禁止吸烟、喝水、吃东西等；施药后要用肥皂洗手脸等。4. 本品不可与石硫合剂等物质混用。5. 建议与其他作用机理不同的杀菌剂轮换使用，以延缓抗性产生。6. 孕妇及哺乳期的妇女避免接触本品。7. 废弃物要妥善处理，不可随意丢弃；清洗器具的废水，不能排入河流、池塘等水源	30%	悬浮剂
		苹果树	叶果病害	750～1 000 mg/kg			
43	溴硝醇	水稻	恶苗病	800～1000 mg/kg	1. 使用前仔细阅读本产品标签。2. 严格按照推荐剂量使用. 3. 施药时要穿戴防护用具、手套、面罩，避免使药液溅到眼睛和皮肤上，避免口鼻吸入，施药后用肥皂洗手、洗脸。4. 勿与碱性物质混用。5. 施药期间应避免对周围蜂群的影响，开花植物花期、蚕室和桑园附近禁用。远离水产养殖区施药，禁止在荷塘等水体中清洗施药器具。6. 用过的包装物应妥善处理，不可作他用，也不可随意丢弃。7. 孕妇及哺乳期妇女禁止接触本品	20%	可湿性粉剂

序号	有效成分	防治对象	病害	用药量 ai/（g/hm^2）	注意事项	含量	剂型
44	噻菌铜	大白菜	软腐病	225～300	1. 使用之前，先摇匀；如有沉淀，摇匀后不影响药效。2. 使用时，先用少量水将悬浮剂搅拌成浓液，然后对水稀释。3. 本剂不能与强碱性农药等物质混用。4. 本品虽属低毒农药，但使用时仍应遵守农药安全操作规程。注意保护，施药后要及时清洗。5. 在各防治作物上的使用安全间隔期和使用次数分别为：水稻：15 d，3 次；柑橘、西瓜：14 d，3 次；大白菜：14 d，3 次；烟草：21 d，3 次；黄瓜：3 d，3 次。6. 禁止在河塘等水域内清洗施药器具，避免污染水源。用过容器妥善处理，不可作他用或随意丢弃。7. 孕妇及哺乳期妇女禁止接触本品	20%	悬浮剂
		柑橘	疮痂病、溃疡病	300～500 倍液			
		黄瓜	角斑病	250～500			
		兰花	软腐病	400～666.7 mg/kg			
		棉花	苗期立枯病	200～300 g/100 kg 种子			
		水稻	白叶枯病、细菌性条纹病	225～300			
		西瓜	枯萎病	300～700 倍液			
		烟草	青枯病、野火病	300～390			
45	噻霉酮	黄瓜	细菌性角斑病	32.85～39.6	1. 本品在黄瓜上使用的安全间隔期为 3 d，每个作物周期的最多施药 3 次。2. 建议与其他作用机制不同的杀菌剂轮换使用，以延缓病菌抗药性产生。3. 禁止在河塘等水体中清洗施药器具，避免污染水源。用过的容器应妥善处理，不可作他用，也不可随意丢弃。远离水产养殖区、河塘等水域施药。用过的容器应妥善处理，不可作他用，也不可随意丢弃。4. 使用本品时应穿戴防护服和手套，避免吸入药液。施药期间不可吃东西或饮水。施药后应立即洗手和洗脸及暴露部位皮肤。5. 本品对蜂、蚕低毒、对鸟中等毒，鸟类保护区禁用，蚕室及桑园附近禁用。6. 过敏者禁用，使用中有任何不良反应请及时就医	3%	可湿性粉剂

序号	有效成分	防治对象	病害	用药量 ai/（g/hm^2）	注意事项	含量	剂型
46	联苯三唑醇	花生	叶斑病	187.5～312.5	1. 安全间隔期：花生 20 d，作物每季最多施药 3 次。2. 本品对鱼类属于中毒级农药，在使用本品时远离水产养殖区施药，不得将喷药器械在河塘等水体中洗涤，以免造成对鱼类的危害。3. 使用时操作人员应穿戴好防护服和手套、防尘口罩等劳动保护用品，施药期间禁止吸烟、饮食，施药后及时清洗手和脸等。4. 本品不宜与强酸性农药混合使用。5. 清洗喷药器械或弃置废料时，切忌污染水源	25%	可湿性粉剂
47	乙霉威（甲硫·乙霉威）	番茄	灰霉病	454.5～682.5	本品在番茄上使用的安全间隔期为 7 d，每季最多施药 3 次。避免和石灰硫黄合剂、波尔多液等碱性物质混用。为防止抗药性菌发生，请与作用方式不同的药剂轮换使用。药剂稀释后请尽快使用。远离水产养殖区用药，禁止在河塘等水体中清洗施药器具；避免药液污染水源地。使用本品时应穿戴防护服和手套，避免吸入药液。施药期间不可吃东西或饮水。施药后应及时洗手和洗脸	65%	可湿性粉剂
48	咪鲜胺锰盐	柑橘	青霉病、绿霉病、炭疽病、蒂腐病	250～500 mg/kg	1. 安全间隔期：黄瓜 5 d、蘑菇 5 d；本品处理后的柑橘和芒果距上市时间为 15 d 和 10 d；2. 每季最多施用次数：黄瓜 2 次和芒果、柑橘和蘑菇都是 1 次；3. 施药时应穿工作服、戴手套，不可吸烟、饮水或进食；4. 施药后用肥皂洗手、脸及裸露皮肤、工作服和手套；5. 用过的空药袋应妥善处理，不可作他用，也不可随意丢弃；6. 远离水产养殖区用药，禁止在河塘等水体中清洗施药器具；避免药液污染水源地。7. 孕妇及哺乳期妇女禁止接触本品	50%	可湿性粉剂
		黄瓜	炭疽病	282～562.5			
		芒果	炭疽病	250～500 mg/kg			
		蘑菇	白腐病、褐腐病	0.4～0.6 g/m^2			

序号	有效成分	防治对象	病害	用药量 ai/（g/hm^2）	注意事项	含量	剂型
49	福美锌	苹果树	炭疽病	1 200～1 800 mg/kg	1. 产品在苹果树上使用的安全间隔期为 14 d，每个作物周期的最多使用次数为 4 次。2. 不能与石灰、硫黄、铜制剂、砷酸铅及其他呈碱性的农药等物质混合使用。主要以防病为主，宜早期使用。3. 使用时注意不要污染河流、池塘、桑园、养蜂场等场所，施药结束后，要及时将喷雾器械清洗干净，连同剩余药剂一起带回仓库保管。清洗液剂不准随地泼洒，防止污染饮用水体和养鱼池塘。废弃物选择安全地方处理，不可用作他用或随意丢弃。4. 配药时应穿戴防护服和手套，避免吸入药液，配药人员要戴胶皮手套，必须用量具按照规定的剂量取药粉，不得任意增加用量。严禁用手拌药。施药人员应配戴手套、口罩、操作服、鞋及眼罩等防护用品，勿使药液溅入眼睛、皮肤上，施药后用肥皂洗手、洗脸。5. 孕妇及哺乳期妇女应避免接触本产品。6. 建议与其他作用机制不同的杀菌剂轮换使用，以延缓抗性产生	72%	可湿性粉剂
50	霜霉威盐酸盐	黄瓜	霜霉病	866.4～1 083	1. 安全间隔期 3 d，每个作物周期最多施药 3 次。2. 本品不可与强酸、碱性物质混合使用。3. 用过后的包装等污染物应妥善处理，避免污染河流、湖泊、等水源。用过的容器应妥善处理，不可作他用，也不可随意丢弃。4. 使用本品时应穿戴防护服和手套，避免吸入药液。施药期间不可吃东西或饮水。施药后应及时洗手和洗脸。5. 建议与其他不同作用机制的杀菌剂轮换使用。6. 孕妇及哺乳期妇女禁止接触本品	66.50%	水剂

序号	有效成分	防治对象	病害	用药量 ai/（g/hm²）	注意事项	含量	剂型
51	异稻瘟净	水稻	稻瘟病	900～1 200	1. 产品在水稻抽穗前使用，最多施药3次，安全间隔期为21 d。2. 施药时要穿戴防护用具、手套、面罩，避免使药液溅到眼睛和皮肤上，避免口鼻吸入，施药后用肥皂洗手、洗脸。3. 本品对鱼类等水生生物有毒，远离水产养殖区施药，禁止在河塘等水体中清洗施药器具。4. 施药后施药器械要用清水冲洗，剩余药液和废弃包装要妥善处理。5. 建议与不同作用机制杀菌剂轮换使用。6. 本品不要与铜制剂、石硫合剂等碱性物质混用。7. 用过的容器应妥善处理，不可作他用，也不可随意丢弃。8. 孕妇及哺乳期妇女禁止接触本品	40%	乳油
52	三环唑	水稻	稻瘟病	225～300	1. 本品在水稻上使用的安全间隔期为21 d，每季最多使2次。2. 施药时应穿防护服和手套，避免药液接触皮肤，眼睛和吸入药液。不得在现场饮食、饮水、吸烟等。施药后应及时洗澡，并更换衣服。3. 孕妇、哺乳期妇女禁止接触本品。4. 未用完的药剂应放回原包装内，并于阴凉、干燥处密闭保存。用后的包装物深埋处理。5. 施药器械可用清水或适当的洗涤剂反复清洗2～3次，倒置晾干。6. 不得与碱性农药等物质混用。可与其他作用机制不同的杀菌剂轮换使用。7. 用过的容器应妥善处理，不可作他用，也不可随意丢弃	75%	可湿性粉剂
53	百菌清	黄瓜	白粉病	1 500～1 725	1. 不能与石硫合剂、波尔多液等碱性的农药等物质混合使用。2. 本品对鱼类有毒。药液不能污染鱼塘和水域。3. 使用本品应穿戴防护服和手套，避免吸入药液。施药期间不可吃东西或饮水。施药后应及时洗手和洗脸。4. 本品在黄瓜上使用的安全间隔期为7 d，每季最多施药3次。5. 孕妇及哺乳期妇女应避免接触。6. 建议与其他作用机制不同的杀菌剂轮换使用，以延缓抗性产生。7. 禁止在河塘等水域清洗施药器具，避免污染水源。8. 用过的容器应妥善处理，不可作他用，也不可随意丢弃	75%	可湿性粉剂

序号	有效成分	防治对象	病害	用药量 ai/（g/hm^2）	注意事项	含量	剂型
54	霜脲（霜脲·锰锌）	番茄	晚疫病	1 440～1 944	1. 请勿与碱性或含铜物质混合使用。2. 使用前必须详细阅读本标签说明，未依本标签及公司指示使用而引起的任何伤害，使用者自行承担所有责任。3. 番茄和黄瓜：推荐安全间隔期为 2 d，最多使用 3 次；荔枝：推荐安全间隔期为 14 d，最多使用 3 次。马铃薯：推荐安全间隔期为 7 d，每季最多使用 3 次。4. 建议选择不同作用机制的杀菌剂轮换使用，以延缓抗性产生。5. 配药及施药时应穿戴保护性衣服、手套、靴子、口罩、帽子等；施药后：应清洗全身及换洗衣服。6. 使用后的空袋可在当地法规容许下焚毁或深埋。7. 清洗喷雾器的废水倒入废水沟，不能污染河水，井水或水源。8. 孕妇和哺乳期妇女不得接触本品。9. 用过容器应妥善处理，不可作他用，也不可随意丢弃	72%	可湿性粉剂
		黄瓜	霜霉病	1 440～1 800			
		荔枝	霜疫霉病	1 030～1 440 mg/kg			
		马铃薯	晚疫病	1 157～1 620			
55	霜霉威	黄瓜	霜霉病	649.8～1 083	1. 本品用于黄瓜上的安全间隔期为 3 d，每季最多使用次数为 3 次。2. 本品不可与呈碱性的农药等物质混合使用。3. 建议与其他作用机制不同的杀菌剂轮换使用，以延缓抗性产生。4. 远离水产养殖区施药，禁止在河塘等水体中清洗施药器具，避免污染水源。5. 使用本品时应穿戴防护服和手套，避免吸入药液。施药期间不可吃东西或饮水。施药后应及时洗手和洗脸。6. 孕妇及哺乳期妇女避免接触。7. 用过的容器应妥善处理，不可作他用，也不可随意丢弃	722 g/L	水剂

序号	有效成分	防治对象	病害	用药量 ai/（g/hm^2）	注意事项	含量	剂型
56	腐霉利	葡萄	灰霉病	250～333.3 mg/kg	1. 本品在葡萄上安全间隔期为14 d，每季最多使用2次。2. 不能与碱性农药混合，不宜与有机磷农药混配，要尽量减少用药次数和用药量。药剂配好后要尽快喷用，不要长时间放置。3. 施用时应注意穿戴防护衣物，且勿吸烟及饮食；施用后及时清洗外露的皮肤、用过的器具和污染的衣物。4. 该产品对鱼有毒，防止污染水源。禁止在河塘等水体中清洗施药器具。5. 为了延缓抗性产生，可与其他作用机制不同的杀菌剂轮换使用。6. 使用后容器需集中深埋处理，或交由专门收集处理部门	50%	可湿性粉剂
57	咪鲜胺	柑橘	蒂腐病、绿霉病、青霉病、炭疽病	250～500 mg/kg	1. 安全间隔期：本品处理后的柑橘距上市时间为14 d，芒果距上市时间为20 d；2. 每季最多施用次数：浸果处理1次；喷雾处理不超过3次；3. 施药时应穿工作服戴手套，不可吸烟、饮水或进食；4. 施药后用肥皂洗手、脸及裸露皮肤、工作服和手套；5. 用过的空药袋应妥善处理，不可作他用，也不可随意丢弃。6. 本品对鱼类等水生生物有毒，远离水产养殖区施药，禁止将处理后的残液直接排入河塘等水体中，禁止直接在河体中清洗施药器具。7. 孕妇及哺乳期妇女禁止接触本品		
		芒果	炭疽病	500～1 000 mg/kg			
		水稻	恶苗病	62.5～125 mg/kg			
58	乙嘧酚	黄瓜	白粉病	234.38～351.56	1. 严格按照登记批准的内容使用本品，安全间隔期为3 d，每季作物最多允许使用本品3次。2. 配药时，配药人员仍需戴口罩、手套，注意安全。3. 使用前请先将药剂充分摇匀。4. 本品对蜂中毒，不可污染蜜源植物及养蜂场所；避免药液污染水源。5. 预防抗性措施：①选用抗病品种等植保措施。②注意轮换交替用药。应选用防治对象相同，而作用机制不同的杀菌剂施药。③按标签上规定的适期防治，提高防治效果。6. 孕妇及哺乳期妇女禁止接触本品。7. 用过的容器应妥善处理，不可作他用，也不可随意丢弃		

序号	有效成分	防治对象	病害	用药量 ai/（g/hm^2）	注意事项	含量	剂型
59	寡雄腐霉菌	番茄	晚疫病	100～300 制剂	1. 使用本品前请认真阅读产品使用说明书。2. 本品不能与化学杀菌剂混合使用，使用过化学杀菌剂的容器和喷雾器，均不能直接用于本品，需用清水彻底清洗后使用。3.对鱼低毒，远离水产养殖区施药，禁止在河塘等水体中清洗施药器具。4.使用本品时应穿防护服和戴手套，避免吸入药液。施药期间不可吃东西或饮水。施药后应及时洗手、洗脸及暴露部位皮肤，孕妇及哺乳期妇女避免接触。5.对蜂低毒，开花植物花期禁用；瓢虫等天敌放飞区域、鸟类保护区禁用。6.过敏者禁用。使用中有任何不良反应请及时就医。7.用过的容器应妥善处理，不可作他用，也不可随意丢弃	100 万孢子/ g	可湿性粉剂
		水稻	立枯病	2 500～3 000 倍液			
		烟草	黑胫病	150～300 制剂			
60	硫酸铜	柑橘树	疮痂病、溃疡病	962.5～1 925 mg/kg	1. 安全间隔期：柑橘 32 d，每季最多使用 4 次；黄瓜 10 d，每季最多使用 3 次；烟草 15 d，每季最多使用 3 次；葡萄 34 d，每季最多使用 4 次；苹果 28 d；每季最多使用 4 次；大姜 30 d，每季最多使用 4 次。2. 多宁不能与含有其他金属元素的药剂和微肥混合使用，也不宜与强碱性和强酸性物质混用。3. 桃，李，梅，杏，柿子，大白菜，菜豆，莴苣，荸荠等对本品敏感，不宜使用。苹果、梨树的花期、幼果期对铜离子敏感，本品含铜离子，施药时注意避免漂移至上述作物。4. 使用过的药械需清洗 3 遍，在洗涤药械和处理废弃物时不要污染水源。5. 施药时穿防护衣、戴口罩，避免眼睛、皮肤接触、避免吸入。6. 用过的包装材料不可挪作他用，焚烧或深埋，或交给当地环保部门统一处理；清洗施药器械要远离水源，不能随意倾倒残余药液，以免污染环境。7. 本品对蜜蜂、鱼类等水生生物、家蚕有毒，施药期间应避免对周围蜂群的影响，开花植物花期、蚕室和桑园附近禁用。远离水产养殖区施药，禁止在河塘等水体中清洗施药器具	77%	可湿性粉剂
		黄瓜		1 347.5～2 021.3			
		姜		962.5～1 925 mg/kg			
		苹果树		962.5～1 925 mg/kg			
		葡萄		1 100～1 540 mg/kg			
		烟草		1 283～1 925 mg/kg			

序号	有效成分	防治对象	病害	用药量 ai/（g/hm^2）	注意事项	含量	剂型
61	啶酰菌胺	番茄	灰霉病、早疫病	225～375	1. 黄瓜每季作物最多用药 3 次，安全间隔期 2 d。2. 番茄每季作物最多用药 3 次，安全间隔期 5 d。3. 草莓每季作物最多用药 3 次，安全间隔期 3 d。4. 葡萄每季作物最多用药 3 次，安全间隔期 7 d。5. 马铃薯每季作物最多用药 3 次，安全间隔期 5 d。6. 油菜每季作物最多用药 2 次，安全间隔期 14 d。7. 避免暴露，施药时必须穿戴防护衣或使用保护措施。8. 施药后用清水及温肥皂彻底清洗脸及其他裸露部位。9. 避免吸入有害气体，雾液或粉尘。10. 操作时应远离儿童和家畜。操作时不要污染水面，或灌渠。不得污染各类水域，桑园及家蚕养殖区慎用。11. 不得污染各类水域。桑园及家蚕养殖区禁用。12. 孕妇、哺乳期妇女及过敏者禁用，使用中有任何不良反应请及时就医。13. 药剂应现混现兑，配好的药液要立即使用。14. 毁掉空包装袋，并按照当地的有关规定处置所有的废弃物。15. 使用过药械需清洗 3 遍，在洗涤药械或处置废弃物时不要污染水源	50%	水分散粒剂
		黄瓜	灰霉病	250～350			
		马铃薯	早疫	150～225			
		葡萄	灰霉病	333～1 000 mg/kg			
		油菜	菌核病	225～375			
		草莓	灰霉病	225～337.5			
62	氟菌唑	黄瓜	白粉病	60～90	1. 在黄瓜上的安全间隔期为 2 d，每季作物最多使用次数为 2 次。在梨树上的安全间隔期为 7 d，每季作物最多使用次数为 2 次。在烟草上的安全间隔期为 14 d，每季作物最多施药3次。2. 使用本品时应穿戴防护服和手套，避免吸入药液。施药期间不可吃东西或饮水。施药后应及时洗手和洗脸。3. 建议与不同作用机制的药剂轮换使用，不可与波尔多液等碱性和酸性农药等物质混用。4. 本品对鱼类等水生生物低毒，远离水产养殖区施药，禁止在河塘等水体中清洗施药器具。5. 使用本品时应采取必要的个人防护措施，戴手套、面罩、穿胶靴。6. 适期施药可以达到良好的防治效果，并且可以节省药剂。7. 用过的容器应妥善处理，不可作他用，不可弃于水田、湖泊、沼泽。8.孕妇及哺乳期妇女避免接触	30%	可湿性粉剂
		梨树	黑星病	75～100 mg/kg			
		烟草	白粉病	36～54			

序号	有效成分	防治对象	病害	用药量 ai/（g/hm^2）	注意事项	含量	剂型
63	恶霉灵	甜菜	立枯病	385～490 g/100 kg 种子	1. 本品为种子拌种剂，每季最多使用 1 次，药液及其废液不得污染各类水域、土壤等环境。2. 配药和施药时，应穿防护服，戴口罩或防毒面具以及橡胶手套，施药期间不可吃东西或饮水。施药后应及时洗手和洗脸。3. 本品对鱼类等水生生物、蜜蜂、家蚕有毒，施药期间应避免对周围蜂群的不利影响、开花植物花期、蚕室和桑园附近禁用。远离水产养殖区施药，禁止在河塘等水体中清洗施药器具。赤眼蜂等天敌放飞区域禁用。4. 孕妇及哺乳期妇女应避免接触。5. 本品不能与石硫合剂、波尔多液碱性物质混用。6. 用过的容器应妥善处理，不可作他用，也不可随意丢弃	70%	可湿性粉剂
64	三唑醇	水稻	稻瘟病、纹枯病、稻曲病	135～157.5	1. 安全间隔期：水稻 35 d，作物每季最多施药 2 次。2. 室内操作注意通风，处理后的种子禁止供人、畜食用，也不要与未处理种子混合或一起存放。3. 本品对鱼、家蚕有毒，施药时避免药剂漂移到附近桑园，禁止在水井、河塘等水体中清洗施药器械。4. 用药时应穿戴防护衣物，施药期禁止吸烟、饮食，施药后及时清洗全身。用完后的包装物应妥善处理，不可乱扔。5. 本品不宜与酸性农药混合使用。6. 孕妇、哺乳期妇女不可参加施药。7. 建议与其他作用机制不同的杀菌剂轮换使用，以延缓抗药性产生	15%	可湿性粉剂
		小麦	纹枯病	30～45 g/100 kg 种子			
65	硅噻菌胺	冬小麦	全蚀病	20～40 g/100 kg 种子	1. 拌种一定要拌均匀。2. 拌种后的种籽不能当作食品和饲料使用。3.拌种时应当穿防护衣和带手套。4. 拌种时需使用塑料膜防止药液流失。5. 火警处理：可用喷淋、泡沫、干粉、二氧化碳或其他 B 类灭火剂扑灭。6. 泄漏处理：尽量减少扩散，避免污染下水管道或类似排水设	125 g/L	悬浮剂

序号	有效成分	防治对象	病害	用药量 ai/（g/hm^2）	注意事项	含量	剂型
65	硅噻菌胺	冬小麦	全蚀病	20～40 g/100 kg 种子	施。如果泄漏量较小，用容器收集以便回收或处理；对于残留物可以用少量水冲刷，但是尽量减少水的使用以防环境污染。对于严重污染的土壤，要挖掘收集以待处理	125 g/L	悬浮剂
66	啶菌噁唑	番茄	灰霉病	200～400	1. 暂定本品用于防治番茄灰霉病安全间隔期 3 d，每季最多使用 3 次。2. 在开启包装物和使用过程中要注意防护，穿防护服，配戴防护手套、口罩等。3. 注意不要污染池塘和水源。4. 请在当地农技部门指导下使用。5. 避免孕妇及哺乳期妇女接触。6. 用过的容器应妥善处理，不可作他用，也不可随意丢弃	25%	乳油
67	溴菌腈	苹果树	炭疽病	500～833 mg/kg	1. 产品在使用上安全间隔期为 14 d，作物每个周期的最多使用次数为 3 次。2. 使用本品时应穿戴防护服和手套，避免吸入药液。施药期间不可吃东西或饮水。施药后应及时洗手和洗脸。3. 本品宜晴天午后用药，避免在高温下使用。4. 用过的容器应妥善处理，不可作他用，也不可随意丢弃。药物应密封存放，随用随配。5. 孕妇及哺乳期妇女禁止接触本品	25%	乳油
68	氨基寡糖素	番茄	晚疫病	14.06～18.75	1. 施药时，应避免与药液直接接触；应穿保护服、戴口罩、风镜和胶皮手套等，以防中毒；施药后应洗澡，更换及清洗工作服；空容器应土埋或烧毁，切勿再用。禁止在河塘等水体中清洗施药器具。2. 严禁与碱性物质和肥料混用。3. 严格按产品说明书使用，严格控制农药的使用浓度和用量。4.建议与其他作用机制不同的杀菌剂轮换使用。5.用过后容器应妥善处理，不可作他用，也不可随意丢弃	0.50%	水剂

序号	有效成分	防治对象	病害	用药量 ai/（g/hm^2）	注意事项	含量	剂型
69	吡唑醚菌酯	白菜	炭疽病	112.5～187.5	1 .避免暴露，施药时必须穿戴防护衣或使用保护措施，此时不能吃东西和饮水等，药液及其废液不得污染各类水域等环境。2. 施药后用清水及肥皂彻底清洗脸及其他裸露部位。3. 操作时应远离儿童和家畜。4.操作时不要污染水面，或灌渠。5. 对鱼毒性高，药械不得在池塘等水源和水体中洗涤，残液不得倒入水源和水体中。6. 孕妇与哺乳期妇女禁止接触本品。7. 药剂应现混现兑，配好的药液要立即使用。8. 毁掉空包装袋，并按照当地的有关规定处置所有废弃物。9. 使用过药械需清洗 3 遍，在洗涤药械或处置废弃物时不要污染水源	250 g/L	乳油
		草坪	褐斑病	125～250 mg/kg			
		茶树	炭疽病	125～250 mg/kg			
		黄瓜	白粉病、霜霉病	75～150			
		芒果树	炭疽病	125～250 mg/kg			
		西瓜	炭疽病	56.25～112.5			
		香蕉	黑星病、炭疽病、叶斑病、轴腐病	83.3～250 mg/kg			
		玉米	大斑病	112.5～187.5			
70	戊菌唑	葡萄	白粉病	25～50 mg/kg	1. 在葡萄上最多使用 3 次，安全间隔期为 14 d。药液及其废液不得污染各类水域、土壤等环境。2. 使用前须仔细阅读产品说明书，并严格按照产品说明书内容使用。3. 在使用时须遵守农药安全防护措施规定。穿戴防护服，避免吸入药液及皮肤接触。4. 本品不能与铜制剂、碱性制剂、碱性物质（如波尔多液、石硫合剂）等物质混用。5. 喷施时须避开蜜蜂采蜜季节，开花植物花期禁用，勿在池塘、水源、桑田、蚕室近处喷药，禁止在河塘等水域清洗施药器具，切勿使药剂污染水源。6. 应与作用机制不同的杀菌剂轮换使用，以延缓抗性产生。7. 使用后及时清洗暴露部位皮肤，并更换衣服。8. 孕期及哺乳期妇女禁用。9. 过敏者禁用，使用中有任何不良反应请及时就医	10%	乳油

序号	有效成分	防治对象	病害	用药量 ai/（g/hm^2）	注意事项	含量	剂型
71	丙森锌	番茄	早疫病	1 313～1 995	1. 本产品在黄瓜上的安全间隔期为 5 d，每季作物周期最多使用 3 次；在番茄上的安全间隔期为 7 d，每季作物周期最多使用 3 次。药液及其废液不得污染各类水域、土壤等环境。2. 本产品禁止与铜制剂或碱性物质（波尔多液、石硫合剂等）混用。3. 使用时应穿戴防护服和手套，避免吸入药剂。施药期间不可进食和饮水。施药后应及时换洗衣物，洗净手、脸和被污染的皮肤。4. 远离水产养殖区用药，禁止在河塘等水体清洗施药器具；避免药液污染水源地。5. 孕妇、过敏体质和皮肤病患者禁止接触本品。6. 建议与其他作用机制不同的杀菌剂轮换使用，以延缓抗性产生。7. 用过的容器应妥善处理，不可作他用，也不可随意丢弃	70%	可湿性粉剂
		黄瓜	霜霉病	1 575～2 205			
72	香菇多糖	水稻	条纹叶枯病	7.5～9	1. 本产品用清水配制，现用现配。应严格按规定比例稀释使用。2. 本产品不宜于同碱性农药等物质混配使用。3. 本产品为生物制剂，开启前仍继续发酵，因而鼓瓶为正常现象。本品有少许沉淀，使用时要摇匀，沉淀不影响药效。4. 开启包装物要远离眼睛，以防发酵产生的气体伤害眼睛和皮肤。施用时应穿防护服，戴口罩，施药后及时用肥皂洗手，脸及裸露部位，避免孕妇及哺乳期妇女接触。5. 禁止在河塘等水域内清洗施药器具，避免污染水源。6. 用过的容器妥善处理，不可作他用或随意丢弃	0.50%	水剂
		番茄	病毒病	12.45～18.75			
73	己唑醇	水稻	纹枯病	68～75	1. 使用前请仔细阅读产品说明书，须按照本产品说明书使用。药液及其废液不得污染各类水域、土壤等环境。2. 在水稻上使用的安全间隔期为 28 d，每季作物最多施药 3 次。3. 本品对水蚕类、鱼类等水生生物有毒，应远离水	50%	可湿性粉剂

序号	有效成分	防治对象	病害	用药量 ai/（g/hm^2）	注意事项	含量	剂型
73	已唑醇	水稻	纹枯病	68～75	产养殖区施药，水源地及附近水域禁止使用。鱼或虾蟹套养稻田禁用，施药后田水不得直接排入水体。4. 施药时应做好防护措施，施药后及时换洗衣物，洗净手、脸和被污染皮肤。5. 建议与其他作用机制的杀菌剂品种轮换使用，以延缓病菌抗药性的产生。6. 孕妇及哺乳期妇女禁止接触本品。7. 清洗喷药器具及衣物，不要将清洗液倒入河流、池塘中，应远离水源将污水掩埋。废弃包装应及时回收处理，以免对环境造成不必要的污染。8. 用过的容器应妥善处理，不可作他用，也不可随意丢弃	50%	可湿性粉剂
74	三唑酮	小麦	白粉病	93.75～131.25	1. 本品安全间隔期为 20 d，每季作物最多使用 2 次。2. 不可与呈碱性的农药等物质混用。3. 建议与其他作用机制不同的杀菌剂轮换使用，以延缓抗性产生。4. 施药时应穿戴好防护服、口罩、手套等，施药期间不可吃东西或饮水，用药后应用肥皂和大量清水洗净手部、脸部及其接触到药剂的身体部位。5. 远离水产养殖区施药，禁止在河塘等水体中清洗施药器具，避免污染水源。6. 孕妇及哺乳期妇女避免接触	25%	可湿性粉剂
75	氟吡菌酰胺	黄瓜	白粉病	37.5～75	1. 安全间隔期：黄瓜为 2 d。2. 每季最多施用次数：黄瓜为 3 次。3. 使用时应戴防护镜、口罩和手套，穿防护服，并禁止饮食、吸烟、饮水等。4. 施药后用肥皂和足量清水彻底清洗手、面部以及其他可能接触药液的身体部位。5. 本品对水生生物有毒，药品及废液不得污染各类水域、土壤等环境；禁止在河塘清洗施药器械。6. 空包装应 3 次清洗后妥善处理；7. 孕妇及哺乳期妇女禁止接触本品	41.70%	悬浮剂

序号	有效成分	防治对象	病害	用药量 ai/（g/hm^2）	注意事项	含量	剂型
76	啶氧菌酯	番茄	灰霉病	97.5～135	1. 本品不可与强酸、强碱性物质混用。药液及其废液不得污染各类水域、土壤等环境。2. 西瓜安全间隔期 7 d，每季最多使用 3 次。香蕉安全间隔期 28 d，每季最多使用 3 次。黄瓜安全间隔期 3 d，每季最多使用 3 次。番茄安全间隔期 5 d，每季最多用 3 次。辣椒安全间隔期 7 d，每季最多使用 3 次。葡萄安全间隔期 14 d，每季最多使用 3 次。枣树安全间隔期 21 d，每季最多使用 3 次。3. 温室大棚环境复杂，该产品不建议在温室大棚使用。4. 遵守一般农药使用规则。施药时要穿戴防护用具、手套，避免使药液溅到眼睛、皮肤和衣服上，避免口鼻吸入，施药后用肥皂洗手、洗脸。5. 清洗喷雾器的废水和废弃的包装不可污染河流、井水、湖泊及其他开放性水源。使用后的空袋冲洗 3 次后妥善处理，切勿重复使用或改作其他用途。6. 喷施的药液应避免漂移至水生生物栖息地。7. 建议与其他作用机制不同的杀菌剂轮换使用。8. 孕妇和哺乳期妇女禁止接触本品。9. 用过的容器应妥善处理，不可作他用，也不可随意丢弃	22.50%	悬浮剂
		黄瓜	灰霉病、霜霉病	97.5～135			
		辣椒	炭疽病	94～113			
		葡萄	黑痘病、霜霉病	125～167 mg/kg			
		西瓜	蔓枯病、炭疽病	131.25～168.7 mg/kg			
		香蕉	黑星病、叶斑病	143～167 mg/kg			
		枣树	锈病	125～167 mg/kg			
77	氰烯菌酯	水稻	恶苗病	83.3～125 mg/kg	1. 本品在小麦上的安全间隔期为 21 d，每季最多使用 2 次；2. 建议与其他作用机制不同的杀菌剂轮换使用，以延缓抗性产生；3. 本品对鸟、家蚕、水蚤、藻类等水生生物有毒，蚕室和桑园附近禁用。天敌放飞区域禁用。远离水产养殖区、河塘等水体附近施药，禁止在河塘等水体中清洗施药器具；4. 本品不能与碱性农药等物质混用；5. 使用本品时应戴防护服和手套，避免吸入药液；施药期间不可吃东西或饮水；施药后应及时洗手和洗脸；6. 避免孕妇及哺乳期的妇女接触。7. 用过的容器应妥善处理，不可作他用，也不可随意丢弃	25%	悬浮剂
		小麦	赤霉病	375～750			

序号	有效成分	防治对象	病害	用药量 ai/（g/hm^2）	注意事项	含量	剂型
78	代森联	柑橘	疮痂病	1 000～1 400 mg/kg	1. 避免暴露，施药时必须穿戴防护衣、口罩和手套等；不能饮食吸烟。施药后用清水及肥皂彻底清洗脸部及其他裸露部位。2. 避免吸入有害气体，雾液或粉尘。3. 清洗器具的废水不能排入河流、池塘等水源；废弃物妥善处理，不可作他用，也不可随意丢弃。4. 避免孕妇及哺乳期的妇女接触本品	70%	水分散粒剂
		黄瓜	霜霉病	1 120～1 750			
		梨树	黑星病	1 000～1 400 mg/kg			
		苹果	斑点落叶病、轮纹病、炭疽病	1 000～2 333 mg/kg			
79	灭菌唑	小麦	散黑穗病、腥黑穗病	2.5～5/100 kg 种子	1. 处理后的种子切勿食用或作为饲料。2. 拌种及播种时应戴口罩、手套，严禁吸烟和饮食。3. 施药后用肥皂洗澡，并将作业服等保护用具用肥皂洗净。4. 建议与其他作用机制不同的种衣剂轮换使用，以延缓抗性产生。5. 防止药液污染水源地	25 g/L	悬浮种衣剂
80	烯肟菌酯	黄瓜	霜霉病	100～200	1. 在黄瓜上的安全间隔期 2 d。2. 本品是内吸性杀菌剂，一个生长季使用不超过 3 次。3. 远离水产养殖区施药，禁止在河塘等水体中清洗施药器具。4. 在开启包装物和使用过程中要注意防护，穿防护服，配戴防护手套、口罩等。5. 建议与其他作用机制不同的杀菌剂轮换使用，以延缓抗性产生。6. 用过的容器应妥善处理，不可作他用，也不可随意丢弃	25%	乳油
81	菌核净	水稻	纹枯病	1 200～1 500	1.菌核净对酸较稳定，遇碱和日光照射易分解，本品不可与呈碱性的农药等物质混合使用。2.建议与其他作用机制不同的杀菌剂轮换使用，以延缓抗性产生。3. 使用本品时应穿戴防护服、口罩和手套，避免与皮肤接触，防止由口鼻吸入，施药期间不可抽烟、吃东西或饮水，施药后应及时洗手和洗脸。4.孕妇和哺乳期妇女避免接触。5.远离水产养殖区用药，禁止在河塘等水体中清洗施药器具，避免药液污染水源。6. 用过的容器应妥善处理，不可作他用，也不可随意丢弃	40%	可湿性粉剂
		烟草	赤星病	1 125～2 025			
		油菜	菌核病	600～900			

序号	有效成分	防治对象	病害	用药量 ai/（g/hm^2）	注意事项	含量	剂型
82	嘧菌酯	大豆	锈病	150～225	1. 请按照农药安全使用准则使用本品，避免药液接触皮肤、眼睛和污染衣物，避免吸入雾滴。切勿在施药现场抽烟或饮食。在饮水、进食和抽烟前，应先洗手、洗脸。2. 配药时，应戴手套、面罩，穿长袖衣、长裤和靴子。3. 喷药时，应穿长袖衣、长裤和靴子。4. 施药后，彻底清洗防护用具，洗澡，并更换和清洗工作服。5. 使用过的空包装，用清水冲洗 3 次后妥善处理，切勿重复使用或改作其他用途。所有施药器具，用后应立即用清水或适当的洗涤剂清洗。6. 不得污染各类水域，勿将药液或空包装弃于水中或在河塘中洗涤喷雾器械，避免影响鱼类和污染水源。7. 未用完的制剂应放在原包装内密闭保存，切勿将本品置于饮、食容器中	250 g/L	悬浮剂
		冬瓜	霜霉病、炭疽病	180～337.5			
		番茄	晚疫病、叶霉病、早疫病	225～337.5			
		柑橘	疮痂病、炭疽病	208～312.5 mg/kg			
		花椰菜	霜霉病	150～270			
		黄瓜	白粉病、黑星病、蔓枯病、霜霉病	225～337.5			
		菊科和蔷薇科	白粉病	100～250 mg/kg			
		辣椒	炭疽病、疫病	150～270			
		荔枝	霜疫霉病	150～200 mg/kg			
		马铃薯	黑痣病、晚疫病、早疫病	56.25～75			
		芒果	炭疽病	150～200 mg/kg			
		葡萄	白腐病、黑痘病、霜霉病	200～300 mg/kg			
		人参	黑斑病	150～225			
		丝瓜	霜霉病	180～337			
		西瓜	炭疽病	150～300 mg/kg			
		香蕉	叶斑病	166.7～250 mg/kg			
		枣树	炭疽病	100～166.7 mg/kg			

序号	有效成分	防治对象	病害	用药量 ai/（g/hm^2）	注意事项	含量	剂型
83	苯醚甲环唑	菜豆	锈病	50～83 g/亩	1. 请按照农药安全使用准则使用本品，避免药液接触皮肤、眼睛和污染衣物，避免吸入雾滴。切勿在施药现场抽烟或饮食。在饮水、进食和抽烟前，应先洗手、洗脸。2. 配药时，应戴手套和面罩，穿靴子、长袖衣和长裤。3. 喷药时，应穿靴子、长袖衣和长裤。4. 施药后，彻底清洗防护用具，洗澡，并更换和清洗工作服。5. 本品对鱼及水生生物有毒，药液及及废液不得污染各类水域，勿将药液、清洗施药器具的废水或空瓶弃于水中，避免影响鱼类和污染水源。6. 使用过的空包装，用清水冲洗 3 次后妥善处理，切勿重复使用或改作其他用途。所有施药器具，用后应立即用清水或适当的洗涤剂清洗。7. 未用完的制剂应保存在原包装内，切勿将本品置于饮、食容器内。制造厂敬告用户：严格按照推荐方法使用、操作和储藏本品。使用时应接受当地农业技术部门的指导	10%	水分散粒剂
		茶树	炭疽病	1 000～1 500 倍液			
		大白菜	黑斑病	35～50 g/亩			
		大蒜	叶枯病	30～60 g/亩			
		番茄	早疫病	67～100 g/亩			
		柑橘树	疮痂病	667～2 000 倍液			
		黄瓜	白粉病	50～83 g/亩			
		辣椒	炭疽病	50～83 g/亩			
		梨树	黑星病	6 000～7 000 倍液			
		荔枝树	炭疽病	650～1 000 倍液			
		芦笋	茎枯病	1 000～1 500 倍液			
		苹果树	斑点落叶病	1 500～3 000 倍液			
		葡萄	炭疽病	800～1 300 倍液			
		芹菜	叶斑病	67～83 g/亩			
		石榴	麻皮病	1 000～2 000 倍液			
		西瓜	炭疽病	50～75 g/亩			
		洋葱	紫斑病	30～75 g/亩			
84	嘧菌环胺	葡萄	灰霉病	500～800 mg/kg	1. 产品在葡萄上使用的安全间隔期为 28 d，每个作物周期的最多使用次数为 2 次；2. 建议与其他作用机制不同的杀菌剂轮换使用，以延缓抗性产生；3. 本品对蜜蜂、鱼类等水生生物、家蚕有毒，施药期间应避免对周围蜂群的影响，开花植物花期、蚕室和桑园附近禁用。远离水产养殖区施药，禁止在河塘等水体中清洗施药器具；4. 本品不可与碱性农药等物质混合使用；5. 开启包装时应选择在无风的条件下，注意药剂不要散逸，以免造成不必要的伤害；6. 配药和施药时，应穿戴防护服和手套，避免吸入药液；施药期间不可吃东西或饮水；施药后应及时洗手和洗脸；7. 孕妇及哺乳期妇女避免接触。8. 用过的容器应妥善处理，不可作他用，也不可随意丢弃	50%	水分散粒剂
		人参	灰霉病	300～450			

序号	有效成分	防治对象	病害	用药量 ai/（g/hm^2）	注意事项	含量	剂型
85	丙硫唑	水稻	稻瘟病	225～300	1. 本品在水稻上每季最多使用 3 次，使用本品后的水稻至少应间隔 21 d 才能收获。药液及其废液不得污染各类水域、土壤等环境。2. 本品对鱼类等水生生物有毒，远离水产养殖区施药，禁止在将残液倒入河塘等水体中，禁止在河塘等水体中清洗施药器具，避免对水体造成污染。3. 使用本品应采取相应的安全防护措施，穿长袖上衣、长裤、靴子，戴防护手套、口罩等，避免皮肤接触及口鼻吸入。使用中不可吸烟、饮水及吃东西，使用后及时用大量清水和肥皂清洗手、脸等暴露部位皮肤并更换衣物。4. 本品不可与碱性农药如波尔多液、石硫合剂、硫酸铜等金属盐药剂混合使用。5. 建议与其他作用机制不同的杀菌剂轮换使用。6. 用过的容器应妥善处理，不可作他用，也不可随意丢弃。7. 避免孕妇及哺乳期的妇女接触。本品不可与呈碱性及铜制剂的农药等物质混合使用。8. 使用本品时应穿戴防护服和手套，避免吸入药液。施药期间不 可吃东西或饮水。施药后应及时洗手和洗脸。9. 喷药后 12 h 内遇雨应补喷。10. 安全间隔期：3 d	10%	悬浮剂
		香蕉	叶斑病	100～200 mg/kg			
86	种菌唑（甲霜·种菌唑）	棉花	立枯病	13.5～18 g/100 kg 种子	1. 用药前应仔细阅读标签，按照标签的推荐使用和处置产品。2. 品质差、生活力低、破损率高、含水量高于国家标准的种子不宜进行包衣。3. 避免使用在甜玉米、糯玉米和亲本玉米种子上。4. 经本品包衣过的种子，不能用作食物或饲料，并应妥善存放并及时使用，避免家畜误食。5. 药液及其废液不得污染各类水域等环境。使用过的包装及废弃物应作集中焚烧处理，避免其污染地下水，沟渠等水源。禁止在河塘等水域清洗施药器皿。6. 使用时应采取安全防护措施，戴口罩、手套、穿防护服，避免口鼻吸入和皮肤接触，施药后及时清洗暴露部位皮肤。7. 孕妇、哺乳期妇女及过敏者禁用，使用中任何不良反应请及时就医	4.23%	微乳剂
		玉米	丝黑穗病、茎基腐病	9～18 g/100 kg 种子			

序号	有效成分	防治对象	病害	用药量 ai/（g/hm^2）	注意事项	含量	剂型
87	二氰蒽醌	辣椒	炭疽病	213～284	1. 安全间隔期为：7 d；每季最多施药次数：3 次。2. 不可与碱性农药等物质及矿物油雾剂混用。3. 本品久置后可能有轻微分层现象，使用时振荡摇匀不影响药效。4. 施药期间应避免对周围蜂群的影响，开花植物花期、蚕室和桑园附近禁用。远离水产养殖区施药，禁止在河塘等水体中清洗施药器具。5. 建议与其他作用机制不同的杀菌剂轮换使用。6. 施药时穿长衣长裤、戴手套、口罩等；此时不能饮食、吸烟等；施药后洗干净手脸等。7. 孕妇及哺乳期妇女禁止接触本品。8. 用过的容器应妥善处理，不可作他用，也不可随意丢弃	22.70%	悬浮剂
88	四氟醚唑	草莓	白粉病	30～50	1. 草莓、甜瓜建议安全间隔期为 7 d，每季作物最多施药 3 次；黄瓜安全间隔期为 3 d，每季使用 3 次。为了有利于抗性治理，建议与其他作用机制不同的杀菌剂交替使用。2. 在推荐剂量下对作物和后茬安全。3. 使用时沿包装切口撕开倒入盛有一定水的喷雾器中。用过的包装物焚烧或深埋处理。4. 使用本品时应穿戴防护服和手套，避免吸入药液。施药期间不可吃东西或饮水。施药后应及时洗手和洗脸。5. 不要将剩余的药剂或洗涤药械的水放到池塘、河流等水体中。用过的容器应妥善处理，不可作他用，也不可随意丢弃。6. 避免孕妇及哺乳期的妇女接触	4.00%	水乳剂
		黄瓜	白粉病	40～60			
		甜瓜	白粉病	40～60			

序号	有效成分	防治对象	病害	用药量 ai/（g/hm^2）	注意事项	含量	剂型
89	拌种灵（福美·拌种灵）	高粱	黑穗病	120～200 g/100 kg 种子	1. 施药时应穿戴好手套等防护用品，使用后用肥皂洗净手和脸。2. 本品对暖湿地区的某些麦类出苗率有影响，应经试用取得经验后推广使用。3. 用药量要准确，超量或拌得不均匀时易降低出苗率或推迟出苗。在正常条件下偶然有延迟出苗，但不会影响生产和产量。4. 使用过的空瓶用清水才冲洗 3 次压烂土埋，切勿重复使用或作其他用途。5. 拌过的种子勿作为食品、饲料直接食用。6. 远离水产养殖区。不能在河塘等水体中清洗施药工具	40%	可湿性粉剂
		红麻	炭疽病	160 倍液			
		花生	锈病	500 倍液			
		棉花	苗期病害	200 g/100 kg 种子			
		小麦	黑穗病	40～80 g/100 kg 种子			
		玉米	黑穗病	200 g/100 kg 种子			
90	乙蒜素	大豆	紫斑病	5 000 倍液	1. 本品在登记作物上的半衰期最多不超过 4 d，因此收获期的产品是安全的。2. 本品不能与碱性农药混用，浸过药液的种子不得与草木灰一起播种。3. 经本品处理的种子不能食用、榨油、作饲料。4. 本药剂属中等毒杀菌剂，不要让儿童及家畜接触。5. 使用时要遵守《农药安全使用规定》。用后肥皂洗手，并将施药器具清洗干净	80%	乳油
		甘薯	黑斑病	2 000 倍液			
		棉花	多种病害	1 000～8 000 倍液			
		苹果树	叶斑病	800～1 000 倍液			
		水稻	烂秧病	6 000～8 000 倍液			
		油菜	霜霉病	5 000～8 000 倍液			
91	申嗪霉素	辣椒	疫病	50～120 ml/亩	1. 本品在西瓜上使用的安全间隔期为 7 d，每季作物最多使用 3 次；在辣椒上使用的安全间隔期为 7 d，每季作物最多使用 3 次；在水稻上使用的安全间隔期为 14 d，每季作物最多使用 2 次。2. 本品是抗生素杀菌剂，建议与其他作用机制不同的杀菌剂轮换使用。3. 本品不能与呈碱性的农药等物质混合使用。4. 本品对鱼中等毒性，不要在水产养殖区施药，禁止在河塘等水体中清洗施药器具。药液及废液不得污染各类水域、土壤等环境。5. 禁止在开花植物花期、蚕室和桑园附近使用。6. 使用本品时应穿戴防护服和手套，避免吸入药液。施药期间不可吃东西或饮水。施药后应及时洗手和洗脸。7. 孕妇及哺乳期妇女避免接触。8. 用过的容器应妥善处理，不可作他用，也不可随意丢弃	1%	悬浮剂
		水稻	纹枯病	50～70 ml/亩			
		西瓜	枯萎病	500～1 000 倍液			

序号	有效成分	防治对象	病害	用药量 ai/（g/hm^2）	注意事项	含量	剂型
92	三苯基乙酸锡	甜菜	褐腐病	405～452.25	1. 本药安全间隔期甜菜为 50 d，每季度最多使用次数为 2 次。2. 使用本品时应穿戴防护服和手套，佩戴防尘面具。避免吸入药液。施药期间不可吃东西或饮水。施药后应及时洗手和洗脸。3. 本品不适合在水田中使用，对鱼、虾、蟹等水生物有毒。蚕室与桑园附近禁用，鸟类保护区禁用，赤眼蜂等天敌放飞区域禁用。远离水产养殖区施药，禁止在河塘等水域清洗施药器具。使用后剩余的空容器要妥善处理，不得留作他用，不要用处理废药液而污染水源和水系。4. 本品为非内吸性农药，不易产生抗性。5. 本品不能和碱性物质混合使用。6. 建议与其他作用机制不同的杀菌剂轮换使用。7. 孕妇及哺乳期妇女禁止接触	45%	可湿性粉剂
93	噻森铜	大白菜	软腐病	360～600	1. 安全间隔期：水稻最后一次用药应不少于收获前 14 d，每季作物最多用药 3 次；大白菜最后一次用药应不少于收获前 15 d，每季作物最多用药 3 次番茄最后一次用药应不少于收获前 3 d，每季作物最多用药 3 次。柑橘最后一次用药应不少于收获前 14 d，每季作物最多用药 3 次。2. 使用时应遵守农药安全操作规程，穿防护服，载手套、口罩等，避免吸入药液。施药期间不可吃东西和喝水等。施药后应及时洗手和脸及暴露的皮肤。3. 对铜敏感作物在花期及幼果期慎用或试后再用。4. 本剂在酸性条件下稳定，本品不可与强碱性农药混用。5. 孕妇及哺乳期妇女禁止接触、施用本品。6. 远离水产养殖区施药，禁止在河塘等水域清洗设施器具。7. 赤吸蜂等天敌设飞区域禁用	20%	悬浮剂
		番茄	青枯病	400～666.7 mg/kg			
		柑橘树	溃疡病	400～666.7 mg/kg			
		水稻	白叶枯病、细条病	300～375			
		西瓜	角斑病	300～480			
		烟草	野火病	300～375			

序号	有效成分	防治对象	病害	用药量 ai/（g/hm^2）	注意事项	含量	剂型
94	硫酸链霉素	烟草	野火病	180～720 mg/kg	1. 本品在烟草上的安全间隔期 15 d，每季最多使用 3 次。2. 施药 8 h 内遇雨要补喷，切勿与碱性农药或污水混合使用，以免降低药效。3. 药液贮存时间不能过久，现用现配，以免降低药效。4. 建议与其他作用机制不同的杀菌剂轮换使用。5. 使用本品时穿戴防护服和手套，避免吸入药液，施药期间不可吃东西或饮水。施药后应及时洗手和洗脸。6. 药液及其废液不得污染各类水域土壤等环境。远离水产养殖区施药，禁止在河塘等水体中清洗施药器具。7. 用过的容器应妥善处理，不可作他用，也不可随意丢弃。8. 避免孕妇及哺乳期的妇女接触	72%	可溶粉剂
95	王铜	柑橘树	溃疡病	375～500 mg/kg	1.每季最多使用次数 3 次。2. 本品放置时间稍久会分层，但不影响药效，用时摇匀即可。3. 本品属无机铜基杀菌剂，建议与其他有机内吸性杀菌剂轮换使用。4. 本品可不宜与石硫合剂、硫黄制剂、矿物油等混用。5. 施药时不可饮水、吸烟，施药后应及时洗手和洗脸。6.避免药液污染水源地	30%	悬浮剂
96	氟吗啉	黄瓜	霜霉病	75～150	1. 安全间隔期不低于 3 d，每季作物最多使用 3 次。2. 为了防止和延缓抗性产生，应与其他作用方式不同的杀菌剂交替使用。3. 勿与铜制剂或碱性药剂等物质混用。4. 远离水产养殖区施药，禁止在河塘等水体中清洗施药器具。5. 在开启包装物和使用过程中要注意防护，穿防护服，配戴防护手套、口罩等。施药期间不得吸烟、饮食，施药后立即洗手、洗脸。6. 用过的容器应妥善处理，不可作他用，也不可随意丢弃	20%	可湿性粉剂

序号	有效成分	防治对象	病害	用药量 ai/（g/hm^2）	注意事项	含量	剂型
97	噁唑菌酮（噁酮·氟硅唑）	苹果树	轮纹病	2 000～3 000 倍液	1. 不可与强碱性农药等物质混合使用。2. 配药及施药时，应穿戴保护性衣物、手套、靴子、口罩、帽子等。3. 施药后：应清洗全身及换洗衣物。蜜源作物禁用。不得污染各类水域，远离甲壳类水产养殖区施药。禁止在河塘等水域中清洗施药器具。4. 使用后的空袋可在当地法规容许下焚毁或深埋。苹果树，安全采收间隔期 21 d，每季作物最多使用 3 次。枣树，安全采收间隔期 28 d，每季最多使用次数为 3 次。香蕉，安全采收间隔期为 42 d，每季作物最多使用 3 次。5. 避免孕妇及哺乳期妇女接触本品。使用前必须详细阅读产品说明书	206.7 g/L	乳油
		香蕉	叶斑病	138～207 mg/kg			
		枣树	锈病	82.68～103.3 mg/kg			
98	缬霉威（丙森·缬霉威）	黄瓜	霜霉病	1 002～1 336	1. 安全间隔期：黄瓜 3 d、葡萄 14 d；2. 每季最多施用次数：黄瓜不超过 3 次、葡萄不超过 4 次；3. 本品不能与碱性农药或含铜的农药等物质混用。如需与此类药剂轮换使用，间隔期应在 7 d 以上；4. 用药时应穿戴防护衣物，禁止吸烟、饮食；5. 用完后的空袋可深埋处理，或经当地政府同意焚毁；6. 用药后彻底清洁沾有药液雾点的身体、衣物和喷雾器械，但清洗后的水不应进入水井、河流、池塘等水源；7. 本品对鱼类等水生生物有毒，远离水产养殖区施药，禁止在河塘等水体中清洗施药器具。8. 孕妇及哺乳期妇女禁止接触本品	66.80%	可湿性粉剂
		葡萄	霜霉病	668～954 mg/kg			
99	肟菌酯	黄瓜	霜霉病	100～200	1. 在黄瓜上的安全间隔期 2 d。2. 本品是内吸性杀菌剂，一个生长季使用不超过 3 次。3. 远离水产养殖区施药，禁止在河塘等水体中清洗施药器具。4. 在开启包装物和使用过程中要注意防护，穿防护服，配戴防护手套、口罩等。5. 建议与其他作用机制不同的杀菌剂轮换使用，以延缓抗性产生。6. 用过的容器应妥善处理，不可作他用，也不可随意丢弃	25%	乳油

序号	有效成分	防治对象	病害	用药量 ai/（g/hm²）	注意事项	含量	剂型
100	双炔酰菌胺	番茄	晚疫病	112.5～150	1. 请按照农药安全使用准则使用本品。避免药液接触皮肤、眼睛和污染衣物，避免吸入雾滴。切勿在施药现场抽烟或饮食。在饮水、进食和抽烟前，应先洗手、洗脸及暴露部位皮肤。2. 配药和喷药时，应戴手套、面罩和和靴子。3. 施药后，彻底清洗防护用具，洗澡，并更换和清洗工作服。4. 使用过的空包装，用清水冲洗 3 次后妥善处理，切勿重复使用或改作其他用途。所有施药器具，用后应立即用清水或适当的洗涤剂清洗。5. 药液及其废液不得污染各类水域、土壤等环境。勿将药液或空包装弃于水中或在河塘中洗涤喷雾器械，避免污染水源。6. 未用完的制剂应放在原包装内密闭保存，切勿将本品置于饮、食容器中。7. 过敏者禁用。使用中有任何不良反应请及时就医。孕妇及哺乳期妇女禁止接触	23.4%	悬浮剂
		辣椒	疫病	112.5～150			
		荔枝树	霜疫霉病	125～250 mg/kg			
		马铃薯	晚疫病	75～150			
		葡萄	霜霉病	125～167 mg/kg			
		西瓜	疫病	112.5～150			
101	硫酸铜钙	柑橘树	疮痂病、溃疡病	962.5～1 925 mg/kg	1. 安全间隔期：柑橘 32 d，每季最多使用 4 次；黄瓜 10 d，每季最多使用 3 次；烟草 15 d，每季最多使用 3 次；葡萄 34 d，每季最多使用 4 次；苹果 28 d；每季最多使用 4 次；大姜 30 d，每季最多使用 4 次。2. 多宁不能与含有其他金属元素的药剂和微肥混合使用，也不宜与强碱性和强酸性物质混用。3. 桃，李，梅，杏，柿子，大白菜，菜豆，莴苣，荸荠等对本品敏感，不宜使用。苹果、梨树的花期、幼果期对铜离子敏感，本品含铜离子，施药时注意避免漂移至上述作物。4. 使用过的药械需清洗 3 遍，在洗涤药械和处理废弃物时不要污染水源。5. 施药时穿防护衣、戴口罩，避免眼睛、皮肤接触、避免吸入。6. 用过的包装材料不可挪作他用，焚烧或深埋，或交给当地环保部门统一处理；清洗施药器械要远离水源，	77%	可湿性粉剂
		黄瓜	霜霉病	1 347.5～2 021 mg/kg			
		姜	腐烂病	962.5～1 283 mg/kg			
		苹果树	褐斑病	962.5～1 283 mg/kg			
		葡萄	霜霉病	1 100～1 540 mg/kg			
		烟草	野火病	1 283～1 925 mg/kg			

序号	有效成分	防治对象	病害	用药量 ai/（g/hm^2）	注意事项	含量	剂型
101	硫酸铜钙	烟草	野火病	1 283～1 925 mg/kg	不能随意倾倒残余药液，以免污染环境。7. 本品对蜜蜂、鱼类等水生生物、家蚕有毒，施药期间应避免对周围蜂群的影响，开花植物花期、蚕室和桑园附近禁用。远离水产养殖区施药，禁止在河塘等水体中清洗施药器具	77%	可湿性粉剂
102	氟唑菌酰胺（唑醚·氟酰胺）	番茄	灰霉病	150～225	1. 药剂应现混、现兑，配好的药液要立即使用。2. 避免暴露，施药时必须穿戴防护衣或使用保护措施。3. 避免吸入有害气体，雾液或粉尘。4. 操作时应远离儿童和家畜。5. 操作时不要污染水面，或灌渠。禁止在河塘等水域清洗施药器具。6. 施药后用清水及肥皂彻底清洗脸及其他裸露部位。7. 毁掉空包装袋，并按照当地的有关规定处置所有的废弃物。8. 使用过药械需清洗 3 遍，禁止在河塘等水域清洗施药器具。9. 在洗涤药械或处置废弃物时不要污染水源。10. 水产养殖区及、河塘等水体附近禁用。11. 桑园及蚕室附近禁用。12. 孕妇及哺乳期妇女禁止接触	42.40%	悬浮剂
103	唑嘧菌胺（烯酰·唑嘧菌）	黄瓜	霜霉病	283.8～425.7	1.药液及其废液不得污染各类水域、土壤等环境。2.避免暴露，施药时必须穿戴防护衣或使用保护措施。3.施药后用清水及肥皂彻底清洗脸及其他裸露部位 4.避免吸入有害气体，雾液或粉尘。5.操作时应远离儿童和家畜。6.操作时不要污染水面，或灌渠。禁止在河塘等水域清洗施药器具。7.药剂应现混现兑，配好的药液要立即使用。8.毁掉空包装袋，并按照当地的有关规定处置所有的废弃物。9.使用过药械需清洗 3 遍，在洗涤药械或处置废弃物时不要污染水源。10.孕妇及哺乳期妇女禁止接触	47.00%	悬浮剂
		马铃薯	晚疫病	315～472.5			
		葡萄	霜霉病	262.5～525			

序号	有效成分	防治对象	病害	用药量 ai/（g/hm^2）	注意事项	含量	剂型
104	毒氟磷	番茄	病毒病	400～500	1. 本品在水稻上的安全间隔期为 49 d，在番茄上的安全间隔期为 5 d，每季作物生长季节内施药次数 3 次。2. 严格按照农药规程施药，施药时应穿防护服、戴手套及口罩。施药时不得吸烟、饮水或进食，工作完毕用肥皂水洗手和身体裸露部位。3. 本品对鱼、水生生物、蚕、鸟具有一定的毒性，使用本品时尽量避免与上述非靶标生物的接触，如不在桑园、蚕室、池塘等处及其周围使用本品，禁止药物及清洗药具的废水直接排入鱼塘，河川等水体中。鱼或虾蟹套养稻田禁用，施药后的田水不得直接排入水体。4. 避免孕妇及哺乳期的妇女接触。5. 本品不能与碱性物质混用；为提高喷药质量药液应随配随用，不能久存。6. 建议与其他不同作用机制的农药轮换使用。7. 用过的容器应妥善处理，不可作他用，也不可随意丢弃	30%	可湿性粉剂
		水稻	黑条矮缩病	200～340			
105	苯锈啶（苯锈·丙环唑）	小麦	白粉病	240～480	1. 请按照农药安全使用准则使用本品。该产品对眼睛有很重刺激性，使用或贮存时请注意安全防护。避免药液接触皮肤、眼睛和污染衣物，避免吸入雾滴。切勿在施药现场抽烟或饮食。在饮水、进食和抽烟前，应先洗手、洗脸。2. 配药和喷药时，应戴防渗手套、面罩或护目镜、帽子，穿长袖衣、长裤和靴子。3. 施药后，彻底清洗防护用具，洗澡，并更换和清洗工作服。4. 使用过的空包装，用清水冲洗 3 次后妥善处理，切勿重复使用或改作其他用途。所有施药器具，用后应立即用清水或适当的洗涤剂清洗。5. 本品对水蚤和藻类高毒，禁止污染灌溉用水和饮用水。水产养殖区、河塘等水体附近禁用。禁止在河塘等水体清洗施药器具。6. 施药后 24 h 内禁	42%	乳油

序号	有效成分	防治对象	病害	用药量 ai/（g/hm^2）	注意事项	含量	剂型
105	苯锈啶（苯锈·丙环唑）	小麦	白粉病	240～480	止放牧和畜禽进入，勿在安全间隔期进行采收。7. 勿将药液或空包装弃于水中或者河塘、沟渠、排水系统中洗涤喷雾器械，以免污染水源。8. 未用完的制剂应放在原包装内密闭保存，切勿将本品置于饮、食容器中。9. 赤眼蜂等天敌放飞区域禁用。10.孕妇及哺乳期妇女避免接触。制造厂敬告用户：严格按照推荐方法使用、操作和储藏本品。使用时应接受当地农业技术部门的指导	42%	乳油
106	苯酰菌胺（苯酰·锰锌）	黄瓜	霜霉病	1 125～1 687.5	1. 使用本品前请务必仔细阅读本标签。2. 在黄瓜上的安全间隔期为 3 d，于发病初期或发芽后每 7～10 d 施药，每个作物生长季节最多连续使用 3 次。3. 建议与其他作用机制不同的杀菌剂轮换使用，以延缓抗性产生，如果条件允许，使用无抗药性史的产品。4. 本品对蜜蜂安全，对家蚕中等毒，对鱼类、蚤类等水生生物高毒，施药期间远离水产养殖区、蚕室和桑园；禁止在河塘等水体内清洗施药器具。清洗喷药器械及弃置废料时，避免污染鱼池、水道、渠和饮用水水源。5. 用过的容器应妥善处理，不可作他用或随意丢弃。使用后的空瓶应根据当地法规送专业机构进行清洗、循环使用、焚毁或深埋。未洗涤空桶应不可进行穿孔、切割或焊接等操作。6. 本品对皮肤和眼睛有刺激性，使用本品时应穿戴防护服、防护手套和鞋袜以及防护面具等。避免吸入药液，避免药液接触皮肤和溅入眼睛，施药期间禁止进食和饮水。施药后应及时洗手和洗脸	75%	水分散粒剂

序号	有效成分	防治对象	病害	用药量 ai/（g/hm^2）	注意事项	含量	剂型
107	硝苯菌酯	黄瓜	白粉病	150～216	1. 产品在黄瓜作物上使用的安全间隔期为 3 d，每个作物周期的最多使用次数为 3 次。2. 使用本品时应穿戴适当的防护服及用具，避免吸入药粉或药液。施药期间不可吃东西或饮水。施药后应及时洗手和洗脸。3. 禁止在河塘等水体清洗施药器具，不要污染水体。4. 本品对水生生物无急性毒性，但对鱼类有高毒。远离水产养殖区施药。应避免药液流入湖泊，河流或鱼塘中污染水源。5. 本产品符合产品说明，请严格按照产品说明使用。如需业务和技术上的支持，请立即与本公司客户服务中心联系。如果要将本产品用于出口农产品，请参照相应进口国的相关标准使用。6. 建议与其他作用机制不同的杀菌剂轮换使用。7. 孕妇与哺乳期妇女禁止接触	36%	乳油
108	氟唑环菌胺	玉米	丝黑穗病	15～45 g/100 kg 种子	吡唑—酰胺类杀菌剂，在中国刚取得登记	44%	悬浮种衣剂
109	氯啶菌酯	水稻	稻瘟病	90～135	氯啶菌酯（tricyclopyricarb）是甲氧基丙烯酸酯类（strobilurins）杀菌剂，具有广谱的杀菌活性，活性高，持效期长，对非标生物及环境相容性好，对作物安全。氯啶菌酯对白粉病有较好的防治效果，在黄瓜、甜瓜和小麦白粉病上有突出表现，且对作物安全	15%	水乳剂
110	甲基硫菌灵	苹果	腐烂病	涂抹	1. 在标准使用剂量下，每季最多使用次数为 3 次。2. 用刷子将本品涂抹于伤口、切口及其周围。3. 使用后的刷子不能随意放置，应用水清洗后存放。4. 远离鱼塘等水域清洗施药器具，避免药剂污染水源。5. 建议与其他不同作用机理的杀菌剂轮换使用	3%	糊剂

序号	有效成分	防治对象	病害	用药量 ai/（g/hm^2）	注意事项	含量	剂型
111	氟硅唑	梨树	黑星病	40～50 mg/kg	1. 酥梨应避免在幼果期前使用。2. 建议与其他作用机制不同的杀菌剂轮换使用，以延缓病菌产生抗药性。3. 防止对鱼产生毒害和污染水源，禁止在河塘等水域清洗施药器具。4. 安全间隔期为 21 d，每季最多使用 2 次。5. 本品低毒，使用时应采取相应的安全防护措施，戴口罩、手套，穿防护衣服，避免皮肤和眼睛接触药液，施药后应立即用肥皂水清洗手、脸和可能被污染的部位。6. 施药后要立明标志，以免人、畜进入。7. 孕妇和哺乳期妇女不应接触此药。8. 过敏者禁用，使用中有任何不良反应请及时就医	400 g/L	乳油
112	壬菌铜	黄瓜	霜霉病	540～675	1. 本品安全间隔期为 5 d，每季最多使用 3 次。2. 本品不宜与铜制剂及强碱性农药混用；建议与其他作用机制不同杀菌剂轮换使用，以延缓抗性产生。3. 对藻、鱼等水生生物有毒，应远离水产养殖区施药，禁止在河塘等水体中清洗施药器具。4. 施药前要摇匀药剂，并且应采取防护措施，穿防护服、配戴帽子、口罩、手套。施药时不要将药液溅洒在眼睛和皮肤上，施药后应更衣洗澡。5. 喷药期间禁止吸烟、喝水和进食。严禁嬉戏打闹。6. 用完药械应及时清洗，洗完废水勿污染池塘及水源；未用完药剂应封口并妥善保管。用完包装不要随意丢弃，勿做其他用途。7. 该药剂对眼睛和皮肤有强烈刺激性，需加强对接触者眼睛的保护；在开启包装和施药时应注意眼部防护，必要时配戴护目镜。8. 孕妇、哺乳期妇女及过敏者禁用，使用中有任何不良反应请及时就医。9. 用过的容器应妥善处理，不可作他用，也不要随意丢弃	30%	微乳剂

序号	有效成分	防治对象	病害	用药量 ai/（g/hm^2）	注意事项	含量	剂型
113	春雷霉素	黄瓜	枯萎病	0.01～0.013 3 g/株	1. 安全间隔期是 4 d，每季最多使用次数 3 次。2. 不能与碱性农药混用、混放。使用本品应穿防护服，戴口罩，手套，使用后及时清洗暴露部位的皮肤。3. 药液随配随用，贮存时间不能过久，以免降低药效，喷药 3 h 内若遇雨应再补喷。4. 菜豆、豌豆对春雷霉素敏感，使用时要慎重。5. 称释后要一次用完，避免杂菌污染。6. 未使用完的废液不能随意倾倒，以免污染水域。禁止在河塘等水域清洗施药器具。7. 建议与其他作用机制不同的杀菌剂轮换使用。以延缓抗性产生。8. 孕妇、哺乳期妇女及过敏者禁用。使用中有任何不良反应请及时就医。9. 用过的容器应妥善处理，不可作他用，也不可随意丢弃	4%	可湿性粉剂
114	己唑醇	苹果树	斑点落叶病	50～62.5 mg/kg	1. 严格按规定用药量和方法使用。药液及其废液不得污染各类水域、土壤等环境。2. 本品在水稻上使用的安全间隔期为 45 d，每季作物最多使用 2 次。3. 建议与其他作用机制不同的杀菌剂轮换使用，以延缓抗性产生。4. 本品在施药期间应远离水产养殖区施药，鱼和虾蟹套养稻田禁用，施药后的田水不得直接排入水体。禁止在河塘等水体中清洗施药器具。5. 使用本品时应穿戴防护服和手套，避免吸入药液。施药期间不可吃东西或饮水。施药后应及时洗手和洗脸。6. 孕妇及哺乳期的妇女避免接触。7. 用过的容器应妥善处理，不可作他用，也不可随意丢弃	50%	水分散粒剂
		水稻	纹枯病	60～75			
115	乙嘧酚磺酸酯	黄瓜	白粉病	225～300	1. 严格按照登记批准的内容使用本品，安全间隔期为 3 d，每季作物最多允许使用本品 2 次。2. 药液及废液不得污染水域、土壤等环境，蚕室和桑园以及赤眼蜂等天敌活动区域附近禁用。3. 配药时应戴口罩、手套等防护	25%	微乳剂

序号	有效成分	防治对象	病害	用药量 ai/（g/hm^2）	注意事项	含量	剂型
115	乙嘧酚磺酸酯	黄瓜	白粉病	225～300	用具，注意施药安全。4. 预防抗性措施：①选用抗病品种等植保措施；②注意轮换交替用药，应选用防治对象相同，作用机制不同的杀菌剂施药。③按标签上规定的适期防治，提高防治效果。5. 孕妇及哺乳期妇女禁止接触本品	25%	微乳剂
116	醚菌酯	草莓	白粉病	67.5～180	1. 注意与其他农药交替使用以延缓抗性的产生。不可与呈碱性的农药等物质混用。2. 禁止在河塘等水体中清洗施药器具，避免污染水源。3. 使用本品时应穿戴防护服和手套，避免吸入药液。施药期间不可吃东西、饮水和吸烟。施药后应及时洗手和洗脸。4. 孕妇及哺乳期妇女应避免接触。5.本品在草莓上安全间隔期为 5 d，每季作物最多施药 3 次。在黄瓜上的安全间隔期 7 d，每季作物最多使用 2 次。6. 在赤眼蜂等天敌放飞区慎用。7.用过的容器应妥善处理，不可作他用，也不可随意丢弃	30%	可湿性粉剂
		黄瓜	白粉病	123.75～157.5			
		人参	黑斑病	180～270			
117	五氯硝基苯	棉花	苗期病害、苗期立枯病	400 g/100 kg 种子	1. 每季作物最多使用一次，进行拌种和土壤消毒。2. 大量药剂与作物的幼芽接触时易产生叶烧或抑制生长等药害，瓜类叶片接触药剂后易产生叶灼症状。3. 药剂在土壤中随水发生的移动较小，在施药部位的残留期较长，但在偏碱性土壤中，当土温和温度较高时，药效下降较快。4. 操作时要穿戴防护用具、手套、面罩，避免使药液溅到眼睛和皮肤上，避免口鼻吸入，施药后用肥皂洗手、洗脸。5. 拌过药的种子不能用作饲料或食用	40%	粉剂
		小麦	黑穗病	200 g/100 kg 种子			
118	苯菌灵	梨树	黑星病	500～667 mg/kg	1. 产品在梨树上的安全间隔期为 14 d，每个作物周期最多使用 2 次；2. 该药不能同波尔多液和石灰硫黄合剂等碱性农药等物质混用；3. 避免连续使用该药剂产生抗药性，建议与其他杀菌剂交替使用；4. 开启包装时应选择	50%	可湿性粉剂

序号	有效成分	防治对象	病害	用药量 ai/（g/hm^2）	注意事项	含量	剂型
118	苯菌灵	梨树	黑星病	500～667 mg/kg	在无风的条件下，注意药剂不要散逸，以免造成不必要的伤害；5. 使用本品时应穿戴防护服和手套，避免吸入药液。施药期间不可吃东西或饮水。施药后应及时洗手和洗脸；6. 本品对蜜蜂、家蚕有毒，施药期间应避免对周围蜂群的影响。防止药液污染水源地，禁止在河塘等水域清洗施药器具；7. 孕妇及哺乳期妇女禁止接触；8. 用过的容器应妥善处理，不可作他用，也不可随意丢弃	50%	可湿性粉剂
119	噻唑锌	柑橘树	溃疡病	400～666.7 mg/kg	1. 本品对鱼类有毒，避免药液污染水源和养殖场所。2. 开启时用瓶盖顶部的尖状物刺破瓶口的铝箔。3. 最后一次施药距收获天数：水稻 21 d、柑橘 21 d、水稻每季用药 3 次、柑橘 3 次。4. 施药时穿长衣裤、戴手套、口罩等；此时不能饮食、吸烟等；施药后洗干净手脸等。5. 清洗器具的废水，不能排入河流，池塘等水源；废弃物妥善处理，不可他用。6. 避免孕妇及哺乳期的妇女接触本品	20%	悬浮剂
		黄瓜	细菌性角斑病	300～450			
		水稻	细菌性条斑病	300～375			
120	乙酸铜	黄瓜	苗期猝倒病	3 000～4 500	1. 本品不可与呈强碱性的农药等物质混用。2. 施药时要有防护措施，戴口罩、手套，穿保护性作业服等，严禁吸烟饮食等。避免药物与皮肤和眼睛直接接触。施药后应及时洗手和洗脸等。3. 残液及器具洗涤水切忌污染鱼塘、水池及水源，废物应妥善处理，不可随意丢弃，亦不可作他用。4. 施药时应注意叶面、叶背均匀喷雾。5. 本品在黄瓜上的安全间隔期为 3 d，每季最多喷施 2 次。6. 哺乳期妇女及孕妇避免接触本品。7. 建议与其他不同作用机制的杀菌剂轮换使用，以延缓抗性的产生	20%	可湿性粉剂

序号	有效成分	防治对象	病害	用药量 ai/（g/hm^2）	注意事项	含量	剂型
121	唑胺菌酯	黄瓜	白粉病	50～100	1. 本品用于防治黄瓜白粉病安全间隔期 3 d，每季最多使用 4 次。2. 为延缓抗性问题发生，建议与其他作用机制不同的杀菌剂轮换使用。3. 在开启包装物和使用过程中要注意防护，穿防护服，配戴防护手套、口罩等。施药期间不可吃东西或饮水，施药后应立即洗手、脸等裸露部位。4. 药液及其废液不得污染各类水域土壤等环境。该产品对鱼剧毒，对蚕高毒，远离水产养殖区施药，禁止在河塘等水体中清洗施药器具，严禁污染各类水域，并禁止在桑园及影响到桑园的周边地块使用。5. 请在当地农技部门指导下使用。6. 避免孕妇及哺乳期的妇女接触此药。7. 用过的容器应妥善处理，不可作他用，也不可随意丢弃	20%	悬浮剂
122	甲噻诱胺	烟草	病毒病	208.3～250 mg/kg	甲噻诱胺能诱导植物产生对多种真菌病害和病毒病害的系统获得抗病性能，还能诱导贯叶连翘和元宝草产生金丝桃素类物质	25%	悬浮剂
123	丁香菌酯（丁香·戊唑醇）	水稻	纹枯病	48～60	1.本品在水稻纹枯病发病前期或初期用药一次，安全间隔期 30 d，每季最多施药 2 次。2.使用时应严格遵守农药安全使用规定，施药时戴好口罩、橡胶手套，不得抽烟和进食，使用后用肥皂洗脸和裸露的皮肤。3.为延缓抗性产生，可与其他作用机制不同的杀菌剂轮换使用。4.本品对蜜蜂、家蚕、鱼类有毒，远离水产养殖区施药，禁止在河塘等水体中清洗施药器具，开花植物花期、养蜂区、蚕室及桑园附近禁用。赤眼蜂等天敌放飞区域禁用；鱼或虾蟹套养稻田禁用，施药后的田水不得直接排入水体。5.孕妇及哺乳期妇女禁止接触本品。6.用过的容器应妥善处理，不可作他用，也不可随意丢弃	40%	悬浮剂

序号	有效成分	防治对象	病害	用药量 ai/（g/hm^2）	注意事项	含量	剂型
124	乙烯菌核利	番茄	灰霉病	562.5～750	1. 每季作物最多喷药次数 3 次，在番茄上的安全间隔期 7 d。2. 本品不可与呈碱性的农药等物质混合使用。3. 远离水产养殖区用药，禁止在河塘等水体中清洗施药器具；避免药液污染水源地。4. 建议与其他作用机制不同的杀菌剂轮换使用，以延缓抗性产生。5. 使用本品时应穿戴防护服和手套，避免吸入药液。施药期间不可吃东西或饮水。施药后应及时洗手和洗脸	50%	水分散粒剂
125	葡聚烯糖	番茄	病毒病	0.75～0.94	1. 避免与呈强碱性农药等物质混合使用。2. 远离水产养殖区施药，禁止在河塘等水体中清洗施药器具，避免污染水源。废弃物应妥善处理，不可作他用，也不可随意丢弃。3. 使用本品时应穿戴防护服、手套等，避免吸入；施药期间不可吃东西、饮水等；施药后应及时洗手、洗脸等。4. 孕妇及哺乳期妇女避免接触本品。5. 建议与其他作用机制不同的杀菌剂轮换使用，以延缓抗性产生。6. 每季作物最多使用 4 次，安全间隔期 20 d	0.50%	可溶粉剂
126	敌磺钠	白菜	霜霉病	250～500 倍液	1.使用前请仔细阅读产品说明书。2.产品在蔬菜上使用的安全间隔期为 10 d，每个作物周期的最多使用次数为 5 次。3. 本品溶解慢，可先加少量水调成糊状，然后加剩余水稀释溶解。4. 本品不可与碱性农药等物质及农用抗生素同时合用。5. 拌种时要现拌现用，不能闷种。中原地区棉花拌种，应慎用。6. 本品要随配随用，存放较久，颜色可能会变深。7. 使用本品时应穿戴防护服和手套，避免吸入药液。施药期间不可饮食与吸烟。施药后应及时洗手和洗脸。8. 用过的容器应妥善处理，不可作他用，也不可随意丢弃。9. 建议与其他作用机制不同的杀菌剂轮换使用，以延缓抗性产生。10. 远离水产养殖区用药，禁止在河塘等水体中清洗施药器具；避免药液污染水源地。11.孕妇及哺乳期妇女禁止接触本品	45%	湿粉
		黄瓜	霜霉病	250～500 倍液			
		马铃薯	环腐病	100～200 g/100 kg 种子			
		棉花	苗期病害	500 g/100 kg 种子			
		小麦	黑穗病	300 g/100 kg 种子			
		烟草	黑胫病	3 000			

序号	有效成分	防治对象	病害	用药量 ai/（g/hm^2）	注意事项	含量	剂型
127	氢氧化铜	番茄	早疫病	1 575～2 310	1. 避免与强酸、强碱物质混用，禁止与乙膦铝类农药混用。2. 苹果、梨花期及幼果期禁用，并避免溅及。桃、李等对铜制剂敏感作物禁用。3. 避免触及眼睛和皮肤；避免药液污染鱼塘等水源。4. 使用本品时应穿戴防护服和手套，避免吸入药液。施药期间不可吃东西或饮水。施药后应及时洗手和洗脸。5. 建议与其他作用机制不同的杀菌剂轮换使用，以延缓抗性产生	77%	可湿性粉剂
		柑橘树	溃疡病	1 283～1 925 mg/kg			
		黄瓜	角斑病	1 732.5～2 310			
		葡萄	霜霉病	1 283～1 925 mg/kg			
128	敌瘟磷	水稻	稻瘟病	500～600	1. 用药时应穿戴防护衣物，使用手套及口罩，禁止吸烟、饮食。施药后应立即洗手、脸。2. 避免药剂直接接触到皮肤及眼睛。3. 为保证施药者安全，不要在炎热天气中施药，如需在盛夏施药，应选择气温较低的早晨、上午或者傍晚时间。4. 一次连续施药时间不要过长，夏季施药应注意休息和防暑降温。5. 本品不能与碱性农药混用或敌稗混用。6. 每季最多使用 3 次，安全间隔期为 21 d	30%	乳油
129	氯化苦	草莓	黄枯萎病	240～360 kg	1. 本药剂有极强的催泪性，在使用时必须佩戴防毒面具手套，注意风向，在上风头作业。严禁本药剂流入河川、湖泊、养殖池等水域。药剂在专门的农药仓库保管，严禁与食品混放。失窃、丢失要及时报告有关部门。由于本药剂有极强的腐蚀性，因此，有怕腐蚀的物品要远离本药剂的存放及使用场所，使用后的注射器、动力机应立即用煤油等进行清洗。2. 产品在作物定植前进行土壤消毒，每个作物周期最多一次。3. 使用无病菌种苗。熏蒸消毒后，确认土壤中没有本药剂气体时，再进行定植播种，必要时重新翻土排气。在作物生长期，严禁使用本药剂。如使用碱性肥料，必须本药剂气体全部排出后再施用。熏蒸消毒覆膜时间、效果与药害关系取决于土	99.50%	液剂
		花生	根瘤线虫	500 kg/hm^2			
		姜	姜瘟病	37.5～52.5 ml/m^2			
		棉花	黄萎病、枯萎病	125 ml/m^2			
		茄子	黄萎病	292.5～447.75 kg/hm^2			
		甜瓜	黄萎病、枯萎病	275～382.5 kg/hm^2			
		烟草	黑胫病	373.125～522.375 kg/hm^2			

序号	有效成分	防治对象	病害	用药量 ai/（g/hm^2）	注意事项	含量	剂型
129	氯化苦	烟草	黑胫病	373.125～522.375 kg/hm^2	壤种类、土壤温度、土壤湿度、作物种类等，初次使用时，希望能在生产厂家或其他有关部门的指导下进行，使用后的容器要进行妥善处理	99.50%	液剂
130	甲基立枯磷	棉花	立枯病	200～300 g/100 kg 种子	1. 棉花每个生长周期最多使用 1 次。2. 本品不能与碱性物质混用。对西洋草有药害。3. 开启产品包装时应穿戴防护用品，防止溅到皮肤和眼睛，施药后立即洗手、洗脸。4. 对鱼高毒，禁止在河塘等水体中清洗施药器具。避免污染水源。对鸟有毒，播种后注意覆土。5. 孕妇及哺乳期妇女禁止接触	20%	乳油

附录 2

数据技术在植物保护中的应用

一、大数据在现代农业中的应用

2009 年 H1N1 型流感大流行，谷歌公司通过人们使用搜索引擎的数以亿计的关键词，成功地判断出流感是从哪里传播出来的，而且判断非常及时，不会像疾控中心一样要在流感爆发一两周之后才可以做到。一篇刊登在《科学通报》上的文章——《H1N1 甲型流感全球航空传播与早期预警研究》，向人们展示了大数据在人类疾病流行预测中的神奇作用。

大数据是伴随着近年来信息爆炸式增长疾驰而来的，尤其是随着近年来“移动互联网”、“物联网”和“云计算”等新一代技术的涌现，使得大数据即将在科研、商业、社会管理等诸多领域发挥惊人的作用，同时在农业生产及病害防治方面也将发挥重要作用。

在农业生产和科研中产生了大量的数据，这些数据的集成和未来的挖掘、使用，将在现代农业的发展将会发挥极其重要的作用。如果农民能随时掌握天气变化、农作物生长等数据，农民和农技专家随时随地就可观测到田地里的情况和相关数据，准确判断农作物是否要施肥、灌溉或施药，不仅能避免因自然因素造成的产量下降。当前，在精准农业、农业气象预测、病虫害预测与防治、土壤治理等诸多农业领域，都可通过大数据技术进行预测和干预。

在植物病害防治领域，可通过农药的历史使用情况、环境要素、病虫发生情况等多方面的数据建立一个算法系统，来预测农药的抗药性，这时农药生产企业就可以应用该预测来合理安排生产。

大数据将在植物病害防治领域发挥巨大作用，但同样面临着不小的挑战。

1．数据获取问题

数据是应用大数据技术的根本基础，我国是世界人口大国，也是农业大国，理应拥有庞大的数据资源。但是实际存储下来的数据总量仅仅是北美的 7%、日本的 60%。其中能被有效利用的数据则更少，通过研究分析发现，该问题主要是由于数据获取过程量化能力低与管理过程中数据共享少造成的。

随着互联网、移动互联网和物联网技术在农业领域的普及，由机器提供的数据，将成为大数据的主要来源。其中，物联网技术是实现“一切皆可量化”的重要技术，农业物联网的核心是采集农业生产过程中影响动植物生长的温度、湿度、光照、土壤状况、水质状况、气象状况等信息进行加工、传输和利用，为农业生产在各个阶段的精准管理和预测预警提供信息支持。目前，我国农业物联网技术主要应用在蔬菜大棚种植、牲畜养殖、水产养殖等高端农产品领域，其应用范围有限。

2．数据融合技术

该技术在整合农业数据时将发挥重大作用，数据融合的目的简而言之就是将来自多个传感器或多源信息进行综合处理，从而得到更为准确、可靠的结论。数据融合技术可以融合来自同一平台的或者不同平台的多传感器数据。按照数据抽象层次分类的话，数据融合技术可以分为像素级融合、特征级融合和决策级融合3类。目前，对于数据融合的研究，多是根据实际应用问题，使用“定制”的融合方案，还缺乏统一的理论框架和融合模型。建立适用于农业领域的数据融合模型也是发展农业大数据的一个重要任务。

3．多元团队培养

对于农业中这些错综复杂的因果关系的研究，需要多学科配合的团队。农业专家、传感器及传感器网络工程师、气象学家、IT、统计分析人员都是团队中不可缺少的成员。收集的数据越多、越全面，可以发掘到的相关关系就越多，而对其进行解释的难度就越大。所以，在将大数据技术应用于农业领域时，构建一个多元的学科团队是十分必要的。

在新一轮农业现代化建设中，要让大数据创造出真正的智慧，支撑智慧农业的稳健发展。尤其是要通过云计算和大数据技术的融合，不断加强基于农业物联网成果的示范应用，促进智慧农业的不断发展。

二、数字化技术带来植物病害防治的革新

2014年7月，在南通市通州区陈桥镇承包土地的小张发现自家稻田的水稻叶片出现斑点，很快田间的水稻大面积出现枯黄，小张到家中，打开电脑进入南通农作物生产信息化网络共享服务平台，与平台上的专家进行了视频交流，专家通过视频查看了小张取得的水稻叶片，告诉小张这是水稻的纹枯病，每亩使用盐酸马啉胍25 g进行防治就可以了。小张只用了短短20 min就解决了自家200亩田的病害问题，这就是数字化技术服务农业的真实案例。传统植物病害防治需要技术人员前往现场察看诊断，反应速度慢，由于植物病害发生流行速度快，传统的方式往往错失病害的最佳防治时期，造成农民、农业损失。而数字化技术出现以后，植物病害的诊断防治更加快捷、更加准确，为病害的防治赢得时间。

当前在农业病虫诊断防治领域应用比较广泛的数字化技术有：远程视频诊断

技术、植物病害数据库技术、植物病害播报技术等。

1．远程视频诊断技术

在我国当前农业生产过程中，农民一般都不具备专业化的病害诊断及防治技术，很多时候会出现误诊或防治不当的情况发生。而具备专业知识的农业技术专家直接到田间地头进行察看诊断，由于时空的限制，不但成本高，而且时效性得不到保证。随着数字化技术的出现，远程视频诊断技术开始应用，农民只要通过互联网登录视频诊断平台，就可以在线与农业技术专家进行一对一交流，专家可以通过视频远程查看病害作物，从而形成诊断结果，并将对应的防治措施远程传输给农民，让农民享受到专业化的技术指导。

2．植物病害数据库技术

当作物发生病害时，农民除了通过视频求助专家外，还可以通过植物病害数据库技术得到帮助。植物病害数据库按照作物品种、植物病害的病原进行分类将作物病害的识别、诊断、防治技术通过文字、图片、视频的形式进行储存，用户通过输入作物名称、症状等关键词，就可以检索到相应的数据资料，对照植物病害的发生情况，就可以应用于生产实践，提高作物产量和收入水平。

3．植物病害播报技术

由于我国农业种植主体相对分散，依靠传统方式要将植物病害的防治技术知识要传播到基层的农民，相对比较困难、同时时效性得不到保证。使用数字化技术以后，可以将病害流行及防治的信息通过文字信息、图片信息、语音信息等多种手段发送到农民的手机上，让农民第一时间得到病害流行及防治的信息，及时采取措施，最大化减少病害造成的损失。

应用数字化技术进行植物病害的诊断、防治，不但能够提升防治的效率，减少由于诊断、防治不及时而造成的损失，同时能够减少人力投入，节约人力成本，争取更大的农业生产效益。数字化技术未来将在植物病害防治领域得到广泛的应用，对农业院校、尤其是职业院校的学生来说，在未来的生产实践过程中掌握数字化技术将具有重大意义。

三、物联网技术在植物病害防治领域的应用

物联网是新一代信息技术的重要组成部分，也是“信息化”时代的重要发展阶段。其英文名称是：“Internet of things”。顾名思义，物联网就是物物相连的互联网。这有两层意思：其一，物联网的核心和基础仍然是互联网，是在互联网基础上的延伸和扩展的网络；其二，其用户端延伸和扩展到了任何物品与物品之间，进行信息交换和通信，也就是物物相息。物联网通过智能感知、识别技术与普适

计算等通信感知技术，广泛应用于网络的融合中，也因此被称为继计算机、互联网之后世界信息产业发展的第三次浪潮。

物流网技术目前已经应用在生产生活的很多领域，比如智能家居、智能医疗、智能农业等，其中，尤其在农业领域的应用最具颠覆意义。物联网农业改变了以往农业人员依靠有限农业知识对植物、土壤以及农业环境进行主观判断，传统农业，浇水、施肥、打药，农民全凭经验、靠感觉，随着时间的推移，经验判断有可能出现遗漏乃至断层，而依靠感觉也会造成误判，对于个体生产而言，这样的失误造成的损失不会太大，但随着土地流转与新型农业种植主体的出现，规模化种植将是未来农业生产的主要形式，凭借主观或经验判断形成的误判造成的损失大大增加。而利用物联网技术，通过传感器“捕捉”各项数据，经数据采集控制器汇总、电脑分析处理，结果即时显示在屏幕上。这其中就包括温度、湿度、光照、二氧化碳浓度、病害发生情况等，中央计算机还会通过计算给出决策方案。

在通过传感器采集了视频、温度、湿度、光照、病害发生情况等数据之后，还要通过一系列的实施操作，例如进行精准施肥、施药、灌溉以及光照，在实施完成之后，还可收集反馈信息以做进一步的判断。

物联网在植物病害防治应用方面尚处于试点阶段，在这一阶段，虽然产品以及技术的问题已经基本解决，但是仍然面临着如何找到推广捷径以及如何降低推广成本的问题。由于农业物联网概念并未诞生于本土以及发自农民实际自身的需求，虽然它是未来农业的发展方向，但是如果农民没有近期的实际需求，其大范围推广使用就面临不小的困难。但随着规模化种植主体的出现，应用物联网技术进行病害防治将是必然趋势。